KI UND CHATGPT FÜR EINSTEIGER LEICHT GEMACHT

KI-Grundlagen verstehen, bessere Prompts schreiben, Inhalte effizient erstellen und neue Einnahmequellen erschließen – Das 2-in-1 Praxis-Handbuch

MODERNMIND PUBLICATIONS

Inhalt

ChatGPT für Einsteiger leicht gemacht

Künstliche Intelligenz Für Einsteiger Leicht Gemacht

ChatGPT für Einsteiger leicht gemacht

GRUNDLAGEN VERSTEHEN, PROMPTS MEISTERN, PRODUKTIVER WERDEN UND MIT KONVERSATIONS-KI GELD VERDIENEN

Einführung

Kennen Sie das Gefühl, wenn Sie eine wichtige Anschaffung tätigen müssen? Vielleicht haben Sie Rückenschmerzen und erkennen, dass es Zeit ist, Ihre Matratze zu ersetzen. Oder vielleicht haben Sie beschlossen, Landschaftsfotografie zu lernen, und möchten die richtige Kamera kaufen, nicht einfach die erste, die Ihnen bei Amazon angezeigt wird. Also öffnen Sie Ihren Laptop, „nur um ein bisschen zu recherchieren“. Drei Stunden und siebenundvierzig Browser-Tabs später versinken Sie in Funktionen, Bewertungen, Meinungen und fühlen sich am Ende noch unsicherer als zu Beginn.

So ist das moderne Leben. Wir alle schwimmen in Informationen und die meisten von uns versuchen, nicht darin unterzugehen.

Dann gibt es Tage, an denen Sie einen ganzen Nachmittag damit verbringen, eine einzige E-Mail an Ihren Vermieter, Ihren Chef oder Ihren Kunden zu verfassen. Sie quälen sich mit jedem Wort, weil jedes Wort sitzen muss und ein Fehler große Folgen hätte.

Oder es sind die ermüdenden Aufgaben, bei denen Sie sich fragen, warum Sie das eigentlich machen. Endlose Leistungsbeurteilungen. Schulungsunterlagen. Eine Unmenge chaotischer Besprechungsnotizen für

Ihren Chef in etwas Sinnvolles verwandeln. Arbeit, die Sie nicht herausfordert. Stattdessen zehrt sie nur an Ihren Kräften.

All die Dinge, die Ihre produktive Arbeitszeit auffressen – Rechercheparalyse, Angst vor dem richtigen Wort und sinnlose Fleißarbeit – könnten Sie – von Anfang bis Ende – in der Zeit erledigen, in der Sie normalerweise Mittag essen.

Es gibt unzählige Aufgaben in Ihrem Leben, die mit ChatGPT automatisiert oder beschleunigt werden können. Dinge, die notwendig sind, um Ihr Leben voranzubringen, aber nicht gerade aufregend sind. Wie zum Beispiel eine Reise zu planen, das Abendessen zu organisieren, für eine Prüfung zu lernen oder eine geniale Idee für einen Nebenjob zu entwickeln.

Es spielt keine Rolle, ob Sie Student, Praktikant oder angehender Unternehmer sind. Ob Sie CEO oder nur der CEO Ihres eigenen Haushalts sind. Es spielt keine Rolle, ob Sie langweilige Aufgaben automatisieren, etwas Sinnvolles schaffen oder einfach nur das Gefühl loswerden möchten, ständig hinterherzulaufen.

ChatGPT hat für jeden etwas zu bieten, der bereit ist, zu lernen, wie man es tatsächlich nutzt, aber die meisten Menschen kommen nie über die Grundlagen hinaus und erkennen nicht, wie weitreichend die Vorteile in ihrem Leben tatsächlich sein können.

Aber wie kommt man über die Grundlagen hinaus? Vor allem, wenn die Fähigkeit, ChatGPT zu nutzen, in Kürze eine Grundvoraussetzung für die meisten Einstiegsjobs im Wissensbereich sein wird.

Scrollen Sie durch Amazon und Sie finden Seite um Seite ChatGPT-Handbücher, Prompt-Bücher (ein „Prompt" ist eine Texteingabe oder Anweisung, mit der Sie ChatGPT steuern) und sogenannte Expertenhandbücher. Die meisten davon wurden von Selbstverlegern geschrieben, die versuchen, mit dem Trend Geld zu verdienen, und oft ChatGPT nutzen, um in weniger als einem Tag etwas Oberflächliches zusammenzustellen.

Viele sind keine Praktiker, die sich tatsächlich mit dem Thema beschäftigt haben. Sie übernehmen die gleichen grundlegenden Ratschläge, verpacken die gleichen allgemeinen Prompts neu und helfen Ihnen nicht wirklich dabei, die Fähigkeiten zu entwickeln, um echte Systeme aufzubauen. Sie zeigen Ihnen, wie Sie ChatGPT nutzen können, um hier und da ein paar Minuten zu sparen, aber nicht, wie Sie Ihre Fähigkeiten vervielfachen können.

Mit einfachen Lösungen kommen Sie nicht mehr weiter.

Dies ist die zweite Auflage dieses Buches. Die erste hat Tausenden von Menschen den Einstieg in ChatGPT erleichtert. Diese Version geht jedoch viel tiefer.

In den letzten zwei Jahren habe ich ein Bildungsunternehmen aufgebaut und geführt, das sich mit diesem Thema intensiv beschäftigt. Ich habe jeden Ansatz ausprobiert, jeden Fehler gemacht und diese Prinzipien auf die harte Tour verfeinert. Ich habe ChatGPT eingesetzt, um gesamte Prozesse in meinem Unternehmen zu automatisieren, sodass sie auch ohne mich weiterlaufen können. Jede Strategie basiert auf echten Ergebnissen. Ich lese nicht nur darüber, sondern setze sie jeden Tag praktisch um.

Es ist kein Buch, das man einmal von vorne bis hinten durchliest und dann ins Regal stellt, wo es verstaubt. Legen Sie es auf Ihren Schreibtisch oder in Ihre Tasche, damit Sie es zur Hand haben, wenn Sie nicht weiterkommen, feststecken oder tiefer einsteigen möchten. Es geht nicht darum, Prompts zu kopieren und einzufügen. Sie lernen die Grundlagen für die Nutzung von ChatGPT und anderen generativen KI-Tools auf hohem Niveau, damit Sie tatsächlich etwas schaffen können, das Ihr Leben verändert.

Dieses Buch ist in drei Phasen unterteilt:

1. **Grundlagen:** Zunächst erfahren Sie, was ChatGPT wirklich ist, wie es funktioniert und wie Sie mit ihm kommunizieren müssen, um tatsächliche Ergebnisse zu erzielen (keine automatisierten, allgemeinen Antworten). Sie werden verstehen, warum die meisten Nutzer durchschnittliche Ergebnisse erzielen und wie Sie dieselben Fehler vermeiden können.
2. **Fähigkeiten:** Anschließend wenden Sie das Gelernte an, um zu schreiben, zu recherchieren, zu planen, zu lernen und alltägliche Probleme zu lösen. Mit Beispielen und Prompts (Eingabeaufforderungen – kurze Eingaben an die KI), die Ihnen nicht nur etwas zeigen, sondern Sie auch herausfordern, noch weiter zu gehen.

3. **Anwendung:** Schließlich wenden Sie diese Fähigkeiten in Ihrem Leben und Ihrer Arbeit an. Nicht in der Theorie, sondern in der Praxis. Mit Übungen und Herausforderungen, die Sie zum Mitmachen motivieren, zum Nachdenken bringen und Ihnen tatsächlich helfen, Dinge zu erledigen.

Diese Struktur dient nicht nur der Organisation. Sie ist so konzipiert, dass Sie Schritt für Schritt von den Grundlagen bis zur echten Meisterschaft gelangen. Am Ende wissen Sie nicht nur, was mit ChatGPT möglich ist. Sie wissen auch, wie Sie es auf eine Weise nutzen können, die den meisten Menschen gar nicht in den Sinn kommen würde.

Diese Werkzeuge sind für alle zugänglich. Jeder hat Zugang dazu. Aber die Gewinner sind diejenigen, die herausfinden, wie man sie anders nutzt. Diejenigen, die Chancen erkennen, wo andere nur den schnellen Weg suchen. Die Menschen, die ChatGPT als Partner betrachten, nicht nur als Aufgabenbearbeiter.

In wenigen Wochen könnten Sie die Person sein, die alle fragen: „Wie haben Sie das gemacht?"

Während Anfänger im Internet nach den besten ChatGPT-Prompts suchen, kennen Sie die Prinzipien, die jeden Prompt funktionieren lassen. Während andere sich über roboterhaft klingende Texte beschweren, behalten Sie Ihre eigene authentische Stimme. Während sich die meisten mit Durchschnittsleistungen zufrieden geben, setzen Sie neue Maßstäbe.

Mein Ziel ist es nicht, Sie vom Nutzen von ChatGPT zu überzeugen. Wenn Sie dieses Buch in den Händen halten, wissen Sie das bereits.

Ich bin hier, um Ihnen den Unterschied zwischen der Nutzung und der Beherrschung zu zeigen.

Zwischen bloßem Durchkommen und wirklich vorankommen.

Ich möchte, dass dies das Buch ist, auf das Sie zurückblicken und sagen: „Das war das beste Geld, das ich je für mich selbst ausgegeben habe."

Wenn Sie befürchten, dass Sie hinterherhinken, weil Sie ChatGPT noch nie benutzt haben, machen Sie sich keine Sorgen.

Ja, einige haben schon länger damit zu tun als Sie. Aber das spielt keine Rolle. Zeit bedeutet nichts. Was zählt, sind Ergebnisse.

Mit dem richtigen Ansatz werden Sie zur Person, an der sich andere orientieren wollen.

Sind Sie bereit? Dann lassen Sie uns loslegen.

1

ChatGPT und große Sprachmodelle verstehen

DENKEN SIE AN DIE SOFTWAREPROGRAMME, die Sie am häufigsten verwenden. Ihr Taschenrechner folgt mathematischen Regeln. Ihre Banking-App verarbeitet Transaktionen nach strengen Sicherheitsstandards. Diese Tools liefern präzise Anweisungen, was jedes Mal zu nahezu identischen Ergebnissen führt.

ChatGPT hingegen kann Ihnen erklären, wie Sie einen Vergaser eines 1967er Mustang wieder zusammenbauen, ein sporadisches Zündproblem bei einem Saab 900 Turbo beheben oder einen Lieferanten für eine seltene Dichtung in einem klassischen Alfa Romeo finden.

Es kann einem einzelnen Businessanalysten dabei helfen, die Abstimmung einer komplexen, mehrwährungsfähige Spesenabrechnung aus einem Logistikbetrieb in Singapur zu automatisieren oder die letzten fünf Jahre der behördlichen Meldungen für ein kleines Biotech-Unternehmen zusammenzufassen, das gerade an die Börse gegangen ist.

Und wenn Sie glauben, dass dies für Sie nutzlos ist, bedenken Sie Folgendes: ChatGPT kann einer Gruppe von Rede- und Debattiertrainern an einer Highschool dabei helfen, Übungsaufgaben für parlamentarische Debatten zu entwerfen, Übungsfälle basierend auf wenig bekannten UN-Resolutionen zu entwickeln oder eine auf einen regionalen Wettbewerb zugeschnittene Bewertungsrubrik zu erstellen.

Aber es kann auch vorkommen, dass ChatGPT Ihnen ein für Ihr Fahrzeug ungeeignetes Getriebe empfiehlt, die lokalen Steuergesetze falsch interpretiert oder die Regeln für das britische Parlament und des Wettbewerbsformats World Schools verwechselt, wenn Sie nicht doppelt nachprüfen.

Warum passiert das? Im Gegensatz zu herkömmlichen Softwareprogrammen arbeitet ChatGPT nicht mit Programmierung, sondern mit Wahrscheinlichkeiten. Niemand hat ihm Grammatikregeln einprogrammiert oder Fakten über die Welt vermittelt. Stattdessen hat es gelernt, indem es Milliarden von Sätzen analysierte, welche Wörter typischerweise auf andere folgen. Wenn Sie eine Frage stellen, ruft es keine gespeicherte Antwort ab. Es sagt anhand der während des Trainings erkannten Muster voraus, was am wahrscheinlichsten als Nächstes kommt.

Dies erklärt alles, von der Tatsache, dass es brillante E-Mails schreibt, aber manchmal bei einfachen Rechenaufgaben ins Straucheln gerät, bis hin zu dem Umstand, dass es Quantenphysik beeindruckend erklären kann, Ihnen danach aber falsche Informationen zum Steuerrecht liefert. Es denkt nicht wirklich nach oder überprüft Fakten. Es gleicht Muster auf einem unglaublich hohen Niveau ab. Trotzdem erreicht es in einem Bruchteil der Zeit 90 % des gewünschten Ergebnisses.

Traditionelle Software vs. ChatGPT

	Traditionelle Software	ChatGPT
So funktioniert es	Befolgt feste, von Entwicklern geschriebene Regeln	Verwendet statistische Muster aus großen Datensätzen
Ausgabetyp	Vorhersehbare, regelbasierte Ergebnisse	Probabilistische und flexible Antworten
Anpassungsfähigkeit	Beschränkt auf vordefinierte Eingaben	Verarbeitet offene oder neuartige Eingaben
Benutzerinteraktion	Menügesteuert oder formularbasiert	Konversationell und dynamisch
Lernfähigkeit	Lernt nicht aus Daten	Lernt während des Trainings (nicht nach dem Einsatz)
Anwendungsbeispiele	Taschenrechner, Buchhaltungssoftware	Kreatives Schreiben, Brainstorming, Nachhilfe

Was sind große Sprachmodelle?

Wie kann ein Computer also Gedichte schreiben, technische Probleme lösen oder über UN-Resolutionen debattieren, wenn ihm niemand die Regeln beigebracht hat? So sind wir von einfachen Taschenrechnern zu Sprachmodellen wie ChatGPT gekommen.

Anstatt Computern Schritt-für-Schritt-Anweisungen zu geben, fanden Forscher einen neuen Weg, einem Computer eine Aufgabe beizubringen. Sie begannen, Computern Tausende – sogar Millionen – von Beispielen zu zeigen und ließen die Maschine selbst Muster finden. Dies wird als maschinelles Lernen bezeichnet. Anstatt einem Computer zu sagen: „Das ist eine Katze, weil sie Schnurrhaare und spitze Ohren hat", zeigen Sie ihm Tausende von Bildern mit der Beschriftung „Katze", und er lernt die Muster, die die meisten Katzen gemeinsam haben.

Die ersten Ergebnisse waren wenig überzeugend, aber das änderte sich schnell. Im Jahr 2017 entwickelten Forscher einen Durchbruch namens Transformer-Architektur.

Im Gegensatz zu früheren KI-Modellen, die Sprache Wort für Wort verarbeiteten, untersuchen Transformer ganze Passagen auf einmal. Sie können Beziehungen zwischen Konzepten erkennen, den Kontext in langen Texten verfolgen und die Konsistenz von Anfang bis Ende gewährleisten. Durch diese Veränderung konnten Sprachmodelle viel kohärentere und kontextbezogene Texte generieren.

Heutige große Sprachmodelle wie ChatGPT werden mit Hunderten von Milliarden Wörtern aus Büchern, Artikeln, Forschungsarbeiten und Websites trainiert. Während des Trainings lernen diese Modelle Wortschatz, Grammatik, Fakten, kulturelle Kontexte und Schreibstile. „Groß" bezieht sich sowohl auf die gewaltigen Datenmengen, mit denen sie trainiert werden, als auch auf die Milliarden von Parametern, die die Funktionsweise der Modelle steuern.

Trotz all dieser Raffinesse verstehen diese Modelle nichts im menschlichen Sinne. Sie haben kein Bewusstsein, keine Überzeugungen und keine Absichten. Ein Modell kann ein bewegendes Gedicht über Trauer schreiben, aber es hat nie einen Verlust erlebt. Es kann die Photosynthese detailliert erklären, ohne jemals eine Pflanze gesehen zu haben. Was wie Intelligenz erscheint, ist in Wirklichkeit statistischer Musterabgleich. Ja, das ist hochentwickelt, aber dennoch grundlegend anders als menschliches Denken.

Wenn Sie die Geschichte von OpenAI kennenlernen, werden Sie verstehen, wie diese Fortschritte zu dem ChatGPT geführt haben, das Sie heute verwenden.

Die Geschichte von ChatGPT: Von GPT-3 bis heute

OpenAI, das Unternehmen, das ChatGPT entwickelt hat, wurde 2015 gegründet. Seine Mission war es, sicherzustellen, dass künstliche allgemeine Intelligenz der gesamten Menschheit zugute kommt. Die Gründer waren keine naiven Optimisten. Zu ihnen gehörten Ingenieure, Unternehmer und Technologieführer wie Sam Altman (ehemaliger Präsident von Y Combinator), Elon Musk, Greg Brockman (ehemaliger CTO von Stripe), Ilya Sutskever (ein führender KI-Forscher) und John Schulman. Dies waren einige der besten Ingenieure der Welt, die die potenziellen Gefahren einer mächtigen KI in den Händen weniger sahen.

Die Entstehung von ChatGPT begann 2018 mit dem ersten großen Sprachmodell GPT-1. Es bewies, dass das Vorabtraining mit riesigen Textdatensätzen leistungsfähigere Sprachmodelle hervorbringt. GPT-2 kam 2019 auf den Markt und generierte Texte, die so kohärent waren, dass OpenAI die Vollversion zunächst aus Angst vor Missbrauch zurückhielt.

GPT-3 kam 2020 auf den Markt. Mit 175 Milliarden Parametern (gegenüber 1,5 Milliarden bei GPT-2) konnte es Essays schreiben, Fragen beantworten, Gedichte verfassen und mit erstaunlicher Flüssigkeit Code generieren. Aber es gab einen Haken: Zu diesem Zeitpunkt waren Programmierkenntnisse erforderlich, um es zu nutzen.

Der November 2022 veränderte alles. OpenAI veröffentlichte ChatGPT, das GPT-3.5 in eine benutzerfreundliche Chat-Oberfläche integrierte – ähnlich wie andere gängige Anwendungen. Es war keine Programmierung erforderlich; jeder konnte einfach tippen und Antworten erhalten.

Innerhalb von fünf Tagen meldeten sich eine Million Nutzer an. Innerhalb von zwei Monaten waren es bereits 100 Millionen. Um zu verstehen, wie verrückt das ist, muss man wissen, dass TikTok neun Monate gebraucht hat, um diesen Meilenstein zu erreichen.

GPT-4 kam im März 2023 auf den Markt und legte die Messlatte erneut höher. Es konnte Probleme mit besserer Logik lösen, machte weniger Fehler, verstand Bilder und merkte sich mehr aus Ihren Gesprächen.

Mit jeder Version werden „Halluzinationen“ (falsche, aber überzeugend klingende Antworten) besser vermieden, also jene selbstbewussten, aber völlig falschen Aussagen, von denen wir gerade gesprochen haben und die Sie alles andere, was gesagt wurde, in Frage stellen lassen.

ChatGPT war erfolgreich, wo andere gescheitert sind, indem es zwei Dinge kombinierte: echte Leistungsfähigkeit und radikale Einfachheit. Frühere Chatbots wirkten roboterhaft, weil sie es waren. Andere leistungsstarke KI-Systeme erforderten technisches Fachwissen. ChatGPT bot eine ausgeklügelte KI, die auch Ihre Großmutter bedienen konnte.

Seitdem hat OpenAI weiter daran gearbeitet. Im Jahr 2024 wurde GPT-4o eingeführt, das aktuelle Standardmodell hinter ChatGPT. GPT-4o bietet erneut schnellere Antworten und eine verbesserte Argumentation sowie die Fähigkeit, Text, Bilder und sogar Sprache in einem einzigen Chat zu verarbeiten. Wenn Sie heute ChatGPT (kostenlos oder kostenpflichtig) verwenden, sprechen Sie wahrscheinlich mit GPT-4o.

GPT-5 soll angeblich diesen Sommer (2025) mit noch stärkeren Schlussfolgerungsfähigkeiten auf den Markt kommen. OpenAI veröffentlicht auch weiterhin kleinere Zwischenversionen, um neue Funktionen vor größeren Releases zu testen (wie GPT-4.1 mini). Dieser Ansatz stellt sicher, dass jedes neue Modell ausgefeilter ist als das vorherige.

Die Entwicklung von ChatGPT

Veröffentlichung	Modell	Was sich geändert hat
Juni 2018	GPT-1	Erste Version der ChatGPT-Technologie. Kleines Modell (117M Parameter), bewies die Idee.
Februar 2019	GPT-2	Viel größeres Modell (1,5 B Parameter). Es wurde mit der Generierung realistischerer Texte begonnen.
Juni 2020	GPT-3	Riesiger Sprung auf 175 B-Parameter. Machte Tools im ChatGPT-Stil populär und leistungsstark.
März 2023	GPT-4	Kann Bilder ebenso gut verstehen wie Text. Deutlich bessere Argumentation und Zuverlässigkeit.
November 2023	GPT-4 Turbo	Dieselben Funktionen wie GPT-4, aber schneller, günstiger und unterstützt längeren Kontext.
Mai 2024	GPT-4o ("Omni")	Viel schneller und vollständig multimodal – verarbeitet Text, Bilder und Audio/Sprache nativ. Standard für alle Benutzer.
August 2025	GPT-5	Ein einheitliches Modell für Text, Bilder und Sprache. Präzisere Logik, weniger Fehler, ein „Think-Hard"-Modus für tiefere Analysen und natürlichere Gespräche. Ersetzt frühere Modelle für die meisten Nutzer.

Wenn Sie ChatGPT verwenden, interagieren Sie mit einem dieser hochentwickelten Sprachmodelle. Doch was genau machen diese Modelle im Hintergrund? Werfen wir einen Blick darauf, was genau passiert, wenn Sie eine Nachricht eingeben – Schritt für Schritt.

So funktioniert ChatGPT

Da ChatGPT hauptsächlich auf englischsprachigen Texten trainiert wurde, erfolgt die Aufteilung in Tokens ursprünglich auf Basis englischer Wortbestandteile. Aus dem englischen Begriff „artificial intelligence" wird beispielsweise „[„art", „ific", „ial", „intell", „igence"]". Bei anderen Sprachen wie Deutsch funktioniert das Prinzip ähnlich, auch wenn die Unterteilung etwas anders ausfällt.

Jede Unterhaltung mit ChatGPT hat ein Kontextfenster. Sie können sich das wie einen Arbeitsspeicher vorstellen. Ältere Versionen konnten etwa 3.000 Tokens verarbeiten, was ungefähr 2.000 Wörtern entspricht. Neuere Versionen können bis zu 8.000 Tokens oder mehr verarbeiten. Bei den meisten Texten entspricht ein Token etwa drei Vierteln eines Wortes.

Sobald Ihre Unterhaltung diese Grenze überschreitet, verliert ChatGPT den Überblick über frühere Nachrichten. Deshalb vergisst es manchmal, was Sie vor zehn Minuten besprochen haben. Es kann sich nur an das „erinnern", was in dieses Kontextfenster passt.

So funktioniert all das maschinelle Lernen und die großen Sprachmodelle in der Praxis: ChatGPT generiert Antworten Token für Token. Es sagt anhand aller vorherigen Token das wahrscheinlichste nächste Token voraus, fügt es der Sequenz hinzu und sagt dann das nächste voraus.

Dieser Prozess basiert vollständig auf Mustern, die das Modell während des Trainings erkannt hat. Diese Milliarden von Parametern fungieren wie ein riesiges Netzwerk von Assoziationen und helfen ChatGPT zu entscheiden, welche Muster auf Ihre spezifische Frage zutreffen.

Es ist wichtig zu wissen, dass das Wissen von ChatGPT nicht immer auf dem neuesten Stand ist. Jedes Modell hat einen Zeitpunkt des letzten Trainings, also den letzten Zeitpunkt, zu dem es aus neuen Daten gelernt hat. Das Standardmodell GPT-4 wurde beispielsweise mit Informationen bis April 2023 trainiert, während die neueren Modelle GPT-4o und GPT-4.1 einen Cutoff im Juni 2024 haben. Alles, was nach dem Stichtag eines Modells passiert ist, ist nicht Teil seines integrierten Wissens. Wenn die Browsing-Tools aktiviert sind, kann ChatGPT aktuelle Informationen online nachschlagen, aber dies ist nicht immer in jedem Modus oder jeder Antwort verfügbar.

Das Lernen von Mustern ist nur eine Komponente des Trainingsprozesses. ChatGPT wird auch durch menschliches Feedback verfeinert. Es verwendet Ihre Konversationen nicht zum Trainieren seiner Modelle. Benutzer können jedoch verschiedene Antworten bewerten. Dadurch lernt es, welche Arten von Antworten Menschen bevorzugen. Dieser Abgleichungsprozess macht ChatGPT hilfreicher und verringert die Wahrscheinlichkeit, dass schädliche Inhalte generiert werden.

Das Verständnis dieser Mechanismen offenbart sowohl die Magie als auch die Grenzen. ChatGPT kann bemerkenswert menschenähnliche Texte produzieren, weil es Milliarden von Beispielen menschlicher Texte gesehen hat. Aber es hat kein echtes Verständnis, kann Fakten nicht überprüfen und wird nicht außer Kontrolle geraten und Städte zerstören.

Nachdem Sie nun wissen, was ChatGPT kann und was nicht, lassen Sie uns dieses Wissen jetzt ganz praktisch anwenden, indem wir den Prozess der Einrichtung Ihres eigenen Kontos durchgehen, damit Sie selbst experimentieren können.

2

Anmelden und loslegen

DIESES KAPITEL IST KURZ, aber wichtig. Bevor wir uns mit der Verwendung von ChatGPT befassen, benötigen Sie ein Konto, falls Sie noch keines haben. Die Einrichtung ist unabhängig davon, wofür Sie ChatGPT verwenden möchten, immer gleich. Sie sollte nur wenige Minuten dauern. Richten Sie es jetzt ein, damit Sie direkt mit dem Schreiben von Prompts loslegen können.

Einrichten Ihres ChatGPT-Kontos

Gehen Sie wie folgt vor:

1. Rufen Sie die Website chat.openai.com auf.
2. Klicken Sie auf **„Anmelden“**.
3. Geben Sie Ihre E-Mail-Adresse ein und erstellen Sie ein Passwort.
4. Bestätigen Sie Ihre E-Mail-Adresse über den Link in der zugesendeten Nachricht.
5. Geben Sie aus Sicherheitsgründen Ihre Telefonnummer an.
6. Optional: Geben Sie Ihren Namen und Ihre Organisation an.

Navigieren im ChatGPT-Dashboard

Nach der Anmeldung gelangen Sie zum Dashboard. Die Benutzeroberfläche ist übersichtlich. Wenn Sie sich anmelden, sehen Sie ein Chatfenster mit einem Textfeld am unteren Rand.

Chatgpt-Dashboardfunktionen

Eingabefeld

In diesem Textfeld unten auf der Benutzeroberfläche geben Sie Ihre Eingaben ein. Das Chat-Layout entspricht den üblichen Konventionen für Nachrichten. Ihre Nachrichten werden auf der rechten Seite des Bildschirms angezeigt, während die Antworten von ChatGPT auf der linken Seite angezeigt werden. Um eine Nachricht zu senden, drücken Sie entweder die Eingabetaste oder klicken Sie auf den Pfeil nach oben rechts neben dem Eingabefeld. Die Benutzeroberfläche ist für die meisten Benutzer intuitiv, da sie bekannten Textnachrichtenanwendungen ähnelt.

Neuer Chat

Mit dieser Schaltfläche oben links starten Sie eine neue Unterhaltung. Ihre alten Chats verschwinden jedoch nicht, sondern werden automatisch in Ihrem Verlauf gespeichert.

Chat-Verlauf

Sehen Sie sich dazu die linke Seitenleiste an. Dort finden Sie alle Ihre bisherigen Unterhaltungen, sortiert nach dem, was Sie zuletzt eingegeben haben. Wenn Sie etwas aus der letzten Woche suchen, scrollen Sie einfach nach unten und klicken Sie darauf.

Modell auswählen

Oben befindet sich ein Dropdown-Menü, in dem Sie zwischen verschiedenen Modellen wählen können (mehr dazu gleich). Ihre Auswahl wird für das nächste Mal gespeichert.

Einstellungen

Klicken Sie unten links auf der Seite auf Ihren Namen und Ihr Profilbild. Klicken Sie anschließend auf **„Einstellungen“**, um ein Fenster zu öffnen, in dem Sie Ihre persönlichen Präferenzen anpassen können für:

- Design (hell/dunkel)
- E-Mail-Benachrichtigungen
- Datenschutz
- Abonnementstatus

Konfigurieren Sie diese jetzt. Es ist einfacher, die Einstellungen jetzt vorzunehmen, als später während eines stressigen Moments durch die Menüs zu suchen.

Eine Unterhaltung mit ChatGPT zu beginnen, ist wirklich einfach. Geben Sie Ihre Frage in das Eingabefeld ein und drücken Sie die Eingabetaste. Probieren Sie es aus, indem Sie eine einfache Frage stellen, wie z. B. „Was soll ich heute tun?“. Sehen Sie, wie ChatGPT antwortet.

Die KI verfolgt alles in Ihrem aktuellen Chat. Wenn Sie mit einem Thema fertig sind, klicken Sie auf **„Neuer Chat“** und beginnen Sie von vorne.

GPT-5: Das Standardmodell für alle

Im letzten Kapitel haben Sie gesehen, wie sich die ChatGPT-Modelle im Laufe der Zeit weiterentwickelt haben. Seit dem 7. August 2025 müssen Sie sich keine Gedanken mehr darüber machen, welches Modell Sie wählen – GPT-5 ist jetzt der Standard in allen Tarifen. Hier erfahren Sie, was aktuell verfügbar ist, welche Änderungen es gibt und wie sich die einzelnen Tarife unterscheiden.

- **Alles in einem:** GPT-5 verarbeitet Texte, Bilder und Sprache in einem einzigen Modell.
- **Besser in allem:** Sie erhalten bessere Texte, verlässlichere Fakten, optimierten Code, stärkeres logisches Denken und noch menschlichere Gespräche – sofort einsatzbereit.
- **Flexible Modi:** Standardmäßig balanciert GPT-5 Geschwindigkeit und Tiefe. Wenn Sie eine gründlichere Analyse wünschen, können Sie sagen: „Denk intensiver darüber nach", und GPT-5 nimmt sich mehr Zeit für eine fundierte Antwort.
- **Weniger Verwirrung:** Sie müssen kein Modell mehr auswählen. Für nahezu jede Aufgabe nutzen Sie einfach GPT-5.

Ältere Modelle (wie GPT-4 oder GPT-4o) sind nicht mehr voreingestellt. Für die meisten Nutzer spielen sie keine Rolle mehr, da GPT-5 in jeder Hinsicht überlegen ist. Falls Sie dennoch ein älteres Modell für die Kompatibilität oder einen sehr speziellen Workflow benötigen, können Sie es im Einstellungsmenü auswählen – aber selbst für fortgeschrittene Anwender ist das inzwischen selten.

ChatGPT-Tarife: Free, Plus und Pro

ChatGPT bietet verschiedene Abonnementstufen, aus denen Sie wählen können. Hier finden Sie die jeweils verfügbaren Funktionen und Informationen dazu, wie Sie herausfinden können, welche Stufe für Sie die richtige ist.

Free-Tarif

- Nutzt GPT-5 für alle Aufgaben.
- Gelegentliche Verlangsamung bei hoher Auslastung.
- Nur Basisfunktionen von ChatGPT.
- Kürzere Gesprächserinnerung.

ChatGPT Plus (ca. 20 €/Monat)

- Priorisierter Zugriff auf GPT-5 mit höheren Nutzungslimits.
- Schnellere, konsistentere Antworten (auch zu Stoßzeiten).
- Längere Erinnerung für fortlaufende Gespräche.
- Früher Zugang zu neuen Funktionen und Tools, sobald sie verfügbar sind.
- Ideal für alle, die ChatGPT regelmäßig für Arbeit, Schreiben, Recherche oder kreative Projekte nutzen.

ChatGPT Pro (ca. 200 €/Monat)

- Enthält alle Vorteile von Plus.
- Exklusiver Zugriff auf GPT-5 Pro – die fortschrittlichste Version mit noch tieferem logischem Denken, erweiterter Erinnerung und höchster Genauigkeit, besonders für komplexe oder kritische Aufgaben.
- Unbegrenzte Nutzung, höchste Geschwindigkeit und sofortiger Zugang zu den neuesten Funktionen.
- Entwickelt für Profis und Teams, die täglich Spitzenleistung benötigen.

Mobiler Zugriff

Sobald ChatGPT zu Ihrer Routine geworden ist, werden Sie es überall dabei haben wollen. Die mobilen Apps (iOS und Android) lassen sich nahtlos mit der Webversion synchronisieren.

Schnelle Einrichtung:

1. Laden Sie die App aus dem App Store oder von Google Play herunter.
2. Melden Sie sich an
3. Alle bisherigen Unterhaltungen werden automatisch synchronisiert

Ich nutze die mobile App für:

- Um lange Anweisungen zu diktieren, während ich unterwegs bin
- Schnelle Recherchen während Besprechungen
- Ideen festzuhalten, bevor sie vergessen werden
- Antworten während der Fahrt zur Arbeit zu lesen
- Stellen schneller Fragen, wenn ich nicht am Computer oder zu Hause bin

Bitte beachten Sie, dass die mobile App nicht in allen Ländern verfügbar ist.

Profi-Tipp: Die Spracheingabe auf Mobilgeräten ist bei längeren Eingaben schneller als die Tastatureingabe. Tippen Sie einfach auf das Mikrofon.

Jetzt haben Sie ChatGPT auf allen Ihren Geräten eingerichtet und können loslegen. Bevor Sie jedoch loslegen, sollten Sie noch etwas Wichtiges über den Umgang mit KI-Tools wissen.

Datenschutz: Was Sie NICHT sagen sollten

Geben Sie niemals sensible Kundendaten, Kontonummern, medizinische Informationen oder Passwörter in ChatGPT oder ein anderes KI-Tool ein. Das ist ein absolutes Muss. Ja, Unternehmen wie OpenAI haben Datenschutzrichtlinien. Aber warum sollten Sie ein Risiko eingehen? Am klügsten ist es, davon auszugehen, dass alles, was Sie eingeben, von anderen gesehen werden kann.

Im Geschäftsleben ist dies sogar noch wichtiger. Wenn Sie KI-Workflows erstellen, die Kunden- oder Unternehmensdaten verarbeiten, verwenden Sie fiktive Beispiele. Erstellen Sie Dummy-Daten, die dem gleichen Muster folgen, aber keine echten Details enthalten. Ihre Prompts funktionieren auch ohne die Verwendung tatsächlicher Informationen.

So schützen Sie die Privatsphäre:

- Ersetzen Sie echte Informationen durch Platzhalter. Anstelle von „John Smiths Krankengeschichte weist Diabetes auf" schreiben Sie „Patient X hat Erkrankung Y". So stellen Sie sicher, dass keine sensiblen persönlichen Daten offengelegt werden.
- Löschen Sie regelmäßig Ihren Gesprächsverlauf. Die meisten KI-Plattformen speichern Chats standardmäßig. Wenn Sie nicht aufpassen, sammeln sich schnell sensible Informationen an.
- Legen Sie eine Pause ein, bevor Sie KI-Tools mit Geschäftssystemen verbinden. Die Integration spart zwar Zeit, aber ist der Komfort die potenzielle Gefährdung Ihrer Daten wert?
- Informieren Sie Ihre Kunden genau darüber, wie Sie mit ihren Daten umgehen. Klare Datenschutzrichtlinien zeigen, dass Sie den Datenschutz ernst nehmen. Das schafft Vertrauen vom ersten Tag an.

Verstöße gegen den Datenschutz schaden nicht nur der betroffenen Person. Sie könnten Kundenbeziehungen verlieren. Sie könnten gegen Datenschutzvorschriften wie die DSGVO verstoßen. Rechtliche Probleme könnten folgen. Der Schutz von Daten in KI-Systemen schützt alle, insbesondere Sie.

Nun sind Sie bereit. Sie haben ChatGPT eingerichtet, kennen sich zurecht und wissen, wie Sie sensible Informationen schützen können. Ohne aussagekräftige Prompts lassen Sie jedoch noch Potenzial ungenutzt. Im nächsten Kapitel erfahren Sie, wie Sie Prompts verfassen, mit denen Sie jedes Mal genau das erhalten, was Sie benötigen.

3

ChatGPT-Prompts meistern

OB CHATGPT, Claude, Gemini, Midjourney oder etwas anderes – jedes generative KI-Tool funktioniert nach dem gleichen Prinzip: **Bessere Prompts führen zu besseren Ergebnissen.**

Vage Prompts wie „Schreiben Sie einen Blogbeitrag" oder „Geben Sie mir fünf Betreffzeilen" liefern suboptimale Ergebnisse. Solche Beispiele finden Sie in diesem Buch nicht.

Dies ist zwar ein Buch über ChatGPT, aber sobald Sie das Erstellen von Prompts beherrschen, erzielen Sie auch mit jedem anderen KI-Tool hervorragende Ergebnisse. In diesem Kapitel erfahren Sie, wie Sie ChatGPT mit klaren Anweisungen und spezifischen Zielen so steuern, dass Sie Antworten erhalten, die für Ihre Anforderungen tatsächlich nützlich sind.

Die Beziehung zwischen Prompt und Antwort verstehen

Sie wissen bereits, dass ChatGPT anhand der gelernten Muster vorhersagt, welche Wörter als Nächstes kommen sollten. Betrachten wir nun, warum dies für Ihre Prompts von Bedeutung ist.

Da ChatGPT Ihre Anfrage nicht so „versteht", wie ein Mensch es tun würde, ist es vollständig auf die Hinweise angewiesen, die Sie ihm geben. Ohne einen klaren Kontext und klare Anweisungen stellt es Vermutungen darüber an, was Sie möchten. Genau deshalb ist es so wichtig, gute Prompts zu formulieren: Sie sind die einzige Möglichkeit, der KI genau mitzuteilen, was Sie von ihr erwarten.

Betrachten Sie diese beiden Prompts:

> **Vage Prompt:** *Erzählen Sie mir etwas über Stressbewältigung.*
> **Bessere Prompt:** *Nennen Sie mir drei schnelle und einfache Techniken zum Stressmanagement. Am besten solche, die ich in weniger als fünf Minuten bei der Arbeit anwenden kann.*

Probieren Sie es selbst aus, um den Unterschied zu sehen.

Die erste Eingabe gibt ChatGPT fast nichts, womit es arbeiten kann. Daher beginnt es wahrscheinlich mit einer langatmigen Erklärung, was Stress ist (was Sie sicherlich bereits wissen), und geht dann zu einer langen Liste vager Strategien über. Es muss erraten, welche Aspekte des Stressmanagements für Sie wichtig sind, und gibt daher standardmäßig einen allgemeinen Überblick, der Ihnen wenig weiterhilft.

Der zweite Prompt setzt klare Grenzen:

- schnelle Techniken
- unter fünf Minuten
- für den Arbeitsplatz geeignet

Jetzt weiß ChatGPT genau, was Sie suchen, und Sie erhalten ein viel besseres Ergebnis, wie Sie im folgenden Screenshot sehen können.

Hier sind drei Techniken zum schnellen Stressabbau, die Sie direkt am Arbeitsplatz in weniger als fünf Minuten anwenden können:

1. 4-7-8-Atmung

Diese einfache Atemtechnik wirkt beruhigend auf das Nervensystem:

- Atmen Sie **4 Sekunden lang durch die Nase ein**.
- **Halten Sie den Atem 7 Sekunden lang an**.
- **Atmen Sie 8 Sekunden lang langsam durch den Mund aus**.
  Wiederholen Sie das Ganze 3–4 Mal. Das verlangsamt Ihren Puls und hilft, akuten Stress abzubauen.

2. Körper-Scan mit Anspannung und Entspannung

Spannen Sie nacheinander einzelne Muskelgruppen bewusst an und lassen Sie wieder los:

- Beginnen Sie z. B. mit den Schultern: **5 Sekunden anspannen**, dann **locker lassen**.
- Gehen Sie weiter zu Händen, Bauch, Beinen usw.
  Das bringt Ihre Aufmerksamkeit vom Kopf in den Körper und löst unbewusste Verspannungen.

3. 5-4-3-2-1-Achtsamkeitsübung

Diese Technik hilft, den Geist zu beruhigen und ins Hier und Jetzt zurückzukehren:

- Nennen Sie **5 Dinge**, die Sie sehen.
- Nennen Sie **4 Dinge**, die Sie hören.
- Nennen Sie **3 Dinge**, die Sie spüren (z. B. Kleidung, Stuhl).
- Nennen Sie **2 Dinge**, die Sie riechen können.
- Nennen Sie **1 Sache**, die Sie schmecken.
  Diese Übung erdet Sie in wenigen Minuten und durchbricht Gedankenspiralen.

Wenn Sie möchten, kann ich Ihnen die Techniken auch als Merkblatt oder kleine Tischkarte für den Arbeitsplatz gestalten.

Die Lektion ist klar: ChatGPT liefert Ihnen nur dann hochwertige Ergebnisse, wenn Sie ihm klare und spezifische Anweisungen geben. Lassen Sie uns nun lernen, wie Sie selbst hervorragende Prompts erstellen können.

Aufbau eines effektiven Prompts

Ein aussagekräftiger Prompt besteht aus vier wesentlichen Komponenten:

1. Kontext
2. Klare Anweisungen
3. Format und Stil
4. Einschränkungen und Parameter

Um dies zu veranschaulichen, hier ein gängiges Szenario: Sie müssen eine Notiz schreiben, um Ihrem Nachbarn dafür zu danken, dass er während Ihrer Abwesenheit auf Ihren Hund aufgepasst hat. Jede Komponente in den folgenden Abschnitten baut auf der vorherigen auf, um einen vollständigen Prompt zu erstellen.

1. Kontext: Schaffen Sie die Rahmenbedingungen

Zunächst muss ChatGPT verstehen, was Sie tun und warum. Sagen Sie nicht einfach: „Helfen Sie mir, eine Dankesnotiz zu schreiben." Das ist zwar eine wichtige Anweisung, wie Sie sehen werden, aber sie ist unvollständig.

Geben Sie stattdessen den Kontext an:

> *Meine Nachbarin hat eine Woche lang auf meinen Hund aufgepasst, während ich im Urlaub war. Sie hat sich sehr engagiert – sie hat mir täglich Fotos geschickt und ist sogar mit ihm in den Hundepark gegangen.*

Dies sind lediglich Hintergrundinformationen. Der Kontext bildet die Grundlage für alles Weitere.

2. Klare Anweisungen: Sagen Sie ihm, was er tun soll

Geben Sie ChatGPT nach dem Kontext genau an, was Sie benötigen. Seien Sie konkret.

Möchten Sie Hilfe beim Verfassen der gesamten Notiz oder nur beim Verfassen der Einleitung? Soll etwas von Grund auf neu erstellt oder etwas bereits Vorhandenes verbessert werden?

Ein Beispiel für eine Anweisung wäre einfach: *Schreibe eine Dankeskarte.*

Du könntest auch sagen: *Hilf mir, nur die erste Zeile einer Dankeskarte zu schreiben* oder *Überprüfe diese von mir entworfene Dankeskarte und schlage Verbesserungen vor.*

Je klarer Ihre Anweisungen sind, desto besser sind die Ergebnisse.

3. Format und Stil: Geben Sie an, wie es klingen soll

Legen Sie nun fest, in welcher Form die Antwort erfolgen soll und wie sie wirken soll.

Ist es eine SMS, eine E-Mail oder eine handgeschriebene Karte? Soll sie formell oder locker sein? Herzlich? Witzig? Professionell?

Beispiele für Ergänzungen wären: *Mach es zu einer lockeren SMS oder halte den Ton herzlich und ein wenig witzig.*

Ohne diese Angaben verwendet ChatGPT meist eine formelle, eher langweilige und ausschweifende Sprache.

4. Einschränkungen und Parameter: Grenzen setzen

Hier fügen Sie spezifische Anforderungen und Grenzen hinzu:

- Länge (Wortanzahl, Anzahl der Sätze)
- Spezifische Dinge, die enthalten sein müssen
- Was zu vermeiden ist
- Sonstige Anforderungen

Beispiele für Einschränkungen:

Bitte auf 3–4 Sätze beschränken.
Erwähnen Sie die täglichen Fotos und die Besuche im Hundepark.
Schließen Sie mit einem Angebot, sich zu revanchieren.

Diese Vorgaben fokussieren die Ausgabe, sodass ChatGPT keine zu langen Texte produziert oder Dinge erfindet, die nicht real sind (z. B. bestimmte Ereignisse, die nicht stattgefunden haben, oder Details über Ihren Hund, die Sie nie erwähnt haben).

Anatomie eines effektiven Prompts

	Schwacher Prompt	Starker Prompt
Kontext	Kein Kontext; vage oder allgemeine Anfrage	Enthält Hintergrund oder Zweck (z. B. „Ich bereite eine Präsentation für Kleinunternehmer vor …")
Klare Anweisung	Unklare oder zu weit gefasste Aufgabenstellung.	Direkte, spezifische Anfrage (z. B. „Nennen Sie 5 Vor- und Nachteile der Verwendung von KI im Kundenservice")
Format & Stil	Überlässt Formatierung und Ton der KI	Gibt Ausgabeformat und Stil an (z. B. „in Aufzählungspunkten, freundlicher Ton")
Einschränkungen oder Parameter	Keine Wortanzahl, kein Stil und keine Zielgruppe angegeben.	Definiert Grenzen wie Ton, Länge oder Zielgruppe

Abschließendes Beispiel: Alles zusammenfassen

So sieht ein vollständiger Prompt mit allen fünf Komponenten aus:

> *Meine Nachbarin hat während meines Urlaubs eine Woche lang auf meinen Hund aufgepasst. Sie hat sich wirklich sehr bemüht – sie hat mir täglich Fotos geschickt und ist sogar mit ihm in den Hundepark gegangen.* ***[Kontext]*** *Schreiben Sie eine Dankeskarte.* ***[Klare Anweisungen]*** *Verfassen Sie eine lockere Textnachricht, die warmherzig und aufrichtig ist und einen Hauch von Humor enthält.* ***[Format & Stil]*** *Beschränken Sie sich auf 3–4 Sätze, erwähnen Sie die täglichen Fotos und die Besuche im Hundepark und schließen Sie mit dem Angebot, sich zu revanchieren.* ***[Einschränkungen & Parameter]***

Jetzt hat ChatGPT alles, was es braucht, um auf Anhieb genau das zu liefern, was Sie wollen. Diese Struktur eignet sich für jede Aufgabe in jedem Kontext, egal ob es sich um eine E-Mail an Ihren Chef, das Verfassen eines Blogbeitrags, die Lösung eines Problems, die Analyse von Spesenabrechnungen oder etwas anderes handelt.

Hier ist eine Beispielantwort auf diesen Prompt:

Hey [Name],
tausend Dank fürs Hundesitting! Die täglichen Fotos waren das Highlight meines Urlaubs – ich glaube fast, *er* hatte mehr Spaß als ich. Dass du sogar mit ihm in den Hundepark gegangen bist, macht dich offiziell zur Lieblingsnachbarin auf vier Pfoten. Wenn du mal Hilfe brauchst – egal ob Hund, Katze oder Gießkanne – sag einfach Bescheid!

Was Sie gerade gelernt haben, ist die Grundlage für **das sogenannte Zero-Shot-Prompting**. Sie geben klare, detaillierte Anweisungen ohne Beispiele und erwarten, dass das Modell auf der Grundlage seines bereits vorhandenen Wissens die gewünschten Ergebnisse liefert. Wenn es richtig angewendet wird, erledigt Zero-Shot-Prompting die meisten alltäglichen Aufgaben schnell und präzise. Es eignet sich hervorragend für Aufgaben wie Zusammenfassen, Erklären, Generieren und Umformulieren.

Bessere Ergebnisse mit Folge-Prompts

Selbst wenn Sie glauben, dass Ihre Eingabe klar ist, kann ChatGPT dennoch danebenliegen. Sie bitten um Hilfe bei der Planung Ihrer Reise und erhalten eine Liste mit offensichtlichen Touristenfallen oder Informationen, die Sie bereits hundert Mal gesehen haben. Das bedeutet nicht, dass Sie von vorne anfangen müssen.

Überprüfen Sie zunächst Ihren Prompt. Ist er zu vage? Zu weit gefasst? Enthält er widersprüchliche Anweisungen? Ein Prompt wie ‚Machen Sie es detailliert, aber kurz' zwingt ChatGPT dazu, zu entscheiden, welche Richtung wichtiger ist – und möglicherweise wählt es nicht die, die Sie möchten.

Formulieren Sie die Anfrage stattdessen präziser:

Schlagen Sie drei Tagesausflüge in der Nähe der Innenstadt von Denver vor, die wenig Aufwand erfordern, Kindern Spaß machen und für Senioren geeignet sind. Geben Sie die Entfernung, die geschätzten Kosten und einen kurzen Grund an, warum jeder Ausflug für eine Familie mit Kindern und Senioren geeignet ist.

Das ist präzise. Jetzt weiß ChatGPT genau, welche Art von Ideen Sie suchen, wie weit diese entfernt sein sollen und was in der Antwort enthalten sein muss.

Wenn die Antwort immer noch nicht passt, bauen Sie darauf auf. Sagen Sie nicht einfach *„Versuchen Sie es noch einmal"*, sondern geben Sie eine konkrete Richtung vor:

Einige dieser Vorschläge erfordern zu viel Laufen. Können Sie die Liste überarbeiten und mehr Indoor- oder sitzende Aktivitäten mit minimalem körperlichen Aufwand hinzufügen?

Jetzt geben Sie ihm eine wichtige Einschränkung und etwas, worauf es reagieren kann.

Wenn die Ergebnisse zu allgemein klingen oder wie ein fauler Blogbeitrag wirken, weisen Sie darauf hin:

Diese Vorschläge sind zu grundlegend. Können Sie auch Geheimtipps oder lokale Favoriten einbeziehen, die nicht auf jeder Reise-Website zu finden sind?

Wenn Sie etwas Besseres als die Standardantworten wünschen, müssen Sie die KI über den Standardbereich hinausfordern. Mit einer einzigen Eingabe erreichen Sie das nicht immer, aber wie Sie nachhaken, entscheidet darüber, ob Sie Zeit verschwenden oder genau das bekommen, was Sie benötigen.

Was Sie hier tun, wird als **iteratives Prompting** bezeichnet. Sie verfeinern und verbessern Ihre Anfragen auf der Grundlage der Antworten von ChatGPT. Dies ist eine der praktischsten Fähigkeiten, die Sie entwickeln können, da perfekte erste Prompts selten sind. Dieser Hin-und-Her-Prozess führt oft zu besseren Ergebnissen als der Versuch, alles in einem einzigen umfangreichen Prompt festzulegen.

Ich verwende diesen Ansatz oft, wenn ich Inhalte bearbeite, meinen Tag oder meine Woche plane, Strategien entwickle, Lösungen brainstorme oder jede andere Aufgabe erledige, bei der ich das Ergebnis schrittweise formen muss, bis es genau richtig ist.

Einfachere Prompting-Techniken

Iteratives Prompting hilft Ihnen, Antworten zu verfeinern, aber manche Aufgaben erfordern von Anfang an eine Struktur. Wenn Sie komplexe Anfragen bearbeiten oder mehrere Optionen analysieren müssen, verhindern diese Muster, dass ChatGPT überfordert ist oder wichtige Teile Ihrer Anfrage übersieht.

Schrittweise Prompts

Teilen Sie komplexe Aufgaben in nummerierte Schritte auf. Dadurch wird ChatGPT gezwungen, jeden Teil systematisch anzugehen, anstatt Elemente zu überfliegen oder zu überspringen.

> *Beschreiben Sie zunächst in einfachen Worten, was eine Kreditkarte ist. Erklären Sie dann anhand eines Beispiels aus dem Schulalltag, wie Zinsen funktionieren. Schreiben Sie abschließend eine kurze Geschichte, die sich ein Teenager gut vorstellen kann und die die Folgen eines unverantwortlichen Umgangs mit einer Kreditkarte aufzeigt.*

Verwenden Sie diese Methode, wenn Sie mehrere miteinander verbundene Ergebnisse benötigen, eine bestimmte Reihenfolge einhalten müssen oder komplexe Themen in verständliche Teile zerlegen möchten.

Eingabe-Verarbeitungs-Ausgabe-Muster

Ideal für die Umwandlung bestehender Inhalte. Sie liefern das Rohmaterial, sagen ChatGPT, wie es analysiert werden soll, und geben dann das gewünschte Endformat an.

> *Hier ist meine Leistungsbewertung von der Arbeit* ***[Eingabe]****. Ermitteln*

Sie die wichtigsten Stärken und Verbesserungsmöglichkeiten ***[Prozess]****. Helfen Sie mir dann, auf der Grundlage des Feedbacks einen beruflichen Entwicklungsplan zu erstellen* ***[Ausgabe]****.*

Ich füge das alte Rezept meiner Mutter ein, das schwer zu befolgen ist ***[Eingabe]****. Können Sie alle Zutaten und Schritte identifizieren* ***[Prozess]*** *und es dann als klares Rezept mit Mengenangaben und Garzeiten umschreiben* ***[Ausgabe]****?*

Dieses Muster eignet sich hervorragend zum Zusammenfassen von Dokumenten, zum Übersetzen von Fachsprache, zum Extrahieren von Kernpunkten oder zum Umformatieren von Inhalten für verschiedene Zielgruppen.

Vergleichs-Prompts

Wenn Sie Optionen bewerten müssen, geben Sie ChatGPT klare Kriterien für den Vergleich vor. So erhalten Sie eine strukturierte Analyse statt weitläufiger Meinungen.

Ich versuche, mich zwischen drei Kameras zu entscheiden – der Canon EOS Rebel T7, der Nikon D3500 und der Sony a6000. Können Sie diese für jemanden vergleichen, der noch nie eine richtige Kamera besessen hat? Mir ist vor allem wichtig, welche am einfachsten zu bedienen ist, wie groß der Preisunterschied ist und ob sie sowohl für Fotos als auch für Videos geeignet sind.

Oder:

Helfen Sie mir bitte bei der Auswahl eines Urlaubsziels. Ich überlege, diesen Sommer (10 Tage im Juli) nach Costa Rica, Portugal oder Japan zu reisen. Wir haben zwei Kinder (8 und 11 Jahre alt) und ein Budget von etwa 4500 €. Was wäre am besten für Familienaktivitäten geeignet, am einfachsten zu bereisen und nicht zu heiß?

Geben Sie immer Ihre Vergleichskriterien an. Ohne diese könnte sich ChatGPT auf Aspekte konzentrieren, die für Sie nicht relevant sind.

Systemanweisungen und Meta-Prompting

Systemanweisungen und Meta-Prompting sorgen dafür, dass Sie von ChatGPT konsistente Ergebnisse erhalten, ohne sich ständig wiederholen zu müssen.

Systemanweisungen legen fest, wie sich Ihr KI-Assistent während der gesamten Konversation verhält. Sobald Sie diese Regeln festgelegt haben, steuern sie automatisch jede Antwort.

Gute Systemanweisungen umfassen in der Regel:

- Antwortstil (kurz und direkt? detailliert und umfassend?)
- Interaktionsansatz (soll zuerst Fragen stellen? mehrere Optionen anbieten?)
- Grenzen und Schwerpunkte
- Organisation der Informationen (Aufzählungspunkte? Nummerierte Listen? Absätze?)
- Denkrahmen und Perspektiven

Meta-Prompting geht noch einen Schritt weiter und erstellt Vorlagen für bestimmte Gesprächstypen. Sie geben Anweisungen, wie mit Anweisungen umzugehen ist.

So sehen solide Systemanweisungen aus:

> *Sie sind ein ruhiger, umsichtiger Karriereberater, der klare, strukturierte Ratschläge gibt. Bevor Sie Ratschläge geben, stellen Sie drei klärende Fragen, um die Situation besser zu verstehen. Halten Sie Ihre Antworten unter 200 Wörtern und konzentrieren Sie sich darauf, konkret statt allgemein zu sein. Wenn Sie über berufliche Veränderungen sprechen, heben Sie sowohl die Chancen als auch die potenziellen Risiken hervor. Verwenden Sie Aufzählungspunkte für alle Handlungsschritte. Wenn Sie nicht über genügend Informationen verfügen, um eine klare Antwort zu geben, fragen Sie nach. Schlagen Sie nichts Illegales oder Unethisches vor.*

Und wenn es um Gehaltsfragen geht, weisen Sie immer darauf hin, dass das Gehalt je nach Region sehr unterschiedlich sein kann.

Möglicherweise haben Sie hier ein Muster erkannt. Sie haben einen einheitlichen Ansatz (zuerst Fragen stellen), inhaltliche Richtlinien (ausgewogene Perspektive, konkrete Ratschläge) und Formatierungsvorgaben (Kürze, Aufzählungspunkte) festgelegt. Diese prägen jede Antwort, ohne dass Sie ständig daran erinnern müssen.

Diese Anweisungen sorgen für vorhersehbare, konsistente Gespräche. Alles passt zusammen, weil Sie nicht ständig innehalten müssen, um zu erklären, wie etwas formatiert oder formuliert werden soll. Die KI weiß bereits, wonach Sie suchen, und liefert Ihnen genau das Richtige.

Die folgende Tabelle kann Ihnen als Referenz dienen, um die richtige Prompt-Technik für eine bestimmte Aufgabe auszuwählen:

So wählen Sie die richtige Eingabeaufforderung

Prompt Technik	Hauptkomponenten enthalten in Prompt	Wofür diese Technik gut ist
Zero-Shot-Eingabeaufforderung	Kontext, klare Anweisungen, Format/Stil, Einschränkungen	Schnelle, klare Aufgaben; zusammenfassen, erklären, generieren, umformulieren
Iterative Eingabeaufforderung	Erste Eingabeaufforderung, dann spezifisches Feedback oder Folgeanweisungen basierend auf den vorherigen Ergebnissen	Ergebnisse verfeinern, Brainstorming, Bearbeitung, Anpassung der Ergebnisse durch Hin- und Her
Schritt-für-Schritt-Anleitung	Nummeriert oder fortlaufend Anweisungen; unterteilt komplexe Aufgaben in Schritte	Komplexe oder mehrteilige Aufgaben, Sicherstellung einer logischen Reihenfolge oder mehrerer Ausgaben
Eingabe-Prozess-Ausgabe	Zu verarbeitende Eingabe, klarer Prozess/Anweisungen, gewünschtes Ausgabeformat	Material umwandeln oder neu formatieren, zusammenfassen, wichtige Punkte herausarbeiten, technische Inhalte in einfache Sprache umwandeln usw.
Vergleichsaufforderung	Klar formulierte Vergleichsmöglichkeiten, definierte Vergleichskriterien	Entscheidungsfindung, Vor- und Nachteile, Vergleich von Produkten, Dienstleistungen, Auswahlmöglichkeiten oder Reisezielen.

Dies sind nur einige Muster für den Anfang. Ich könnte Ihnen noch fortgeschrittenere Muster beibringen, aber das ist nicht notwendig. Sie werden sie ganz natürlich anwenden, wenn Sie ChatGPT für verschiedene Arten von Aufgaben verwenden, ohne dass Sie es überhaupt merken. Konzentrieren Sie sich vorerst darauf, diese grundlegenden Muster zu beherrschen.

Übung: Vorher/Nachher-Prompt-Überarbeitung

1. Verwandeln Sie drei vage Prompts in solche, die tatsächlich zu Ergebnissen führen, indem Sie die soeben erlernte 4-Komponenten-Struktur anwenden:

Vage Prompt 1: *Helfen Sie mir, eine E-Mail zu schreiben.*
Vage Prompt 2: *Ich brauche Geschenkideen.*
Vage Prompt 3: *Planen Sie eine Dinnerparty.*

Versuchen Sie es selbst, bevor Sie die Beispielantworten unten lesen. Denken Sie daran, Folgendes anzugeben: Kontext, klare Anweisungen, Format/Stil und Einschränkungen.

Beispielantworten:

Bessere Prompt 1: *Mein Wasserhahn in der Küche tropft seit einer Woche und wird immer schlimmer* ***[Kontext]****. Helfen Sie mir bitte, eine E-Mail an meinen Vermieter zu schreiben, in der ich um eine Reparatur bitte* ***[Anweisungen]****. Formulieren Sie die E-Mail höflich, aber bestimmt und professionell* ***[Format/Stil]****. Verwenden Sie 3–4 Sätze und erwähnen Sie, dass Wasser verschwendet wird und der Schrank beschädigt werden könnte* ***[Einschränkungen]****.*

Bessere Prompt 2: *Meine Schwester ist gerade 30 geworden und kocht sehr gerne, lebt aber in einer kleinen Wohnung* ***[Kontext]****. Ich brauche 5 konkrete Geschenkideen* ***[Anweisungen]****. Konzentrieren Sie sich auf praktische Dinge, die sie auch wirklich gebrauchen kann* ***[Format/Stil]****. Jede Idee sollte unter 50 € liegen und eine Bezugsquelle enthalten* ***[Einschränkungen]****.*

Bessere Prompt 3: *Ich habe diesen Samstag 6 Gäste zum Abendessen, darunter 2 Vegetarier und 1 Person mit einer Nussallergie* ***[Kontext]****. Helfen Sie mir bitte bei der Planung des gesamten Abendessens* ***[Anweisungen]****. Erstellen Sie ein Menü mit Rezepten, einem Zeitplan für die Zubereitung und einer Einkaufsliste* ***[Format/Stil]****. Da ich an diesem Tag bis 17 Uhr arbeite, sollte alles gut vorbereitbar sein* ***[Einschränkungen]****.*

2. Probieren Sie dies mit Ihren eigenen alltäglichen Aufgaben aus, indem Sie Zero-Shot-Prompts verwenden. Nehmen Sie eine vage Anfrage und bauen Sie sie mit allen vier Komponenten auf. Sie werden sehen, wie viel besser ChatGPT reagiert, wenn Sie ihm diese strukturierte Anleitung geben.

Sie haben gerade die Grundlagenphase abgeschlossen. Sie wissen, wie ChatGPT funktioniert und wie Sie ihm klare, strategische Anweisungen geben können. Das ist der schwierige Teil, den die meisten Menschen nie richtig hinbekommen. Jetzt gehen wir davon über, zu lernen, wie ChatGPT funktioniert, zu seiner Nutzung, um tatsächlich echte Arbeit zu erledigen.

4

Schreiben und Inhalte effizient erstellen

ES IST AN DER ZEIT, ChatGPT wirklich zum Erstellen eigener Inhalte zu nutzen.

Dieses Kapitel ist das erste von mehreren, in denen Sie lernen, wie Sie ChatGPT für verschiedene Arten von Aufgaben einsetzen können. Wir beginnen mit einem tiefen Einblick in die Erstellung schriftlicher Inhalte, da dies der Bereich ist, für den die meisten Menschen ChatGPT zu Beginn nutzen – E-Mails, Blogbeiträge, Social-Media-Beiträge, Berichte, um nur einige zu nennen. Darüber hinaus können Sie die hier erlernten Fähigkeiten direkt auf alle anderen Aufgaben anwenden, die Sie mit ChatGPT umsetzen möchten.

Das Erstellen von Inhalten ist eine Herausforderung, wenn Sie sich selbst nicht als Autor sehen. Es kann überwältigend sein. Gerade wenn Sie sich selbst nicht als Autor betrachten, kann das Erstellen von Inhalten eine echte Herausforderung sein und schnell überwältigen.

Ich bin kein Schriftsteller – und trotzdem schreibe ich Bücher. Mit ChatGPT kann ich mich auf die Ideen konzentrieren, anstatt mich mit dem ersten Satz aufzuhalten. Mit guten Prompts können Sie erste Ideen in klare Entwürfe für jede Art von Inhalt verwandeln, den Sie verfassen möchten. In diesem Kapitel erfahren Sie, wie das geht. Am Ende verfügen Sie über einen wiederholbaren Prozess zur Erstellung von Inhalten auf Abruf.

E-Mails

Sie müssen nicht mehr 30 Minuten damit verbringen, eine E-Mail zu schreiben oder zu beantworten. Mit diesen Vorlagen haben Sie schon 80 % der Arbeit erledigt.

Vorlage für E-Mail-Antworten

Helfen Sie mir, auf ***[Situation]*** *zu antworten.*

Ich möchte ***[Ihr Ziel]****.*

Tonfall: ***[professionell/freundlich/bestimmt]****.*

Bitte halten Sie sich an ***[X Wörter/Sätze]****.*

Vorlage für eine Begrüßungs-E-Mail

Verfassen Sie eine Willkommens-E-Mail für ***[Zielgruppe]****.*

Fügen Sie Folgendes ein: Was zu erwarten ist, einen Vorteil, den nächsten Schritt.

Ton: ***[warm/professionell/informell]****.*
Länge: ***[Wortanzahl]****.*

Vorlage für Kaltakquise

Verfassen Sie eine Kaltakquise-E-Mail an ***[Anrede]*** *bei* ***[Unternehmenstyp]****.*

Unser Produkt: ***[ein Satz zur Beschreibung]****.*

Ihr Problem: ***[konkretes Problem]****.*

Call-To-Action: ***[konkrete Maßnahme]****.*

Halten Sie sich an maximal [X] Wörter.

Profi-Tipp: Erstellen Sie 3–5 verschiedene Betreffzeilen. Fragen Sie nach *Betreffzeilen, die jemanden dazu veranlassen würden, diese E-Mail tatsächlich zu öffnen.*

Social-Media-Beiträge

Das Erstellen von Inhalten für Social Media hat seine ganz eigenen Tücken. Beiträge zu schreiben und einfach auf „Veröffentlichen" zu klicken, reicht nicht aus. Ihre Botschaft sollte in Ton, Format und Inhalt zu den Erwartungen der jeweiligen Plattform passen. Was auf Instagram funktioniert, funktioniert nicht auf LinkedIn.

So können Sie mit nur wenigen Änderungen Inhalte erstellen und plattformübergreifend wiederverwenden:

Von Grund auf neu erstellen – Vorlage

Schreiben Sie einen ***[Plattform]****-Beitrag über* ***[Thema]****.*

Zielgruppe: ***[wer sie sind]***

Ziel: ***[informieren/inspirieren/binden/verkaufen]***

Ton: ***[informell/professionell/witzig]***

Enthalten: ***[CTA/Frage/Hashtags]***

Länge: ***[Plattformbeschränkungen]***

Vorhandene Inhaltsvorlage anpassen

In einen Beitrag für ***[Plattform]*** *umwandeln:*
[Ihren Inhalt einfügen]

Formatieren Sie den Beitrag gemäß den Best Practices für die ***[Plattform]***

Zielgruppe: ***[wer]***

Behalten Sie die Kernbotschaft bei, passen Sie jedoch den Ton an

Plattform-Übersicht

- **Twitter/X**: 280 Zeichen, informell, Threads für Geschichten
- **LinkedIn:** Professionell, durchdacht, mit einer Frage abschließen
- **Instagram:** visuell ansprechend, kurze Absätze, klarer Prompt zur Handlungsaufforderung
- **Facebook:** Konversationsorientiert, storybasiert

Profi-Tipp: Geben Sie ChatGPT vor, wer es sein soll. *Verhalten Sie sich wie eine witzige Twitter-Persönlichkeit, ein Vordenker auf LinkedIn* oder *ein Lifestyle-Influencer auf Instagram.*

Das nennt man einen rollenbasierten Prompt – er ist besonders hilfreich, wenn Sie Inhalte benötigen, die perfekt zu den jeweiligen Anforderungen an Ton und Stil einer Plattform passen. Diese Technik eignet sich für alle Arten von Inhalten. Probieren Sie *„Verhalten Sie sich wie ein technischer Redakteur"* für

Dokumentationen, *„Sie sind ein SEO-Experte für Blogbeiträge"* oder *„Sie sind ein einfühlsamer Kundendienstmitarbeiter"* für Support-E-Mails.

Blog-Beiträge

Nachdem Sie nun über die Tools verfügen, um mit ChatGPT grundlegende Inhalte zu erstellen, sind Sie bereit für etwas Fortgeschritteneres. Hier finden Sie eine Schritt-für-Schritt-Anleitung zum Verfassen großartiger Blogbeiträge, die Ihre Leser dazu bringen, immer wieder zurückzukommen:

Schritt 1: Erstellen Sie eine Gliederung

Verwenden Sie diese Vorlage, um eine solide Struktur zu erstellen:

> *Erstellen Sie eine detaillierte Gliederung für einen Blogbeitrag zu* ***[Ihr Thema]****.*
>
> *Zielgruppe:* ***[Beschreiben Sie Ihre Leser]***
>
> *Ziel des Blogbeitrags:* ***[Was sollen Ihre Leser lernen/tun?]***
>
> *Enthalten Sie Folgendes:*
> *- Einen spannenden Aufhänger/eine spannende Einleitung*
> *- 5–7 Hauptabschnitte mit jeweils 2–3 Stichpunkten*
> *- Konkrete Beispiele oder Datenpunkte*
> *- Eine Schlussfolgerung mit klaren Takeaways*
> *- Empfohlene Wortzahl für jeden Abschnitt*

Profi-Tipp: Überprüfen Sie die Gliederung, bevor Sie den vollständigen Entwurf schreiben. So können Sie konkrete Beispiele ergänzen, überflüssige Punkte streichen und den roten Faden Ihres Beitrags stärken.

Schritt 2: Erstellen Sie den vollständigen Entwurf

Sobald Sie Ihre Gliederung fertiggestellt haben, verwenden Sie diese Vorlage, um Ihren ersten Entwurf zu erstellen:

Schreiben Sie anhand dieser Gliederung den vollständigen Blogbeitrag:

[Überschrift einfügen]

Richtlinien zum Verfassen:

- Verwenden Sie einen ***[Ton: umgangssprachlich/professionell/lehrreich]*** *Ton*
- Fügen Sie in jedem Hauptabschnitt konkrete Beispiele ein.
- Sorgen Sie für fließende Übergänge zwischen den Abschnitten
- Angestrebte Länge: ***[Wortzahl]***

Überarbeiten, Redigieren und Feinschliff kommen später. Vielleicht sind Sie schon ungeduldig und möchten sofort eine endgültige, veröffentlichungsreife Fassung erstellen. Doch zunächst geht es darum, den Prozess des reinen Entwerfens zu verinnerlichen. In Kapitel 12 erfahren Sie Schritt für Schritt, wie Sie aus einem groben Entwurf professionell wirkende Inhalte machen. Im Moment ist Ihr einziges Ziel, etwas auf den Bildschirm zu bringen, mit dem Sie weiterarbeiten können.

Mit einem vollständigen ersten Entwurf mithilfe von KI haben Sie die größte Hürde bereits genommen.

So erstellen Sie beliebige Inhalte

Wenn Sie Inhalte jeglicher Art von Grund auf neu erstellen müssen, sei es eine Gliederung, eine kurze Notiz oder ein langer Text, können Sie diese universelle Vorlage für die **Erstellung von Inhalten verwenden**:

Erstellen Sie ein ***[Format]*** *zum Thema* ***[Thema]****.*

Zweck: ***[informieren/aufklären/überzeugen/unterhalten]***

Zielgruppe: ***[wer sie sind, was sie wissen]***

Ton: ***[professionell/informell/freundlich/autoritär]***

Länge: ***[Wortanzahl oder Zeitlimit]***

Enthalten: ***[spezifische erforderliche Elemente]***

Zu vermeiden: ***[Was sollte nicht enthalten sein?]***

Sie verfügen nun über alle erforderlichen Informationen, um die gewünschten Inhalte zu erstellen. Die Vorlagen und Techniken, die Sie gelernt haben, eignen sich für jedes Inhaltsformat. Formulieren Sie Ihre Anforderungen klar und ChatGPT unterstützt Sie bei der Erstellung.

Inhalte mit ChatGPT wiederverwenden

Sie können die Ergebnisse, die Sie mit ChatGPT erzielen, vervielfachen, indem Sie damit zunächst einen Inhalt erstellen und diesen dann zur Generierung weiterer Inhalte verwenden. Auf diese Weise erstellen Sie Inhalte in großem Umfang. Der Blogbeitrag, den Sie gerade verfasst haben, kann auch fünf Social-Media-Beiträge, einen E-Mail-Newsletter, ein YouTube-Videoskript und vielleicht sogar eine Podcast-Gliederung sein. Professionelle Content-Ersteller kennen dieses Geheimnis: **Einmal erstellen, überall verwenden**.

Über Blogs, E-Mails und Social-Media-Beiträge hinaus kann ChatGPT Ihnen bei folgenden Aufgaben helfen:

- Videoskripten und Podcast-Entwürfen
- Kursmaterialien und Tutorials
- Präsentationsfolien und Rednerhinweise
- Produktbeschreibungen und Verkaufsseiten
- FAQ-Bereiche und Hilfedokumentationen
- Newsletter-Reihen und E-Mail-Kurse
- LinkedIn-Artikel und Beiträge zu Thought Leadership

ChatGPT macht die Wiederverwendung so einfach, dass es unklug wäre, darauf zu verzichten. Geben Sie Ihre Originalinhalte ein und teilen Sie mit, wie das Ergebnis aussehen soll. Ihre Kernbotschaft bleibt erhalten, während Format, Länge und Stil an die jeweilige Plattform angepasst werden.

Vorlage für die Wiederverwendung

> *Nehmen Sie diesen **[Inhaltstyp]** und wandeln Sie ihn in **[neues Format]** um:*
>
> ***[Originalinhalt einfügen]***
>
> *Passen Sie den Inhalt für **[Plattform/Zweck]** an und behalten Sie dabei die Kernbotschaft bei.*
>
> *Zielgruppe: **[wer]***
>
> *Einschränkungen: **[Anforderungen an Länge/Format]***

Wenn Sie Ihre Fähigkeiten beim Formulieren von Prompts weiterentwickeln, kann ChatGPT auf einmal gleich mehrere neue Inhalte für Sie erstellen. Speichern Sie diesen Prompt für die spätere Verwendung, und schon haben Sie ein skalierbares System entwickelt.

> **Profi-Tipp:** Wenn Sie Prompts finden, die für Ihre Zwecke besonders gut geeignet sind, legen Sie eine Sammlung Ihrer erfolgreichen Prompts und Ergebnisse an. Diese persönliche Bibliothek ist von unschätzbarem Wert, wenn Sie später ähnliche Inhalte benötigen. Wenn Sie nach einigen Monaten zurückblicken, werden Sie oft feststellen, wie sehr Sie sich verbessert haben.

Ich habe mit ChatGPT schon oft richtig gute Inhalte erstellt – und dann versehentlich die Konversation gelöscht. Später habe ich mir dann gewünscht, ich hätte den erfolgreichen Prompt noch gespeichert.

Transparenz bei KI-generierten Inhalten

Bei der Erstellung von Inhalten für andere ist es wichtig, durch die Offenlegung der Verwendung von KI transparent zu sein. Hier ist ein einfacher Rahmen:

Bei Kundenaufträgen sollten Sie dies immer offenlegen. Ein einfacher Hinweis wie „Ich nutze ChatGPT zum Entwerfen und Brainstorming, anschließend überarbeite und verfeinere ich den Text" schafft die richtigen Erwartungen.

Bei öffentlichen Inhalten sollten Sie erwägen, einen Hinweis wie „Erstellt mit KI-Unterstützung" oder ähnliches hinzuzufügen. So positionieren Sie sich als jemand, der Tools geschickt einsetzt, und nicht als jemand, der Abkürzungen nimmt.

Drei schnelle Fragen zur Selbstkontrolle:

- Würde ich meinen Namen darunter setzen?
- Fühle ich mich wohl dabei, meinen Prozess zu erklären?
- Habe ich die Fakten überprüft?

Wenn Sie alle drei Fragen mit „Ja" beantworten können, nutzen Sie KI verantwortungsvoll. Überlegen Sie sich am besten jetzt, welche Standards Sie für sich selbst setzen möchten. Kunden und Leser vertrauen Menschen, die transparent über ihre Arbeitsweise informieren. Wenn Sie KI zielgerichtet und integer einsetzen, verdienen Sie sich dieses Vertrauen.

Übung: Auffordern – Verfeinern – Wiederverwenden

In dieser Übung wenden Sie alles Gelernte in der Praxis an. Sie nehmen eine Idee und verwandeln sie in einen ausgefeilten Inhalt für mehrere Plattformen.

1. **Wählen Sie ein Thema.** Wählen Sie etwas, mit dem Sie sich bestens auskennen. Wenn Sie mit dem Thema vertraut sind, können Sie erkennen, was ChatGPT richtig macht und was noch verbessert werden muss. Probieren Sie eines der folgenden Themen aus:
    - Eine Produktivitätsmethode, die Ihnen tatsächlich hilft, Dinge zu erledigen

- Wie Sie etwas Komplexes aus Ihrem Beruf in einfachen Worten erklären können
- Eine Lösung für ein Problem, über das sich alle bei der Arbeit beschweren
- Eine interessante Tatsache oder Fähigkeit, die Sie kürzlich erworben haben

2. **Fordern Sie ChatGPT auf, einen kurzen Blogbeitrag zu verfassen.** Verfassen Sie einen Prompt mit konkreten Angaben zu Ton, Länge, Zielgruppe und Format. Hier ein Beispiel:

Verfassen Sie eine 600 Wörter lange informative E-Mail über die Pflege von Zimmerpflanzen für vielbeschäftigte Berufstätige. Der Ton sollte freundlich, aber kompetent sein. Gehen Sie davon aus, dass die Leser über Grundkenntnisse verfügen, aber aufgrund ihrer vielen Verpflichtungen keine Pflanzen am Leben erhalten können. Verwenden Sie eine einprägsame Betreffzeile, geben Sie 3–4 wichtige Tipps, die nicht viel Zeit erfordern, und schließen Sie mit einer einfachen Maßnahme, die die Leser noch am selben Tag umsetzen können.

3. **Überarbeiten Sie das Ergebnis anhand von mindestens zwei weiteren Anweisungen.** Lesen Sie den ersten Entwurf sorgfältig durch. Verwenden Sie dann konkrete Anweisungen, um die Schwachstellen zu beheben:

Beispiel für die erste Überarbeitung: *Die Tipps sind gut, aber die Einleitung wirkt zu allgemein. Schreiben Sie den ersten Absatz um, um eine emotionalere Verbindung herzustellen, indem Sie beschreiben, wie es sich anfühlt, nach einem langen Arbeitstag nach Hause zu kommen und sich an blühende Pflanzen zu erfreuen, und stellen Sie dies dann der Enttäuschung gegenüber, wenn man stattdessen welkende Pflanzen vorfindet.*

Beispiel für die zweite Überarbeitung: *Fügen Sie nach Tipp Nr. 2 einen kurzen Abschnitt hinzu, in dem häufige Fehler beim Gießen angesprochen werden. Beschränken Sie sich auf 2–3 Sätze, die mit einem Mythos über die Pflanzenpflege aufräumen.*

4. **Verwenden Sie die endgültige Version für andere Zwecke.** Nachdem Sie den Inhalt optimiert haben, bitten Sie ChatGPT, ihn für eine andere Plattform umzugestalten:

Nehmen Sie die wichtigsten Punkte aus diesem Blogbeitrag und erstellen Sie eine Gliederung für ein YouTube-Video zum gleichen Thema. Fügen Sie für jeden Abschnitt konkrete Gesprächspunkte und visuelle Vorschläge hinzu. Fügen Sie Aufhänger für die Einleitung, Zeitstempel für die Kapitel und Ideen für B-Roll-Material hinzu. Halten Sie den Ton dialogorientiert und motivierend. Angestrebte Länge: 8–10 Minuten.

Selbstvertrauen durch Übung

Hochwertige Inhalte auf Abruf zu erstellen, eröffnet Ihnen neue Möglichkeiten für berufliches Wachstum und zusätzlichen Verdienst. Am Anfang fühlt sich das vielleicht noch ungewohnt an. Ich könnte ein ganzes Buch darüber schreiben, wie man KI-generierte Inhalte entwirft, verfeinert, bearbeitet und veröffentlicht. Denken Sie jedoch daran, dass Sie am besten lernen, indem Sie diese Konzepte in die Praxis umsetzen. Erstellen Sie einen Beitrag für soziale Medien. Schreiben Sie eine kurze E-Mail-Antwort. Diese kleinen Schritte verbessern Ihre Fähigkeiten, und je mehr Sie üben, desto besser werden Sie erkennen, was funktioniert und was nicht.

Konzentrieren Sie sich vorerst darauf, etwas fertigzustellen, anstatt es perfekt zu machen. ChatGPT gibt Ihnen den Rohstoff, den Sie formen können, anstatt Sie zu zwingen, ihn selbst herzustellen. Diese kleine Änderung nimmt vielen Menschen die innere Blockade, die sie sonst vom Schreiben abhält.

Im nächsten Kapitel wechseln wir von der Ausgabe (Output) zur Eingabe (Input) und untersuchen, wie Sie ChatGPT als Forschungs- und Lernwerkzeug nutzen können, um Ihr Denken zu schärfen und Ihr Wissen schnell zu erweitern.

5

Intelligenter lernen und recherchieren

SIE SCHAUEN sich gerade ein YouTube-Tutorial zu Excel-Pivot-Tabellen an, als Ihnen auffällt, dass Sie denselben 30-Sekunden-Abschnitt schon dreimal angesehen haben und immer noch nicht verstehen, warum Ihre Daten nicht richtig gruppiert werden. Der Cursor des Dozenten bewegt sich zu schnell, und wenn Sie das Video anhalten, um „Excel-Pivot-Tabelle Datumsgruppierung funktioniert nicht" zu googeln, landen Sie in einem Dschungel jahrzehntealter Forenbeiträge, die ebenso gut in Alt-Sumerisch geschrieben sein könnten. Zwanzig Minuten später lesen Sie plötzlich über SVERWEIS-Funktionen, Ihre ursprüngliche Tabelle ist immer noch fehlerhaft und die Projektfrist rückt immer näher.

Jeder lange Umweg über Stack Overflow, jede „schnelle" YouTube-Suche, die sich zu einer stundenlangen Recherche auswächst, jeder Moment, den Sie darauf verwenden, allgemeine Tutorials auf Ihre konkrete Situation anzuwenden – all das summiert sich. Der traditionelle Lernkreislauf „Suchen-Konsumieren-Scheitern-Erneut suchen" funktionierte gut, als wir noch Wochen Zeit hatten, um neue Fähigkeiten zu erlernen. Aber wenn Ihr Chef in der Montagsbesprechung Tableau erwähnt und erwartet, dass Sie bis Freitag ein Dashboard liefern, oder wenn TurboTax kurz vor Ablauf der Abgabefrist im April die Benutzeroberfläche umstellt, stößt dieser alte Ansatz an seine Grenzen.

In diesem Kapitel erfahren Sie, wie Sie ChatGPT in einen personalisierten Lernbeschleuniger verwandeln können, der sich genau an Ihre Wissenslücken und aktuellen Projektanforderungen anpasst. Mit dieser Methode erstelle ich individuelle Trainingspläne für meine Fitnessziele, finde das passende Restaurant für ein Date und baue kontinuierlich mein KI-Wissen aus, um mein Unternehmen voranzubringen.

Am Ende werden Sie in der Lage sein, die benötigten Informationen schnell zu finden und auch zu verstehen. Anstatt sich durch zahllose Tutorials zu kämpfen und zu hoffen, die passende Erklärung auf dem richtigen Niveau zu finden, lernen Sie, gezielt genau die Informationen herauszufiltern, die Sie brauchen – und zwar in einer Sprache, die Sie wirklich verstehen.

Mit ChatGPT neue Fähigkeiten erlernen

Nutzen Sie diesen dreistufigen Prozess, um jede beliebige Fähigkeit zu erlernen:

1. Holen Sie sich den Fahrplan

Bitten Sie ChatGPT um einen personalisierten Lernplan.

> *Ich möchte* ***[Fähigkeit]*** *lernen. Ich bin derzeit auf* ***[Ihrem Niveau]****. Mein Ziel ist es,* ***[konkretes Ergebnis]*** *zu erreichen. Können Sie einen personalisierten Lernplan erstellen, der bei meinem aktuellen Stand ansetzt und mich schrittweise weiterbringt? Bitte geben Sie auch Ideen dazu, wie ich das Gelernte anwenden kann.*
>
> Beispiel: *Ich möchte die Grundlagen der Suchmaschinenoptimierung (SEO) erlernen. Ich bin derzeit ein absoluter Anfänger mit einem neuen Blog. Mein Ziel ist es, dass meine Beiträge in den Google-Suchergebnissen angezeigt werden. Können Sie einen personalisierten Lernplan erstellen, der bei meinem aktuellen Kenntnisstand ansetzt und mich schrittweise weiterbringt? Bitte geben Sie auch Ideen dazu, wie ich das Gelernte anwenden kann.*

Mit dieser Eingabe gibt Ihnen ChatGPT einen Plan, wahrscheinlich mit einigen Lesematerialien oder Videos, die Sie sich ansehen können, um loszulegen.

2. Teilen Sie den Plan in kleinere Schritte auf

Wenn Sie mit der Umsetzung des Plans beginnen, den ChatGPT Ihnen gegeben hat, können Sie bei Fragen jederzeit zu ChatGPT zurückkehren. Hier sind einige Beispielvorlagen für Prompts, die Sie verwenden können, wenn Sie nicht weiterkommen:

> *Ich versuche, die erste Übung zu machen, die Sie mir gegeben haben, aber ich weiß nicht, wo ich anfangen soll. Können Sie sie in kleinere Schritte aufteilen?*
> *Ich arbeite an **[bestimmter Teil des Plans]** und bin mir über **[Konzept]** unsicher. Können Sie das in einfachere Begriffe aufschlüsseln und mir ein Beispiel geben?*

Um das SEO-Beispiel aus Schritt 1 fortzusetzen, finden Sie hier ein Beispiel für Schritt 2:

> *Ich habe gerade den von Ihnen empfohlenen Artikel über SEO gelesen, aber ich verstehe ihn nicht. Können Sie mir die wichtigsten Konzepte in einfachen Worten erklären?*

3. Bauen Sie weiter auf

Fragen Sie, was Sie als Nächstes angehen sollten, basierend auf dem, was Sie gelernt haben.

> *Aufgrund dessen, was ich bisher über **[Fähigkeit]** gelernt habe, worauf sollte ich mich als Nächstes konzentrieren?*

> Beispiel: *Was sollte ich als Nächstes lernen, nachdem ich die Grundlagen der Suchmaschinenoptimierung verstanden habe? Nennen Sie mir die nächsten Schritte, um meinen Blog zu verbessern.*

Profi-Tipp: Üben Sie, während Sie lernen. Wenden Sie das Gelernte nach jeder Lektion direkt an und holen Sie sich Feedback von ChatGPT zu Ihrer Arbeit. Dieser praktische Ansatz hilft Ihnen, Ihre neuen Fähigkeiten schnell zu verbessern.

Dieser dreistufige Prozess wiederholt sich, während Sie sich tiefer in ein Thema einarbeiten. Sobald Sie Schritt 3 erreicht haben und ChatGPT fragen, was als Nächstes zu tun ist, beginnt der Lernprozess von vorne.

Hier sind weitere Beispiele für Fähigkeiten, die Sie mit der Vorlage erlernen können:

> *Ich möchte Excel lernen. Ich bin derzeit auf Anfängerniveau. Ich kann Dateien öffnen, aber das war's auch schon. Mein Ziel ist es, Budgetplaner für meine persönlichen Finanzen zu erstellen. Können Sie einen personalisierten Lernplan erstellen, der bei meinem aktuellen Kenntnisstand ansetzt und darauf aufbaut? Bitte geben Sie auch Ideen, wie ich das Gelernte anwenden kann.*

> *Ich möchte lernen, vor Publikum zu sprechen. Ich bin jemand, der schon nervös wird, wenn er sich in Meetings vorstellen muss. Mein Ziel ist es, unsere Quartalsergebnisse selbstbewusst vor dem Führungsteam zu präsentieren. Können Sie einen personalisierten Lernplan erstellen, der bei meinem aktuellen Kenntnisstand ansetzt und mich schrittweise weiterbringt? Bitte geben Sie mir auch Ideen, wie ich das Gelernte anwenden kann.*

Ganz gleich, ob Sie technische Fähigkeiten erlernen, kreativen Interessen nachgehen oder besser Schach spielen möchten – mit diesem Ansatz erhalten Sie einen maßgeschneiderten Lehrplan, der genau auf Ihren aktuellen Stand zugeschnitten ist.

Neue Fähigkeiten erlernen mit ChatGPT

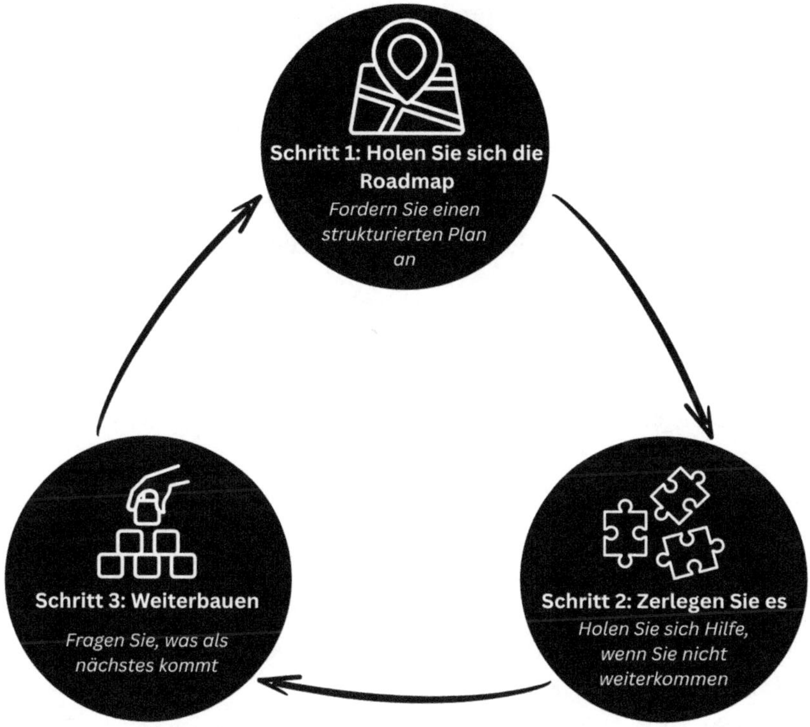

Erstellen von Zusammenfassungen, Berichten und Aktionspunkten

Wenn Sie sich stundenlanges Suchen, Lesen und Notieren sparen und gleichzeitig sicherstellen möchten, dass Sie alle wichtigen Details erfassen, können Sie Text oder Links aus Artikeln, Berichten, Transkripten oder beliebigen anderen Dokumenten einfügen und ChatGPT bitten, genau die Informationen zu extrahieren, die Sie suchen. Dies ist hilfreich, wenn Ihnen die Sprache in wissenschaftlichen Arbeiten Kopfzerbrechen bereitet oder wenn Sie bestimmte Informationen aus umfangreichen Dokumenten benötigen.

Hier sind einige Techniken, mit denen Sie Informationen in etwas Umsetzbares destillieren können:

Ihre eigenen Notizen organisieren

ChatGPT hilft mir, unordentliche Notizen in strukturierte Informationen umzuwandeln, die ich leicht durchsehen kann. Ich habe die Angewohnheit, zufällige Ideen, Gedanken und Dinge, die ich mir merken möchte, in der Notizen-App meines iPhones zu notieren. ChatGPT hilft mir, diese Notizen zu konsolidieren und zu organisieren. Das Gleiche können Sie mit den von Ihnen gesammelten Recherchen tun.

ChatGPT kann Informationen in praktische Formate umwandeln:

- *Nehmen Sie diese zufälligen Notizen und ordnen Sie sie in klare Kategorien.*
- *Verwandeln Sie diesen Gedankenwirrwarr in einen organisierten Aktionsplan.*
- *Helfen Sie mir, die Hauptthemen in diesen verstreuten Gedanken zu finden.*
- *Erstellen Sie aus diesen unordentlichen Notizen ein strukturiertes Dokument.*
- *Wie sieht der logische Ablauf für die Präsentation dieser Ideen aus?*

Mit dieser Neuorganisation verwandeln Sie ein überwältigendes Informationschaos schnell in etwas Strukturiertes und Nützliches.

Wichtige Punkte aus beliebigen Texten herausziehen

Für schnelle Zusammenfassungen versuchen Sie es mit einfachen Prompts wie:

- *Fassen Sie diesen Artikel in fünf Stichpunkten zusammen.*
- *Was sind die wichtigsten Argumente in diesem Text?*
- *Extrahieren Sie die wichtigsten Ergebnisse aus dieser Forschungsarbeit.*

Sie eignen sich hervorragend für die ersten Recherchephasen, in denen Sie große Mengen an Informationen aus mehreren Textquellen zusammenfassen. Solch einfache Anfragen hätten mir das Studium enorm erleichtert, als ich in wissenschaftlichen Artikeln versunken war (und dabei Unmengen Papier verbraucht habe).

Wenn Sie eine gezieltere Analyse benötigen oder wissen, welche Informationen Sie in einem Text suchen, geben Sie ChatGPT genau an, welche Informationen Sie benötigen:

- *Extrahieren Sie die Vor- und Nachteile aus diesen Produktbewertungen.*
- *Identifizieren Sie die wichtigsten Herausforderungen und Lösungsvorschläge in diesem Bericht.*
- *Erläutern Sie die Ergebnisse dieses Forschungsartikels in einfachen Worten.*
- *Welche unterschiedlichen Perspektiven werden in dieser Diskussion dargestellt?*

Verwendung der gesammelten Informationen

Nachdem Sie alle Ihre Recherchen oder Daten zusammengetragen haben, müssen Sie diese weiterverarbeiten:

- *Welche praktischen Anwendungen kann ich aus dieser Recherche ableiten?*
- *Welche konkreten Maßnahmen sollte ich auf Grundlage dieser Ergebnisse in Betracht ziehen?*
- *Bitte erstellen Sie aus diesen Ergebnissen eine Tabelle mit einem Aktionsplan (inklusive Aufgaben, Fristen und Prioritäten).*

Erstellen Sie schnelle Visualisierungen und Berichte

Während dieses Prozesses kann ChatGPT Ihre Daten auch in Formate umwandeln, die leichter zu verstehen und zu teilen sind:

- *Wandeln Sie diese Daten in eine einfache, Word-kompatible Vergleichstabelle um.*

- *Erstellen Sie eine einseitige Zusammenfassung dieser Ergebnisse.*
- *Bitte formatieren Sie dies als Präsentationsgliederung mit den wichtigsten Punkten für jede Folie.*

Überprüfen der Arbeit von ChatGPT

Zu Beginn von Kapitel 1 habe ich erwähnt, dass ChatGPT nicht immer alles richtig macht. Es kann nicht auf aktuelle Ereignisse zugreifen, es sei denn, Sie erwähnen diese explizit im Gespräch. Außerdem hat ChatGPT in den meisten Fällen kein Gedächtnis zwischen einzelnen Sitzungen. Außerdem übersieht es emotionale Nuancen, die wir Menschen ganz natürlich wahrnehmen, und geht manchmal von Annahmen aus, die möglicherweise nicht zutreffen.

Sie sollten ChatGPT nutzen, um Aufgaben schneller zu erledigen, aber nicht, um sich die Arbeit allzu leicht zu machen. Wenn ChatGPT schnell Informationen zusammenfasst und präsentiert, ist man leicht beeindruckt davon, wie einfach das ist. Aber lassen Sie sich davon nicht täuschen und denken Sie nicht, dass Ihre Aufgabe damit schon erledigt ist. In solchen Fällen können Ihnen Fehler entgehen, was besonders problematisch ist, wenn Sie die Informationen weitergeben oder für Entscheidungen verwenden möchten.

Angesichts dieser Einschränkungen sollten Sie klare Grenzen setzen, wann ChatGPT nicht das richtige Werkzeug ist:

- Verwenden Sie es niemals für medizinische, rechtliche oder finanzielle Entscheidungen.
- Vermeiden Sie es, es für Krisen- oder Notfallberatung zu verwenden.
- Geben Sie niemals unüberprüfte Ergebnisse an Kunden oder in öffentlich zugänglichen Inhalten weiter.

Ihr Urteilsvermögen bleibt bei diesen KI-Tools unverzichtbar. Die endgültige Verantwortung für sämtliche Inhalte und Entscheidungen liegt bei Ihnen – nicht bei der KI.

Ich habe es als hilfreich empfunden, ChatGPT direkt darum zu bitten, mögliche Probleme in seinen Antworten zu kennzeichnen. Versuchen Sie es mit Prompts wie:

- *Markieren Sie alles in dieser Antwort, was zwar sachlich klingt, aber ungenau oder irreführend sein könnte.*
- *Welche zuverlässigen Quellen gibt es, um diese Informationen zu bestätigen?*
- *Welche Teile dieses Themas würden von einer Expertenberatung profitieren?*
- *Welche Fragen sollte ich stellen, um die Richtigkeit dieser Erklärung zu überprüfen?*

Denken Sie daran, dass ChatGPT nur über einen begrenzten Speicher verfügt. Bei so wichtigen Aufgaben wie der Überprüfung von Informationen oder der Zusammenfassung wichtiger Dokumente ist es am besten, die Informationen in kleinere Abschnitte von etwa 500 bis 1000 Wörtern aufzuteilen und diese einzeln zu bearbeiten. Bei längeren Texten besteht die Gefahr, dass wichtige Details übersehen werden oder oberflächliche, möglicherweise ungenaue Zusammenfassungen entstehen.

Profi-Tipp: Einige Versionen von ChatGPT können auf das Internet zugreifen, wenn das Browsen aktiviert ist. Wenn Sie sich über die Richtigkeit der Ergebnisse von ChatGPT unsicher sind, bitten Sie das Programm, Ihnen eine glaubwürdige Quelle zur Überprüfung anzugeben. Beachten Sie jedoch, dass diese Quelle möglicherweise auf defekte Seiten verweist, die für die zu überprüfenden Informationen nicht ganz relevant sind. Sie müssen die Informationen manuell überprüfen, bevor Sie ihnen vertrauen können.

Erkennen und Verringern von Voreingenommenheit

Die Trainingsdaten von ChatGPT können zu Voreingenommenheiten in den Ergebnissen führen, die leicht übersehen werden. Sie werden Stereotypen über Geschlecht, Rasse, Alter oder kulturelle Annahmen sehen, die harmlos erscheinen, aber tatsächlich eine engstirnige Sichtweise widerspiegeln. Der Inhalt könnte soziale Vorurteile verstärken oder eine bestimmte Sichtweise als allgemeingültig darstellen. Ich bin beispielsweise eine Frau, die mit einer Frau verheiratet ist. Meine Frau und ich führen gemeinsam unser Unternehmen. Wenn ich mit ChatGPT über Geschäftsstrategien und die Rolle meiner Frau darin diskutiere, geht ChatGPT oft davon aus, dass ich ein Mann bin.

Dies führt zu echten Problemen, wenn Sie Inhalte für unterschiedliche Zielgruppen erstellen oder Empfehlungen aussprechen, die verschiedene Gruppen unterschiedlich betreffen. Ihre Aufgabe ist es, voreingenommene Sprache, einseitige Perspektiven und versteckte Annahmen zu erkennen. Nichts schmälert Ihre Glaubwürdigkeit mehr, als wichtige Gegenargumente zu übersehen.

Um Voreingenommenheit zu erkennen und zu beheben, bitten Sie ChatGPT, seine eigene Arbeit zu überprüfen. Nachdem es Inhalte generiert hat, fragen Sie nach:

- *Welche Annahmen treffen Sie in dieser Erklärung?*
- *Fehlt in dieser Übersicht wichtiger Kontext?*
- *Wo könnten die von Ihnen bereitgestellten Informationen unvollständig oder vereinfacht sein?*

Diese Fragen fördern eine differenzierte Betrachtung des Themas und decken Lücken auf, die Sie genauer prüfen sollten. Ich verwende sie ständig, wenn ich mich in unbekanntem Terrain bewege.

Bei kontroversen Themen (die praktisch alle wichtigen Bereiche abdecken) sollten Sie auf unterschiedliche Perspektiven drängen:

- *Was sind die häufigsten Kritikpunkte an dieser Idee?*
- *Welche alternativen Theorien gibt es zu diesem Thema?*
- *Welche Teile dieser Erklärung sind unter Experten allgemein anerkannt und welche werden diskutiert?*
- *Welche drei unterschiedlichen Perspektiven gibt es zu diesem Thema?*

Gerade bei der Personalbeschaffung, im Marketing und bei der Erstellung von Inhalten ist das besonders wichtig. Fragen Sie bei Stellenbeschreibungen:

Enthält diese Stellenbeschreibung geschlechtsspezifische Formulierungen

> *oder voreingenommene Ausdrücke, die unbeabsichtigt jemanden ausschließen könnten?*

So erkennen Sie subtile Formulierungen, die qualifizierte Bewerber möglicherweise abschrecken könnten.

Achten Sie auf Ihre eigenen blinden Flecken. Jeder Mensch hat kulturelle und persönliche Vorurteile, die seine Wahrnehmung von Informationen beeinflussen. Hinterfragen Sie Ihre Annahmen. Holen Sie Input von Menschen mit unterschiedlichen Erfahrungen ein.

Achten Sie außerdem darauf, bei der Suche nach Vorurteilen nicht vorschnell von Problemen auszugehen. Die Frage an ChatGPT *Wie kann ich das inklusiver gestalten?* setzt voraus, dass es noch nicht inklusiv ist. Bitten Sie ChatGPT stattdessen zunächst, zu analysieren, ob überhaupt Probleme bestehen, und gehen Sie dann gezielt auf die festgestellten Punkte ein. So vermeiden Sie, dass Probleme geschaffen werden, wo keine existieren, und Ihre Inhalte bleiben authentisch, anstatt künstlich angepasst zu werden.

Übung: Erhalten Sie in 60 Sekunden einen individuellen Lernplan

Wählen Sie ein Thema oder eine Fertigkeit aus, die Sie interessiert, und erhalten Sie einen vollständigen Lernplan, der auf Ihr Niveau, Ihre Interessen und Ihre Ziele zugeschnitten ist. Sie müssen nicht mehr Kurswebsites durchsuchen oder Blogbeiträge zum Thema „Wie lernt man X?" lesen.

Erstellen Sie Ihren eigenen Prompt oder beginnen Sie mit etwas Ähnlichem wie diesem Beispiel:

> *Ich bin ein absoluter Anfänger und möchte [Ihr Thema/Ihre Fertigkeit] lernen. Können Sie mir einen Überblick geben und einen Schritt-für-Schritt-Lernplan erstellen? Geben Sie mir auch konkrete Ressourcen, die mir helfen, den ersten Schritt zu machen. Der Lernprozess soll spannend und unterhaltsam sein.*

Diese einfache Übung beseitigt die größte Hürde beim Lernen von etwas Neuem: nämlich nicht zu wissen, wo man anfangen soll. Mit einem klaren, persönlichen Lernplan in der Hand wirkt das Thema, das Sie schon immer interessiert hat, plötzlich greifbar.

Als Nächstes werden wir diese Fähigkeiten noch weiter ausbauen. Anstatt nur Informationen zu sammeln und zu organisieren, lernen Sie, ChatGPT zu nutzen, um komplexe Probleme zu lösen, strategische Entscheidungen zu treffen und Herausforderungen zu meistern, die Sie blockieren.

6

ChatGPT zur Lösung realer Probleme

VIELE VON UNS haben einen Traum oder ein Ziel, das wir begraben haben, weil es unmöglich schien. Es ist einfacher, sich mit etwas Praktischerem zufrieden zu geben, wenn man den Weg dorthin nicht sieht.

Vielleicht ist es die Gründung des Unternehmens, das Sie schon immer wollten, oder ein Karrierewechsel. Vielleicht ist es die Rückkehr an die Universität, obwohl Sie einen Vollzeitjob und eine Familie haben. Oder die Überlegung, an den Strand zu ziehen, wie Sie es sich schon immer gewünscht haben.

Oder vielleicht ist es gar kein „Traum", sondern etwas viel Einfacheres. Ein schwieriges Gespräch mit Ihrem Chef führen. Das Arbeitsprojekt, vor dem Sie sich schon so lange drücken. Entscheiden, ob Sie Ihre alternden Eltern selbst pflegen oder eine betreute Wohnform suchen.

Sie versuchen, online zu recherchieren, und versinken schließlich in Blogbeiträgen, Reddit-Threads und YouTube-Videos, die Ihnen am Ende das Gefühl geben, sich noch schlechter zu fühlen. Eine Person sagt, dass das Führen eines Tagebuchs ihr Leben verändert hat. Eine andere sagt, die Antwort sei ein Eisbad um 4 Uhr morgens. Toll.

Das sind Herausforderungen, die Google nicht lösen kann. Die, bei denen die Antwort nicht irgendwo da draußen zu finden ist, weil sie sehr persönlich sind. Und wenn Sie doch eine Antwort im Internet finden, stammt sie von „HotYogaBro77" auf Quora, der glaubt, dass Ihr eigentliches Problem darin besteht, dass Sie noch keine ätherischen Öle ausprobiert haben.

In diesem Kapitel zeigen wir Ihnen, wie Sie mit Hilfe von ChatGPT von Ihrem aktuellen Stand zu Ihrem Ziel gelangen. Sie lernen, wie Sie ein Problem oder Ziel systematisch durchdenken und Ihre verstreuten Gedanken in einen klaren Aktionsplan umsetzen können.

Wann Sie dies tatsächlich anwenden können

Hier sind einige Beispiele aus der Praxis für Probleme, mit denen Menschen sich an ChatGPT wenden:

„Ich weiß nicht, wo ich anfangen soll."

Sie haben gerade eine große Veränderung in Ihrem Leben durchgemacht, wie eine Trennung oder einen Umzug, und fühlen sich völlig orientierungslos. Sie öffnen ChatGPT und sagen: „Ich brauche Hilfe, um herauszufinden, was ich als Nächstes tun soll. Ich fühle mich festgefahren." ChatGPT hilft Ihnen, das Chaos zu ordnen, Bereiche zu identifizieren, in denen Sie aktiv werden können, und kleine Schritte vorzuschlagen, um Ihre Routinen und Ihr Selbstvertrauen wieder aufzubauen. Wenn das Leben chaotisch wird, hilft es Ihnen, sich ein wenig weniger allein und ein wenig mehr unter Kontrolle zu fühlen.

„Ich muss eine wichtige Entscheidung treffen."

Sie hassen Ihren Job – und zwar nicht nur ein bisschen. Sie fürchten sich vor dem Aufstehen, fühlen sich am Ende des Tages ausgelaugt, und der Gedanke, morgen wieder von vorne anzufangen, lässt Sie schreien. Sie öffnen ChatGPT und sagen: *Ich kann so nicht weitermachen. Ich möchte kündigen, aber ich habe Angst. Können Sie mir helfen, eine Lösung zu finden?* ChatGPT hilft Ihnen dabei, Ihre Finanzen zu überprüfen, kurz- und langfristige Optionen zu erkunden und zu überlegen, wie Sie kündigen können, ohne Ihr Leben zu ruinieren. Wenn die Emotionen hochkochen und alles dringend erscheint, hilft ChatGPT Ihnen, einen Gang herunterzuschalten, Ihre Optionen abzuwägen und einen Plan zu erstellen, den Sie auch umsetzen können.

„Ich stecke in meinem eigenen Kopf fest."

Ein Gespräch mit einem engen Freund hat Ihnen nicht gefallen. Sie sind sich nicht sicher, ob Sie überreagieren, zu empfindlich sind oder ob Sie wirklich etwas sagen müssen. Also fragen Sie ChatGPT: *Können Sie mir helfen, das aus ihrer Sicht zu sehen?* Es gibt Ihnen alternative Interpretationen und hilft Ihnen, ohne Wertung zu reflektieren.

„Diese Situation ist schwierig und emotional."

Sie kümmern sich um einen alternden Elternteil und fühlen sich langsam überfordert. Sie fragen: *Ich kümmere mich um meine Mutter, die sich nicht mehr selbst versorgen kann. Meine Geschwister helfen mir nicht. Können Sie mir helfen, herauszufinden, welche Art von Unterstützung mir dabei helfen könnte, alles zu bewältigen?* ChatGPT hilft Ihnen dabei, logistische Fragen, Grenzen und Kommunikationsstrategien zu durchdenken.

Jedes dieser Beispiele profitiert vom gleichen Prozess: Sie erklären Ihre Situation, es folgt ein kurzer Austausch, und ChatGPT hilft Ihnen mit Ideen, wie Sie Ihr Problem angehen können.

Wie Sie ein Problem mit ChatGPT besprechen

Alle oben genannten Szenarien sind keine einmaligen Probleme, für die es schnelle Lösungen per Copy-Paste gibt. Sie sind sehr persönlich und komplex. So sieht es aus, wenn Sie ChatGPT um Hilfe bitten:

Sie schildern Ihr konkretes Problem (*Ich habe folgende Situation, können Sie mir helfen, eine Lösung zu finden?*).

ChatGPT bittet Sie möglicherweise um weitere Informationen.

Sie geben Details an.

Anschließend hilft Ihnen ChatGPT, das Gesamtbild zu sehen.

Vielleicht antworten Sie: *Was wäre, wenn ich stattdessen Folgendes versuchen würde?"* oder *„Welche möglichen Lösungen gibt es für dieses Problem?"*

ChatGPT antwortet.

Sie sagen: *Diese Option gefällt mir, aber wie würde ich das umsetzen?*

Und das Gespräch geht weiter. Manchmal kehrt es zum Ausgangspunkt zurück, manchmal geht es einen Schritt weiter.

Um Ihnen zu verdeutlichen, wie dies in der Praxis funktioniert, sehen wir uns ein Beispiel für eine Unterhaltung mit ChatGPT an, die sich auf eine reale Situation bezieht, die viele Menschen kennen: Sie sind von Schulden überwältigt und wissen nicht, wo Sie anfangen sollen.

Sie:
Ich habe hohe Schulden, darunter Kreditkarten, einen Autokredit und ein Inkassokonto. Ich bin überfordert und weiß nicht, wo ich anfangen soll. Können Sie mir helfen, herauszufinden, welche Schritte ich zuerst unternehmen sollte?

ChatGPT:
Selbstverständlich kann ich Ihnen bei der Erstellung eines Plans helfen. Könnten Sie zunächst alle Ihre Schulden, die Mindestzahlungen (sofern Ihnen diese bekannt sind) sowie Ihre monatlichen Einnahmen und Ausgaben auflisten? Wenn Sie die genauen Zahlen nicht kennen, geben Sie einfach Ihre besten Schätzungen an.

Sie:
Ich habe drei Kreditkarten:

Karte 1: 2.300 €, Mindestzahlung 41 €
Karte 2: 3.700 €, Mindestzahlung 55 €
Karte 3: 830 €, Mindestzahlung 28 €
Ein Autokredit: 7.400 € Restbetrag, Zahlung 255 €/Monat
Inkassokonto: 550 €, Zahlung ungewiss
Mein monatliches Einkommen beträgt etwa 2.950 €.

Die Miete beträgt 1.000 €, Lebensmittel etwa 550 €,

Telefonrechnung 90€, Kfz-Versicherung 110€, Nebenkosten 140€ und Abonnements 37€.

ChatGPT:
Vielen Dank für die Details. So können Sie beginnen:

1. Listen Sie alle Ihre Schulden und monatlichen Ausgaben an einem Ort auf (Notizbuch, Tabelle oder auf Ihrem Smartphone).
2. Addieren Sie Ihre monatlichen Mindestzahlungen, einschließlich Ihrer Autokreditrate und der Mindestzahlungen für Ihre Kreditkarten.
3. Addieren Sie Ihre monatlichen Ausgaben.
4. Ziehen Sie die Ausgaben und Mindestzahlungen von Ihrem Einkommen ab, um zu sehen, was Ihnen jeden Monat übrig bleibt.
5. Wenn Sie Geld übrig haben, können Sie damit beginnen, zusätzliche Zahlungen für Ihre Schulden zu leisten.

Möchten Sie eine einfache Tabelle, um all dies zu verfolgen, oder möchten Sie es lieber von Hand aufschreiben?

Sie:
Eine Tabelle wäre hilfreich, aber ich habe noch nie eine erstellt. Können Sie mir zeigen, wie das geht?

ChatGPT:
Selbstverständlich! Hier ist eine einfache Möglichkeit, um in Google Tabellen zu beginnen:

1. Tragen Sie in Spalte A Ihre Einnahmen und in jeder Zeile Ihre Ausgaben/Schulden ein.
2. Tragen Sie in Spalte B die jeweiligen Beträge ein.
3. Addieren Sie unten alle Ausgaben und Schulden.
4. Ziehen Sie diese Summe von Ihren Einnahmen ab, um zu sehen, was Ihnen jeden Monat übrig bleibt.

Auf Wunsch kann ich Ihnen eine einfache Vorlage zum Kopieren und Ausfüllen zur Verfügung stellen.

Sie:
Das wäre großartig, vielen Dank.

ChatGPT:
[ChatGPT gibt eine Beispielvorlage und erklärt, wie sie zu verwenden ist.]

Sie:
Okay, wenn ich also sehe, was nach den Ausgaben übrig bleibt, wie entscheide ich dann, welche Schulden ich zuerst abbezahlen soll? Ich habe ein wenig über die Schneeball- und die Avalanche-Methode gelesen, aber ich weiß nicht wirklich, was das bedeutet und welche Methode besser ist.

ChatGPT:
Gute Frage! Hier eine kurze Übersicht:

Schulden-Schneeball:
- Listen Sie Ihre Schulden vom kleinsten zum größten Betrag auf.
- Zahlen Sie den Mindestbetrag für alle Schulden.
- Verwenden Sie zusätzliches Geld zuerst für die kleinste Schuld.
- Sobald diese beglichen ist, gehen Sie zur nächstkleineren Schulden über und so weiter.

Dieser Ansatz hilft Ihnen, schnelle Erfolge zu erzielen, was motivierend sein kann.

Schuldenlawine:
- Listen Sie Ihre Schulden nach Zinssatz auf, vom höchsten zum niedrigsten.
- Zahlen Sie die Mindestbeträge für alle Schulden, aber verwenden Sie zusätzliches Geld zuerst für die Schulden mit dem höchsten Zinssatz.

Mit dieser Methode sparen Sie langfristig mehr Geld, aber der Fortschritt kann sich zunächst langsamer anfühlen, wenn Ihre Schulden mit dem höchsten Zinssatz nicht die kleinsten sind.

Keine der beiden Methoden ist für alle „richtig". Wenn Sie durch schnelle Erfolge motiviert sind, ist die Schneeballmethode möglicherweise die beste Wahl. Wenn Sie möglichst viel Zinsen sparen möchten, ist die Schuldenlawine die richtige Methode.

Auf Wunsch gehen wir Ihre Schulden gemeinsam durch und finden heraus, welche Methode für Sie am besten geeignet ist.

Sie:
Ich würde gerne sehen, wie die Schneeballmethode mit meinen Zahlen aussehen würde.

ChatGPT:
Selbstverständlich. Basierend auf Ihren Schulden sollten Sie sich zunächst auf die Tilgung der Kreditkarte 3 konzentrieren, da diese den geringsten Saldo aufweist (830 €). Zahlen Sie so viel wie möglich auf diese Karte ein und leisten Sie gleichzeitig die Mindestzahlungen für die anderen Karten.

Sobald diese beglichen ist, nehmen Sie den Betrag, den Sie für Karte 3 gezahlt haben, und addieren Sie ihn zur Zahlung für Ihre nächstkleinere Schuld (Kreditkarte 1: 2.300 €) usw.

Wenn Sie einen Vergleich mit der Avalanche-Methode wünschen, teilen Sie mir einfach Ihre Zinssätze mit, dann kann ich Ihnen zeigen, welche Schulden mit diesem Ansatz zuerst getilgt würden.

Sie:
Das leuchtet mir jetzt ein. Ich werde die Tabelle erstellen und die Schneeballmethode ausprobieren. Wenn ich weitere Fragen habe, kann ich mich gerne wieder melden.

ChatGPT:
Selbstverständlich! Sie können jederzeit vorbeischauen, wenn Sie Hilfe bei der Anpassung Ihres Plans, der Fehlerbehebung in Ihrem Budget oder einfach nur etwas Ermutigung benötigen. Sie haben bereits große

Fortschritte gemacht, indem Sie Ihre Informationen organisiert und die ersten Schritte unternommen haben.

Beachten Sie, dass Sie weder eine Tabelle vorlegen noch irgendwelche Fachbegriffe kennen mussten. Wie bei jedem guten Gespräch müssen Sie sich nicht an einen festen Ablauf halten. Kehren Sie zu früheren Ideen zurück, bitten Sie um Klarstellung, wenn etwas unklar ist, oder wechseln Sie komplett das Thema, wenn Ihnen etwas Neues einfällt. Das Gespräch läuft ganz nach Ihren Bedürfnissen ab.

Profi-Tipp: Speichern Sie diesen Gesprächsverlauf in Ihrem Chat-Verlauf. Nachdem Sie Ihren Plan eine Weile umgesetzt haben, kehren Sie zurück, wenn Sie einen Meilenstein erreicht haben oder nicht weiterkommen, und lassen Sie sich von ChatGPT helfen, die nächsten Schritte zu finden.

Sie werden feststellen, dass eine Unterhaltung mit ChatGPT über die Lösung eines Problems oder die Planung eines Projekts etwas anders funktioniert als beim Erlernen einer neuen Fähigkeit. Lernen ist eher ein Kreislauf: Sie lernen etwas Neues, probieren es aus, stoßen auf eine Frage oder ein Hindernis und wenden sich dann wieder an ChatGPT, um Hilfe oder eine bessere Erklärung zu erhalten. Jede Runde baut auf dem zuvor Gelernten auf, bis Sie sich mit der Fähigkeit sicher fühlen.

In beiden Fällen geht es letztlich darum, große Aufgaben oder Herausforderungen in kleinere, überschaubare Schritte zu unterteilen. Wenn Sie auf ein Hindernis stoßen, stellen Sie ChatGPT konkrete Fragen, um Details oder Schritte zu erfahren. Lassen Sie sich nicht mit einer oberflächlichen Antwort abspeisen. Forschen Sie weiter, fragen Sie nach Beispielen oder Alternativen und nutzen Sie ChatGPT, um genau zu verstehen, was Sie als Nächstes tun müssen. **Wenn ich einen zentralen Gedanken aus diesem Buch wählen müsste, dann diesen.**

Der Aha-Moment

So werden Sie gut (*wirklich* gut) in ChatGPT, sodass es jeden Bereich Ihres Lebens beeinflussen kann. *Sie wenden diesen Ansatz in vielen Lebensbereichen an.*

Sobald Sie dieses Konzept verstanden haben, werden Sie erkennen, in wie vielen Bereichen Ihres Lebens ChatGPT Ihnen helfen kann, beispielsweise:

- Planung eines Karrierewechsels (*Erklären Sie mir, wie ich beurteilen kann, ob ich den Beruf wechseln sollte ...*)
- Erlernen neuer Software (*Erklären Sie mir, wie ich mit Canva einen professionellen Instagram-Beitrag gestalten kann...*)
- Einrichten von Tools (*Helfen Sie mir, herauszufinden, wie ich meine E-Mail mit Calendly für Kundenbuchungen verbinden kann...*)
- Große Anschaffungen tätigen (*Bitte unterstützen Sie mich bei der Entscheidung, ob ich ein Auto kaufen oder leasen sollte...*)
- Bewältigung von Beziehungsdynamiken (*Helfen Sie mir, mir zu überlegen, wie ich dieses Problem mit meinem Mitbewohner ansprechen kann...*)

Denken Sie einmal darüber nach... Früher hätten Sie vielleicht eine Woche lang über den perfekten Plan für das Projekt bei der Arbeit gegrübelt. Mit ChatGPT schaffen Sie das jetzt in zwei Stunden. Und es ist nicht nur schneller, sondern auch besser. Ausgereifter. Strategischer. Und Ihr Chef wird das bemerken.

Oder vielleicht geht es nicht um die Arbeit, sondern um Ihr Training. Sie sind regelmäßig zum Training gegangen, haben das gleiche Programm wie alle anderen absolviert und ordentliche Ergebnisse erzielt. Aber jetzt bitten Sie ChatGPT um einen auf *Ihr* Ziel zugeschnittenen Plan – einen Triathlon zu absolvieren, 5 kg Muskeln aufzubauen, was auch immer es ist. Plötzlich haben Sie ein individuelles Trainingsprogramm, Ernährungstipps, einen Wochenplan, der tatsächlich zu Ihrem Leben passt, *und bessere Ergebnisse.*
In beiden Fällen erzielen Sie Ergebnisse, die Sie nicht für möglich gehalten hätten, weil das Rätselraten wegfällt.

Mentale Blockaden auflösen

Derselbe Ansatz funktioniert genauso gut, wenn das Problem kein Projekt, keine Aufgabe oder keine Entscheidung ist. Manchmal handelt es sich um etwas Komplizierteres, wie Ihre eigenen Annahmen oder Verhaltensmuster. Vielleicht haben Sie immer wieder denselben Streit mit einem Kollegen oder einem geliebten Menschen. Vielleicht stecken Sie in einer Schleife fest und wissen nicht, warum. Sie müssen kein Meister der Selbstreflexion sein, um damit anzufangen. Sie müssen lediglich bereit sein, alles offen auf den Tisch zu legen, beispielsweise mit einer Aussage wie: *Die Situation ist folgende: Ich weiß, dass ich voreingenommen bin. Helfen Sie mir, die Perspektive der anderen Person zu verstehen*, oder *Was übersehe ich bei meiner Herangehensweise?*

Sie suchen hier nicht nach einer „richtigen" Antwort. Manchmal reicht schon eine Außenperspektive, um Ihre Denkweise zu ändern. Wenn Ihnen die Antwort von ChatGPT unangenehm ist, ist das in der Regel ein Zeichen dafür, dass Sie etwas Nützliches über sich selbst oder Ihre Situation lernen. Mit der Zeit können Sie in vielen Bereichen Ihres Lebens mehr Selbstbewusstsein und Resilienz aufbauen.

Schnellstart-Übung

Wählen Sie eine reale Situation aus, die Ihnen Stress bereitet – etwas, das Sie belastet oder blockiert. Das kann eine persönliche Entscheidung sein, ein Gespräch, das Sie vermeiden, ein Ziel, von dem Sie nicht wissen, wie Sie es angehen sollen, oder alles andere, was Ihnen zu groß oder zu kompliziert erscheint, um es alleine zu lösen.

1. Öffnen Sie ChatGPT und schildern Sie die Situation. Erklären Sie die Situation in einfachen Worten, so wie Sie es einem vertrauten Freund erzählen würden. Fragen Sie: *Können Sie mir helfen, darüber nachzudenken?*
2. Wenn Sie nicht sicher sind, was Sie als Nächstes fragen sollen, versuchen Sie es mit: *Welche Informationen würden Ihnen helfen, mir einen besseren Rat zu geben?* oder *Können Sie mir helfen, herauszufinden, welche Fragen ich mir zuerst selbst beantworten muss?*
3. Lassen Sie das Gespräch seinen Lauf nehmen. Geben Sie weiterhin Details, reagieren Sie auf Vorschläge und stellen Sie Folgefragen. Das Ziel ist nicht eine perfekte Lösung. Was Sie wollen, ist Klarheit.

4. Wenn etwas Sinn ergibt, sagen Sie: *Können Sie mir helfen, daraus einen einfachen Plan zu erstellen, den ich befolgen kann?* Das können einzelne Schritte, ein Entscheidungsbaum oder eine Liste von Punkten sein, über die Sie nachdenken sollten, bevor Sie handeln.
5. Wenn die Situation emotional belastend ist, versuchen Sie Folgendes: *Helfen Sie mir, dies aus der Perspektive der anderen Person zu sehen,* oder *Welche blinden Flecken könnte ich hier haben?*
6. Wenn Sie sich geerdeter fühlen, fragen Sie: *Was ist ein kleiner Schritt, den ich heute tun kann, um in dieser Angelegenheit voranzukommen?*

Sie müssen nicht alles im Voraus geplant haben, bevor Sie beginnen. Die Klarheit gewinnen Sie im Gespräch. Und manchmal reicht schon der Freiraum, um Dinge zu durchdenken, um aus einer Sackgasse herauszukommen.

Sie wissen nun, wie Sie mit ChatGPT schreiben, lernen, recherchieren und Probleme durchdenken können. Jede dieser Fähigkeiten ist für sich genommen wichtig. Wenn Sie sie jedoch zusammen einsetzen, hilft Ihnen ChatGPT, verschiedene Phasen eines Projekts oder Ziels schneller zu durchlaufen.

In den nächsten Kapiteln geht es darum, alles, was Sie geübt haben, in echte Ergebnisse umzusetzen. Ob Sie mehr bei der Arbeit erreichen, Ihr Unternehmen ausbauen, ein Nebenprojekt starten oder einfach nur produktiver sein möchten – hier kommt alles zusammen.

Anstatt ChatGPT nur zum Nachdenken zu nutzen, werden Sie es jetzt für die Umsetzung einsetzen. Um Inhalte zu erstellen, Projekte abzuschließen und schneller voranzukommen, ohne dabei an Qualität einzubüßen.

Jetzt wird es spannend.

7

Eigene Produktivitätssysteme aufbauen

DIE MEISTEN PRODUKTIVITÄTSRATSCHLÄGE gehen davon aus, dass Sie das Problem sind, wenn ein bestimmtes Produktivitätssystem nicht funktioniert. Wir sehen Screenshots von Kalendern von Milliardären, die minutiös durchgetaktet sind – als wäre eine solche Über-Organisation der Inbegriff von Produktivität. Folgen Sie einfach dem System, sagen sie. Nutzen Sie Ihren Kalender besser. Halten Sie sich an Ihre To-do-Liste. Überprüfen Sie Ihre Ziele wöchentlich.

Aber was ist, wenn Sie jemand wie ich sind, der schon mehrere verschiedene Produktivitätssysteme ausprobiert hat und sich nicht daran halten kann, weil sie in Ihrem Alltag eher für zusätzlichen Aufwand sorgen, statt Ihnen das Leben zu erleichtern? Was ist, wenn Sie jemand sind, der gerne mit dem Strom schwimmt und trotzdem alles erledigt? Was ist, wenn Sie jemand sind, der nicht durch einzelne Aufgaben in Ihrem Kalender motiviert wird, sondern ständig daran erinnert werden möchte, welche großen Ziele Sie verfolgen? Wir sind alle unterschiedlich, und es gibt kein Produktivitätssystem, das für alle passt.

Anstatt sich in starre, von anderen entworfene Rahmen zu zwängen, können Sie jetzt flexible, auf Sie zugeschnittene Systeme aufbauen, die sich an alle Lebenslagen anpassen.

In diesem Kapitel erfahren Sie, wie Sie die organisatorische Infrastruktur schaffen, die eine höhere Produktivität ermöglicht. Eine Wochenplanung, für die Sie statt zwei Stunden nur noch 15 Minuten benötigen. Tägliche Routinen, die sich an unvorhersehbare Ereignisse anpassen, die sich einfach nicht vermeiden lassen. Rahmenbedingungen für Systeme, die Ihnen helfen, Verantwortung zu übernehmen und Ihre innere Motivation zu stärken. Sie erhalten eine Mischung aus einmaligen Impulsen, wiederverwendbaren Vorlagen und Beispielen für die Umsetzung, die Ihnen helfen, Ihre Pläne tatsächlich in die Tat umzusetzen.

Neue Gewohnheiten zu entwickeln braucht Zeit. Daher ist mein bester Rat für Sie, mit einem System aus diesem Kapitel zu beginnen, das Ihr größtes Problem löst. Sobald es funktioniert, fügen Sie ein weiteres hinzu. Einige Tage werden besser laufen als andere. Aber geben Sie sich die Chance, das in diesem Kapitel Gelernte anzuwenden, um einen Prozess zu entwickeln, der zu Ihrem Leben passt. Die Kraft liegt in der Wiederholung. Jede Woche können Sie es ein bisschen besser machen, ein bisschen mehr zu Ihrem eigenen machen.

Workflows für Planung und Priorisierung

Wenn Sie schon einmal Stunden damit verbracht haben, Ihre Woche zu planen, nur um dann am Dienstag festzustellen, dass alles schiefgelaufen ist, sind Sie nicht allein. Mir ging es genauso – bis ich erkannte, dass ich ChatGPT nutzen kann, um ein flexibles System zu entwickeln, das tatsächlich funktioniert. Jetzt verbringe ich 15 Minuten mit der Planung meiner Woche, weil ChatGPT:

- den Plan in Sekundenschnelle erstellt
- mir hilft, realistisch einzuschätzen, was ich schaffen kann
- zeigt mir, wie ich mich an veränderte Lebensumstände anpassen kann

Sie können dieselbe Methode verwenden, um Ihr Jahr, Ihr Quartal, Ihren Monat, Ihre Woche oder Ihren Tag zu planen. Stellen Sie sich das wie Zoomstufen vor: Jahres- und Monatsziele geben Ihnen die Richtung vor, die Wochenplanung verschafft Ihnen den Überblick und die Tagesplanung sorgt dafür, dass Sie auf dem Boden bleiben.

Ziele setzen

Hier sind einige Anregungen, die Ihnen helfen, Ziele zu setzen und diese in kleine Schritte zu unterteilen. Diese Ziele dienen als Grundlage für Ihre Monats-, Wochen- und Tagespläne.

- *Ich fühle mich festgefahren und weiß nicht, welche Ziele ich mir setzen soll. Können Sie mir helfen, herauszufinden, was mir wirklich wichtig ist und worauf ich mich in diesem Jahr konzentrieren sollte?*
- *Ich weiß, in welche Richtung ich generell gehen möchte, bin mir aber nicht sicher, wie mein genaues Ziel aussehen soll. Können Sie mir dabei helfen, es festzulegen und sicherzustellen, dass es zu allem anderen passt, was ich vorhabe?*
- *Ich glaube, ich weiß, was meine Ziele für dieses Jahr sind, aber ich möchte sichergehen, dass sie konkret und realistisch sind. Können Sie mir dabei helfen, meine Ziele auf Herz und Nieren zu prüfen und sicherzustellen, dass ich weiß, wann ich sie tatsächlich erreicht habe?*

Aus einem Ziel einen Plan machen

Auch hier können Sie das Gespräch mit ChatGPT fortsetzen, um sich durch diesen Prozess führen zu lassen. Nachdem Sie Ihre Ziele identifiziert haben (oder vielleicht kennen Sie sie bereits), fragen Sie: *Helfen Sie mir, dieses Ziel in einen klaren 12-Monats-Plan mit vierteljährlichen Meilensteinen und monatlichen Zielen aufzuteilen*, oder *Ich möchte [Ziel/Projekt] erreichen und fühle mich überfordert. Helfen Sie mir, das in klare Phasen zu unterteilen und dann herauszuarbeiten, was ich als Erstes tun sollte.*

ChatGPT antwortet in der Regel mit:

1. Einen groben Zeitplan oder eine Reihe von Phasen
2. Konkrete wöchentliche Aufgaben, um loszulegen
3. Optionale Extras wie Checklisten, Vorlagen oder Vorschläge für Anbieter

Sie können sogar Folgendes anfordern:

- Erstellung einer tabellenkalkulationsfähigen Aufgabenliste
- Vorlagen erstellen, die Sie wiederverwenden können
- Priorisierung der Schritte basierend auf Ihrer Kapazität und Ihrem Zeitplan

Einen Plan in wöchentliche Aufgaben und Projekte umwandeln

Sobald Sie Ihre Ziele festgelegt und Quartals- oder Monatsziele definiert haben, hilft Ihnen ChatGPT dabei, aus allgemeinen Ideen konkrete Schritte zu entwickeln. Das kann bedeuten, dass Sie Monatsziele in wöchentliche Aufgaben herunterbrechen oder ein größeres Projekt, das Sie bisher immer wieder aufgeschoben haben, in überschaubare Schritte unterteilen, z. B. die Erstellung einer persönlichen Website, um Ihre Arbeit zu präsentieren, die Entwicklung eines digitalen Produkts für den Verkauf, den Abschluss einer beruflichen Zertifizierung oder die Entrümpelung und Neuorganisation Ihres gesamten Heimbüros.

> *Ich habe ein konkretes Ziel: [Ziel hier einfügen]. Ich möchte, dass Sie einen 4-Wochen-Plan erstellen, der mir hilft, dieses Ziel konsequent zu verfolgen. Teilen Sie den Plan nicht in einzelne Tage auf. Geben Sie mir einen Abschnitt pro Woche mit einem klaren Thema oder Schwerpunkt. Jede Woche sollte auf der vorherigen aufbauen. Fügen Sie ein Wochenziel oder einen Meilenstein sowie wichtige Maßnahmen für diese Woche hinzu.*

Wenn Ihr Ziel beispielsweise darin besteht, in 12 Wochen 10 Pfund abzunehmen, könnte ChatGPT Ihnen helfen, einen zielgerichteten 4-Wochen-Plan zu erstellen:

> **Woche 1 (Grundlagen & Beseitigung von Hindernissen):** Räumen Sie Ihre Umgebung auf, indem Sie ungesunde Lebensmittel entfernen, Mahlzeiten vereinfachen, mit der Erfassung Ihrer Nahrungsaufnahme beginnen, tägliche Spaziergänge einplanen und Ihren Schlaf verbessern.

Woche 2 (Kalorienpräzision und Trainingsrhythmus): Setzen Sie sich ein konstantes Kaloriendefizit von 300 bis 400 Kalorien mit mindestens 130 bis 160 g Protein pro Tag, erstellen Sie einen Trainingsplan (Kraft + Cardio), nehmen Sie Kohlenhydrate rund um das Training zu sich und beginnen Sie mit wöchentlichen Wiegeaktionen.
Woche 3 (Stoffwechselimpuls und Gewohnheitsstärkung): Achten Sie auf eine höhere Lebensmittelqualität, legen Sie eventuell einen Tag mit hoher Kohlenhydratzufuhr ein, beobachten Sie Ihre Verdauung, gehen Sie täglich 8.000–10.000 Schritte und rechnen Sie mit einem Gewichtsverlust von 1,5–2,5 kg.
Woche 4 (Beschleunigung des Fettabbaus und Vermeidung von Plateaus): Fügen Sie Intervalltraining hinzu, reduzieren Sie die Vielfalt Ihrer Ernährung, um Konsistenz zu gewährleisten, reduzieren Sie bei Bedarf weitere 100–150 Kalorien, führen Sie ein paar Spaziergänge auf nüchternen Magen ein und nehmen Sie sich vor, in dieser Woche 5–6 Pfund abzunehmen.

Für größere, längerfristige Ziele, wie beispielsweise eine Gewichtsabnahme von insgesamt 10 Pfund in 12 Wochen, können Sie diesen Chat in vier Wochen erneut aufrufen, um Ihren nächsten Block zu planen. ChatGPT hilft Ihnen dabei, Ihre Fortschritte zu bewerten, Ihre Strategie bei Bedarf anzupassen und die nächste Phase zu planen, sodass der gesamte Weg strukturiert, realistisch und leicht zu befolgen bleibt, ohne Sie zu überfordern.

Wenn der Plan nicht Ihren Bedürfnissen oder Ihrem Lebensstil entspricht, überarbeiten Sie ihn einfach. Sie können beispielsweise Folgendes sagen: *Ich bin beruflich viel unterwegs und esse selten zu Hause. Können Sie den Plan so anpassen, dass er auch gesunde Ernährung während meiner häufigen Reisen berücksichtigt?* oder *Ich möchte die Trainingsarten [X] und [Y] machen. Können Sie das in meinen Plan aufnehmen?* Das habe ich zuvor mit einem Plan gemeint, der genau auf Ihre Bedürfnisse zugeschnitten ist.

Gestalten Sie Ihre Woche

Sobald Sie einen groben Wochenplan für den Monat erstellt haben, können Sie mit der Planung Ihrer ersten Woche beginnen. Wenn Sie mehrere Ziele festgelegt haben, sollten Sie alle Ihre Pläne für ChatGPT zusammenstellen, damit es Ihnen helfen kann, einen umfassenden, auf Sie zugeschnittenen Plan zu erstellen.

> *Helfen Sie mir, meinen Wochenplan in einen groben Tagesplan aufzuteilen. Meine Hauptprojekte sind **[Projekte]**, und meine wichtigsten Prioritäten für diese Woche sind **[Prioritäten]**. Ich habe wiederkehrende Besprechungen am Dienstag- und Donnerstagnachmittag. Geben Sie mir eine Liste mit den Zielen, die ich an jedem Tag dieser Woche erreichen sollte – nur die wichtigsten Aufgaben, keinen detaillierten Zeitplan.*

Das Ziel Ihres Wochenplans ist es nicht, so viel wie möglich unterzubringen. Das Ziel ist es, Ihren wichtigsten Zielen näher zu kommen.

Ihren Tag planen

Wenn Sie dies während des Lesens dieses Kapitels selbst ausprobiert haben, sind Sie wahrscheinlich von keinen konkreten Zielen (oder nur großen Zielen und keinem Plan) zu einem Punkt gelangt, an dem Sie einen Plan haben und damit beginnen können, ihn in echte, konsequente Maßnahmen umzusetzen. Jetzt sind Sie in der Lage, jeden Tag bewusst zu gestalten, sodass Sie spürbare Fortschritte erzielen können, die Ihnen helfen, Schwung aufzubauen und aufrechtzuerhalten.

Der letzte Prompt im letzten Abschnitt hat Ihnen einen groben Tagesplan geliefert. Sie können noch einen Schritt weiter gehen, indem Sie einen dieser Tage in einen detaillierten Zeitplan umwandeln – und noch mehr Zeit sparen, indem Sie eine wiederverwendbare „Über mich"-Vorlage erstellen, die Ihren Arbeitsstil, Ihre Ziele und die Bereiche erfasst, in denen Sie häufig ins Stocken geraten. Hier ist die Vorlage, die ich verwende:

> *Sie sind mein Produktivitätsassistent. Helfen Sie mir anhand der von mir vorgegebenen Ziele und Prioritäten, meinen Tag zu planen. Ich arbeite morgens am besten, also planen Sie konzentrierte Tätigkeiten wie Schreiben und Gliedern früh ein. Verwenden Sie Verwaltungsaufgaben und E-Mails für den Nachmittag. Ich neige dazu, zu viel zu planen, beschränken Sie mich daher auf zwei bis drei große Aufgaben und bauen*

Sie kurze Pausen zwischen den Konzentrationsphasen ein. Präsentieren Sie den Plan als realistische Liste mit drei bis fünf Zeitblöcken, mit Zeitangaben und der Art der Konzentration (konzentrierte Arbeit, Verwaltung, Kreativität usw.). Wenn etwas unklar oder unrealistisch erscheint, stellen Sie bitte weitere Fragen, bevor Sie mir einen Plan vorlegen.

Hier sind meine wöchentlichen Ziele:

[Fügen Sie hier Ihre wöchentlichen Ziele oder Prioritäten ein]

Heute ist: ***[Wochentag einfügen]***

Hier ist ein Beispiel für die Ausgabe, die Sie erhalten könnten:

Beispiel für eine Tagesplanausgabe

Zeitblock	**Aktivität**
08:00 - 09:30	Deep Work: Blogartikel schreiben und Kundenangebot entwerfen (hochproduktive Zeit)
09:30 - 10:00	Pause / Spaziergang / Snack
10:00 - 11:30	Meetings: Team-Meeting und 1:1-Kundengespräch
11:30 - 12:00	Admin: E-Mails beantworten, Aufgabenübersicht aktualisieren
12:00 - 13:00	Mittagspause
13:00 - 14:00	Deep Work: Wettbewerber recherchieren und Webinar-Inhalte skizzieren
14:00 - 15:00	Projektaufgaben: Kundendateien organisieren, Kampagnendaten prüfen
15:00 - 16:00	Pufferzeit / Überlaufaufgaben
16:00 - 17:00	Planung für morgen / Notizen durchgehen / Abschluss

Sie können diese Vorlage an Ihre eigenen Prioritäten und Arbeitsgewohnheiten anpassen. Sie können sie anpassen, um Ihre Woche besser zu planen.

Je genauer Sie sind, desto hilfreicher ist ChatGPT. Und hier ist ein Geheimnis: Ich habe diese Vorlage nicht geschrieben. Ich habe ChatGPT darum gebeten, sie für mich zu erstellen, nachdem ich mehrere Tage hintereinander erfolgreich geplant hatte, die genau auf meine Arbeitsweise abgestimmt waren.

Ihren Tagesplan verfeinern

Sobald ChatGPT Ihnen den ersten Entwurf für den Tag vorgelegt hat, können Sie ihn verfeinern, indem Sie vergessene Punkte hinzufügen oder Umstellungen vornehmen. Hier sind einige Beispiele für Folgeanweisungen, die Sie verwenden könnten:

- *Ich benötige in der Regel 30 Minuten zur Vorbereitung auf Besprechungen. Können Sie den Zeitplan so anpassen, dass die Vorbereitungszeit berücksichtigt wird?*
- *Ich muss* ***[bestimmte Aufgabe]*** *bis* ***[Uhrzeit]*** *erledigen. Können Sie den Tag umorganisieren, damit das möglich ist?*
- *Bitte legen Sie die anspruchsvollsten Aufgaben in den Vormittag, damit ich mich dann mit leichteren Aufgaben wie E-Mails und Verwaltungsarbeiten befassen kann.*
- *Es ist für mich nicht verhandelbar, um 18 Uhr mit meiner Familie zu Abend zu essen, daher muss der Zeitplan spätestens um 17:45 Uhr enden.*
- *Ich habe vergessen zu erwähnen, dass ich auch noch* ***[Aufgabe]*** *erledigen muss. Können Sie das in den Plan einbauen, ohne den Tag zu überladen?*
- *Ich werde heute nur halb so viel Energie haben. Können Sie die Anzahl der intensiven Arbeitsblöcke reduzieren und einen leichteren, realistischeren Plan erstellen?*

Timeboxing und Task Batching

Allerdings kann selbst der beste Tagesplan scheitern, wenn er nicht gut strukturiert ist. Das Wechseln zwischen verschiedenen Aufgaben ist mental anstrengend und einer der größten Produktivitätskiller. Hier kommen

Timeboxing und Task Batching ins Spiel – sie helfen Ihnen, Ihre To-do-Liste in einen Plan zu verwandeln, der nicht nur machbar, sondern auch effizient ist. Sie erledigen mehr mit weniger Aufwand.

> *Helfen Sie mir, diese Aufgaben mithilfe von Timeboxing und Task Batching zu organisieren:*
> ***[Aufgabe 1], [Aufgabe 2], [Aufgabe 3], [Aufgabe 4], [Aufgabe 5], [Aufgabe 6].***

Das Ziel ist nicht Perfektion

Nutzen Sie diese als tägliche und wöchentliche Rituale – nicht, um einen perfekten Zeitplan zu erstellen, sondern um eine flexible Struktur aufzubauen, die Ihnen hilft, voranzukommen. **Scheuen Sie sich nicht, in jeder Phase mit ChatGPT hin und her zu gehen, bis der Plan realistisch und motivierend erscheint.** Je öfter Sie ihn wiederholen, desto besser wird Ihr System.

Am Ende der Woche können Sie zu diesem Chat zurückkehren, um zu reflektieren und Ihre nächste Woche zu planen:

> *Seien Sie mein Produktivitätscoach. Helfen Sie mir, meine Woche zu überprüfen, indem Sie mich fragen, was gut gelaufen ist, welche Herausforderungen ich hatte und was ich gelernt habe. Helfen Sie mir dann, mich auf die nächste Woche vorzubereiten.*

Sie können das auch täglich machen, um den Tag produktiver und erfüllter zu beginnen.

Resiliente Planung mit ChatGPT

Selbst die besten Pläne laufen selten so, wie man es erwartet. Sie können den besten Fahrplan erstellen, sich leichter fühlen und voller Elan loslegen, nur um dann mit unerwarteten Ausgaben, einer kurzfristigen Terminänderung oder einem Motivationsverlust genau dann konfrontiert zu werden, wenn Sie es am meisten brauchen.

Lücken in Ihren Plänen aufdecken

Der Unterschied zwischen Plänen, die scheitern, und Plänen, die tatsächlich funktionieren, besteht darin, dass man vorausschauend denkt und sich auf mögliche Probleme vorbereitet. Gewöhnen Sie sich an, Ihren Plan mit ChatGPT auf Herz und Nieren zu prüfen, so wie Sie es mit einem vertrauten Freund oder Coach tun würden.

Sie brauchen keine lange Liste komplizierter Fragen, um Ihre Ideen einem Stresstest zu unterziehen. Manchmal reicht schon eine einzige direkte Frage wie *Finden Sie Schwachstellen in diesem Plan. Was könnte schiefgehen und wie kann ich mich darauf vorbereiten?* oder *Sagen Sie mir, was bei diesem Plan schiefgehen könnte, und helfen Sie mir, einen Notfallplan für den Fall zu erstellen, dass die Dinge nicht wie erwartet laufen.*

Es geht nicht darum, negativ zu sein. Wenn Sie Zeit einplanen, um Hindernisse zu antizipieren und sich darauf vorzubereiten, ist es wahrscheinlicher, dass Sie Ihre Ziele tatsächlich erreichen. Wenn Sie diese Gewohnheit praktizieren, beginnen Sie, Systeme aufzubauen, die tatsächlich in Ihrem Leben funktionieren.

In der Mitte der Woche aus der Sackgasse herauskommen

In Kapitel 6 haben wir untersucht, wie Sie ChatGPT nutzen können, um Ihre Denkweise zu untersuchen und emotionale Reibungen zu reduzieren. Der gleiche Ansatz funktioniert auch hier. Der Widerstand, den Sie spüren, ist *eine Information,* die Sie nutzen können, um tiefer zu graben und herauszufinden, was Sie tatsächlich blockiert.

Versuchen Sie Folgendes:

- *Ich hatte diese Aufgabe für Dienstag in meinem Kalender stehen und habe sie immer noch nicht erledigt. Helfen Sie mir herauszufinden, was ich vermeide und wie ich den Einstieg erleichtern kann.*
- *Die Woche ist schon halb vorbei und ich habe das Gefühl, dass ich hinterherhinke. Können Sie mir helfen, mich neu zu organisieren und einen realistischen Plan für die nächsten drei Tage aufzustellen?*

Früher habe ich mich selbst beschämt und gedacht, dass ich ständig Fortschritte machen muss, um auf Kurs zu bleiben. Aber das Problem lag nicht bei mir. Das eigentliche Problem war, dass ich versucht habe, mich an ein System anzupassen, das gar nicht zu meiner Arbeitsweise gepasst hat. Als ich anfing, flexiblere Pläne zu erstellen, die mit mir statt gegen mich arbeiten, wurde mir klar, dass ich eigentlich ein System brauchte, das Raum für die Tage schafft, an denen ich „einfach nicht kann“, und mir hilft, wieder einzusteigen, wenn etwas schief läuft.

Alles zusammenfassen

An diesem Punkt haben Sie gesehen, wie ChatGPT fast jeden Teil Ihres Arbeitsablaufs unterstützen kann. Sie haben es verwendet, um hochwertige Inhalte zu erstellen, Recherchen und Lernen zu automatisieren, Ziele aufzuschlüsseln, Ihre Zeit zu planen und Entscheidungsmüdigkeit im Laufe des Tages zu reduzieren. Jetzt wenden Sie all das auf Ihre Prioritäten im realen Leben an. Stellen Sie sich vor, was Sie alles erreichen können, wenn Sie diese Techniken regelmäßig anwenden.

Im nächsten Abschnitt zeigen wir Ihnen, wie Sie mit wiederverwendbaren Prompts und Systemen noch schneller arbeiten können. Solche Systeme eignen sich nicht nur zur Planung, sondern für alle wiederkehrenden Aufgaben – von der Content-Erstellung über die Budgetplanung bis zur Entwicklung neuer Gewohnheiten. Sie lernen, wie Sie Ihre eigene Prompt-Datenbank erstellen, mit der Sie jede Woche Zeit sparen und Entscheidungsermüdung reduzieren.

Produktivität steigern mit wiederverwendbaren Systemen

Wiederverwendbare Prompts sparen Zeit und sorgen für Konsistenz. Sie ermöglichen es Ihnen, schnell maßgeschneiderte Ergebnisse für häufig wiederkehrende Aufgaben zu erhalten, ohne jedes Mal von vorne anfangen zu müssen, da sie jedes Mal den richtigen Kontext liefern. Sie können diese in einem Dokument, in Notion oder sogar in einem benutzerdefinierten GPT speichern (mehr zu benutzerdefinierten GPTs in Kapitel 12).

Hier sind einige Beispiele für wiederverwendbare, sehr spezifische Prompts:

Mahlzeitenplanung

Helfen Sie mir, die Mahlzeiten für die Woche zu planen. Priorisieren Sie proteinreiche Mahlzeiten mit moderatem Kohlenhydratanteil. Ich koche sonntags für die ganze Woche und möchte unter der Woche nicht mehr als 30 Minuten mit Kochen verbringen. Bonuspunkte gibt es, wenn ich die Mahlzeiten in einen Slow Cooker oder auf ein Backblech geben kann, das in den Ofen passt. Ich versorge zwei Erwachsene und ein Kind, das nichts Grünes isst. Wir konzentrieren uns hauptsächlich auf mageres Fleisch und essen keinen Fisch. Am Wochenende gehen wir einmal auswärts essen. Ich hasse es, Lebensmittel zu verschwenden, verwenden Sie daher nach Möglichkeit Zutaten, die sich überschneiden. Geben Sie mir Vorschläge für Mittag- und Abendessen sowie eine kategorisierte Einkaufsliste.

Planung des Inhaltskalenders

Helfen Sie mir bitte, einen Inhaltskalender für diese Woche zu erstellen. Ich poste 3–4 Mal auf Instagram und LinkedIn und versende zusätzlich eine E-Mail an meine Liste. Meine Hauptthemen sind Produktivität, Burnout-Bewältigung und nachhaltiges Unternehmenswachstum. Diese Woche möchte ich mich mehr auf die Interaktion mit meinem Publikum und weniger auf Werbung konzentrieren. Ich starte nächsten Monat einen Workshop, bitte berücksichtigen Sie das. Außerdem überarbeite ich gerade meinen Lead Magnet, daher sollten Sie vorerst keine Handlungs-Prompts in diesem Zusammenhang einbauen. Meine Zielgruppe sind hauptsächlich Solopreneure und Gründer in der Anfangsphase. Schlagen Sie mir für jede Plattform Beitragsthemen und -formate vor, die zu meinem aktuellen Schwerpunkt passen, und erstellen Sie einen Wochenplan, der enthält, was jeden Tag gepostet werden soll und wann die einzelnen Inhalte erstellt werden sollen.

Trainingsplan

Entwerfen Sie einen 5-Tage-Trainingsplan für diese Woche. Ich möchte Muskeln aufbauen und dabei mein Gewicht halten. Legen Sie den

Schwerpunkt auf Krafttraining mit zwei Tagen für die Beine, einem Tag für den Oberkörper, einem Tag für den Rücken und einem Tag für Ausdauertraining. Kein Training sollte länger als 45 Minuten dauern. Ich trainiere morgens um 7 Uhr vor der Arbeit und laufe samstags. Vermeiden Sie alles, wofür eine Langhantel erforderlich ist. Ich langweile mich schnell, daher sollte das Training abwechslungsreich sein. Meine Hauptziele sind eine Körperumgestaltung und die Steigerung meiner VO2-Max.

Budgetüberprüfung und -planung

Bitte helfen Sie mir, meine Finanzen zu überprüfen und für die Zukunft zu planen. Meine festen Ausgaben liegen bei etwa 3.200 €, mein Einkommen schwankt. Ich möchte sicherstellen, dass ich mindestens 920 € pro Monat spare, meine Kreditkartenausgaben im Blick behalte und mein Budget für Lebensmittel und Restaurantbesuche nicht überschreite. Helfen Sie mir dabei, herauszufinden, wo ich letzten Monat zu viel ausgegeben habe, was diesen Monat ansteht und welche Änderungen ich vornehmen sollte. Halten Sie es einfach – nur allgemeine Erkenntnisse und konkrete Schritte.

Wiederverwendbare Vorlage für bessere Anfragen

Fungieren Sie als Prompt-Coach. Ich benötige Hilfe bei der Erstellung eines effektiven Prompts für diese Aufgabe: [fügen Sie ein, was ich tun möchte]. Stellen Sie mir Folgefragen, um zu klären, wie das Ergebnis aussehen soll, wie detailliert es sein soll, welche Einschränkungen ich habe (Zeit, Ton, Tools, Zielgruppe usw.) und was ChatGPT mit dem Ergebnis tun soll (Entwurf erstellen, Optionen brainstormen, strukturieren usw.). Helfen Sie mir dann, all das in einen einzigen, gut strukturierten Prompt umzuwandeln, den ich später wiederverwenden oder anpassen kann.

Wenn Sie wiederverwendbare Prompts erstellen, die auf Ihren Arbeitsablauf zugeschnitten sind, erhalten Sie konsistentere Ergebnisse. Das Erstellen solcher Prompts für die Planung von Aufgaben kann auch äußerst hilfreich sein, um Entscheidungsmüdigkeit zu bekämpfen. Es hilft ChatGPT, ein effektiveres Werkzeug für Sie zu werden, und macht es einfacher, konzentriert zu bleiben, Fortschritte zu erzielen und tatsächlich Spaß an dem zu haben, was Sie erstellen.

Übung: ChatGPT zur Planung Ihres Tages nutzen

Sind Sie bereit, all diese Konzepte in die Praxis umzusetzen? Diese Schritt-für-Schritt-Übung wird Ihnen dabei helfen, Ihr eigenes Produktivitätssystem zu erstellen.

1. **Öffnen Sie ChatGPT und planen Sie Ihren Tag**: Beginnen Sie damit, Ihren aktuellen Zeitplan und Ihre Aufgaben für morgen zu überprüfen. Nutzen Sie diesen ausführlichen Prompt, um einen vollständigen Tagesplan zu erstellen:

   *Helfen Sie mir, meinen morgigen Tag zu planen. Ich muss **[Aufgabenliste]** erledigen. Ich habe Besprechungen um **[Besprechungszeiten]**. Normalerweise bin ich **[morgens/nachmittags/abends]** am leistungsfähigsten, daher möchte ich meine konzentrationsintensiven Aufgaben entsprechend einplanen. Bitte berücksichtigen Sie Zeitblöcke für Verwaltungsaufgaben, Pausen und Pufferzeiten. Formatieren Sie den Zeitplan als Tabelle, die ich leicht einsehen oder in eine visuelle Übersicht umwandeln kann.*

2. **Auszuleitende Aufgaben auswählen**: Sehen Sie Ihre Aufgabenliste durch und suchen Sie drei kleine Aufgaben, bei denen ChatGPT Ihnen helfen kann. Beispiele hierfür wären das Verfassen von E-Mails, das Erstellen einer Besprechungsagenda, das Entwerfen eines Dokuments oder das Brainstorming von Projektideen.
3. **Reflexion am Ende des** Tages: Nehmen Sie sich am Ende des Tages 5 Minuten Zeit, um Bilanz zu ziehen und zu reflektieren:

   Helfen Sie mir, darüber nachzudenken, was heute gut gelaufen ist, welche Herausforderungen ich hatte und was ich gelernt habe, um morgen produktiver zu sein.

4. **Reflektieren und verfeinern:** Nehmen Sie sich am nächsten Tag eine Minute Zeit, um zu bewerten, wie Ihr Plan funktioniert hat. Was lief gut, was weniger? Wie hat sich ChatGPT auf Ihre Produktivität und Ihr Stressniveau ausgewirkt? Nutzen Sie diese Beobachtungen, um Ihr System zu verfeinern, indem Sie Ihren Tagesplan anpassen, Ihre Planungsvorlagen ändern, Zeitblöcke, die Ihnen zu lang erschienen, verkürzen oder bei Bedarf Pufferzeiten hinzufügen.
5. **Speichern Sie Ihren Prompt:** Wenn Sie einen täglichen Planungs-Prompt so verfeinert haben, dass sie Ihnen konsistent effektive Tagespläne liefert, speichern Sie sie, damit Sie sie immer wieder verwenden können.

Wenn Sie die Übungen in diesem Buch mitgemacht und das Gelernte angewendet haben, sind Sie auf dem besten Weg, eine sehr gefragte Fähigkeit zu entwickeln. Im nächsten Kapitel erfahren Sie, wie Sie diese in Einnahmen umwandeln können. Ganz gleich, ob Sie freiberuflich tätig sind, als Berater arbeiten oder Produkte entwickeln – Sie lernen, wie Sie Ihr Wissen verpacken und dafür bezahlt werden können. Hier gibt es keine leeren Versprechungen darüber, wie Sie Ihr „Potenzial entfalten" sollen. Nur praktische Strategien, mit denen Sie Ihr Fachwissen zu Geld machen können.

8

Mit ChatGPT Nebenverdienst aufbauen

AN DIESER STELLE des Buches verfügen Sie über die erforderlichen Fähigkeiten, um mit ChatGPT ein monetarisierbares Produkt oder eine Dienstleistung zu erstellen. In diesem Kapitel stelle ich Ihnen leicht umsetzbare Methoden vor, mit denen Sie genau das erreichen können.

Wir behandeln digitale Produkte, die Sie verkaufen können, und Dienstleistungen, die Sie anbieten können. Viele davon können Sie mit ein wenig Einsatz in weniger als einem Tag umsetzen. Die einzelnen Abschnitte haben Überschriften, damit Sie direkt zu dem Thema springen können, das Sie interessiert:

- Wenn Ihnen die Idee eines passiven Einkommens gefällt, Sie aber nicht mit Kunden arbeiten möchten, lesen Sie → „Digitale Produkte“.
- Wenn Sie lieber sofort für die Arbeit mit echten Menschen bezahlt werden möchten, lesen Sie → „Dienstleistungen, die Sie anbieten können“.
- Wenn Sie ein guter Autor oder Lektor sind, sehen Sie sich → „Lektorats- und Korrekturlesedienste“ an.
- Wenn Sie zweisprachig sind, sehen Sie sich → „Übersetzungsdienste“ an.

- Wenn Sie gerne unterrichten oder Dinge klar erklären, lesen Sie → „Verkauf von Bildungsinhalten“.

Alle Strategien, die ich Ihnen vorstelle, haben vier wichtige Eigenschaften:

1. **Sie sind für Anfänger geeignet.** Sie brauchen kein Vorwissen, das über den Inhalt dieses Buches hinausgeht.
2. **Die Startkosten sind gering.** In vielen Fällen benötigen Sie nicht mehr als Ihr bestehendes ChatGPT-Abonnement.
3. **Sie lassen sich schnell umsetzen.** Manchmal sogar in nur wenigen Stunden.
4. **Sie erfordern tatsächliche Arbeit, um sie einzurichten und für Sie Einnahmen zu generieren.** Sobald das geschafft ist, sind sie pflegeleicht und laufen größtenteils passiv weiter.

Dies ist keine umfassende Untersuchung aller möglichen Geschäftsmodelle oder eine Schritt-für-Schritt-Anleitung für die Gründung eines Unternehmens. Das wäre ein ganzes Buch. Dieses Kapitel ist ein weit gefasster Überblick, der Ihnen Optionen aufzeigen soll. Sie werden nicht alle verfolgen. Das ist der Sinn der Sache.

Ich habe diese Strategien von den einfachsten bis zu den komplexesten geordnet. Lesen Sie sich die Strategien in Ruhe durch, wählen Sie die aus, die Sie anspricht, und legen Sie einfach los. Am Ende dieses Kapitels werden Sie sich für einen Prototyp entscheiden. Sie sollten jetzt noch nicht zu viel darüber nachdenken. Das Wichtigste ist, dass Sie aktiv werden.

Digitale Produkte, mit denen sich schnell Einnahmen erzielen lassen

Digitale Produkte können überraschend schnell Einnahmen generieren. Das liegt daran, dass professionelle Produkte nicht mehr wochenlang entwickelt werden müssen und Sie Ihre Produkte schnell auf Freelancer-Marktplätzen wie Fiverr vermarkten können.

Der Trick bei der Entwicklung eines Produkts, das sich gut verkauft, besteht darin, eine Gruppe von Personen mit einem bestimmten Problem zu identifizieren und dann etwas zu entwickeln, das dieses Problem so gut löst, dass sie bereit sind, dafür zu bezahlen.

Hier sind fünf Beispiele, die Sie noch heute umsetzen können:

Vorlagenlösungen

Tools wie Produktivitäts-Tracker, Content-Kalender und Business-Frameworks sind besonders wertvoll für Fachleute und Unternehmer, da sie etwas, womit Menschen immer wieder zu kämpfen haben, in einen reibungslosen, wiederholbaren Prozess verwandeln, den sie einfach einbinden können. Dies reduziert Prokrastination, spart Zeit und beugt Entscheidungsmüdigkeit vor.

Wenn sie in Google Docs, Excel oder Notion formatiert sind, werden diese Vorlagen in der Regel für 10 bis 25€ verkauft, je nach Komplexität und wahrgenommenem Wert.

Strategische Prompt-Sammlungen

Mit dem, was Sie bisher gelernt haben, wissen Sie wahrscheinlich besser als 95 % der ChatGPT-Nutzer, was einen guten Prompt ausmacht. Fachleute verschwenden Stunden damit, die beste Methode zum Eingeben von Prompts für KI-Tools zu testen. Erwägen Sie die Erstellung von Prompt-Sammlungen für bestimmte Gruppen, z. B. Personalverantwortliche oder Immobilienmakler. Für Immobilienmakler würden Sie Prompts hinzufügen, die überzeugende Immobilienbeschreibungen generieren, solche für Follow-up-E-Mails, die tatsächlich Antworten erhalten, und Social-Media-Beiträge, die echtes Interesse an Angeboten wecken. Ihre kuratierten Sammlungen würden ihnen viel Zeit und Frust ersparen.

Packen Sie diese Sammlungen als PDF-Dateien mit klaren Anweisungen zur Umsetzung. Ihre Kunden können so die Phase des Ausprobierens komplett überspringen. Das ist für vielbeschäftigte Fachleute wirklich wertvoll.

Prompt-Sammlungen sind oft der schnellste Weg zum Einkommen, wenn Sie sich nicht mit Kunden befassen möchten. Viele Leser beginnen hier.

Praktische digitale Planer

Wie bereits erwähnt, bieten Vorlagen zur wöchentlichen Erfassung von Gewohnheiten und Produktivität, die tatsächlich funktionieren, einen echten Mehrwert für die Menschen. Das Gleiche gilt für Vorlagen zur Mahlzeitenplanung. Die Zubereitung des Sonntagsessens wird weniger stressig, wenn man ein System hat, an das man sich halten kann. Beliebt sind auch Budget-Tabellen, für deren Verständnis man kein Buchhaltungsstudium benötigt. Sie können zahlreiche Ideen für digitale Planer entwickeln, indem Sie beobachten, wo Menschen in ihrem Alltag Probleme haben, und etwas erstellen, das ihnen hilft, diese Probleme zu lösen. Auch bei der Ideensuche unterstützt Sie ChatGPT.

Nachdem Sie sie mit Design-Tools wie Canva (das Vorlagen bereitstellt, wenn Sie kein Designer sind) ansprechend gestaltet haben, lassen sich diese herunterladbaren PDF-Dateien in der Regel für 10 bis 20€ verkaufen. Die besten davon wirken wie maßgeschneidert für die Käufer:innen.

Verkäufliche Bildungsinhalte

Der Markt für Fachwissen wächst weiter, da Menschen nach Lösungen für spezifische Probleme suchen. Digitale Produkte erfüllen einen doppelten Zweck: Sie generieren direkte Einnahmen durch den Verkauf und dienen gleichzeitig als leistungsstarke Tools zur Lead-Generierung für Ihre anderen Dienstleistungen.

Branchenführer

Schreiben Sie Leitfäden für Branchen, mit denen Sie sich wirklich auskennen. Das bedeutet nicht, dass Sie bezahlte Berufserfahrung haben müssen. Sie können Leitfäden für die Gaming-Branche schreiben, wenn Sie ein Gamer sind, und Food-Guides, wenn Sie ein Feinschmecker sind. Die Menschen erkennen den Unterschied zwischen Leitfäden, die von jemandem geschrieben wurden, der sich auskennt, und solchen, die aus Google-Suchergebnissen zusammengeschustert wurden. Ihre Praxiserfahrungen fließen in den Inhalt Ihrer Leitfäden ein. ChatGPT hilft Ihnen, Ihre Gedanken zu sortieren und daraus ein hochwertiges Ergebnis zu machen.

Diese Leitfäden werden in der Regel für 10 bis 45 € verkauft. Sie können einen höheren Preis verlangen, wenn Sie mehr Details und Tiefe bieten.

Anleitungen

Als Autor technischer Bücher kann ich bestätigen, dass es schwieriger ist, komplexe Prozesse in Schritte zu unterteilen, die die Leser tatsächlich nachvollziehen können, als es auf den ersten Blick scheint. Die besten Handbücher wissen genau, wo die Leser normalerweise Schwierigkeiten haben, und nehmen sich extra Zeit, um diese kniffligen Teile zu erklären.

Je nach Komplexität und Dringlichkeit des zu lösenden Problems kosten Handbücher zwischen 5 und 25 €.

E-Books zur Problemlösung

Mit fokussierten E-Books, die praktische, umsetzbare Lösungen bieten, können Sie die spezifischen Probleme Ihrer Zielgruppe ansprechen. Diese funktionieren am besten, wenn sie einen engen Themenbereich abdecken, aber einen hohen Mehrwert bieten (ein Problem gründlich lösen, anstatt viele oberflächlich anzusprechen).

Solche E-Books kosten meist zwischen 4,99 € und 19,99 € – abhängig davon, wie wertvoll die Lösung für Ihre Zielgruppe ist. Hochwertige Bücher mit hervorragenden Rezensionen können höhere Preise erzielen.

Bevor Sie fortfahren

Viele Anfänger begehen denselben Fehler, indem sie versuchen, etwas „für alle“ zu erstellen, in der Überzeugung, dass dies ihrem Unternehmen zum Erfolg verhelfen wird. Ein allgemeiner Budgetplaner. Ein Produktivitätsratgeber für „vielbeschäftigte Menschen“. Ein Arbeitsbuch zur Essensvorbereitung für ... wer auch immer daran interessiert sein könnte.

Das Problem mit vagen Produkten ist, dass sie nicht hilfreich wirken. Niemand schaut sie an und denkt: ‚Das wurde für jemanden wie mich gemacht.‘ Deshalb verkaufen sie sich nicht.

Vergleichen Sie das nun mit etwas, das funktioniert:

- Ein Budgetplaner für Freiberufler mit unregelmäßigem Einkommen.
- Eine Produktivitätsvorlage für ADHS-Profis, die traditionelle To-do-Listen nicht mögen.
- Ein Speiseplaner für junge Mütter, die keine Zeit zum Kochen haben.

Gleiche Formate. Sehr unterschiedliche Ergebnisse.

Die erfolgreichsten digitalen Produkte haben alle eines gemeinsam: Sie lösen ein spezifisches Problem einer bestimmten Personengruppe. Das ist kein Bonus, sondern der Hauptgrund, warum solche Produkte gekauft werden.

Bevor Sie sich mit Dienstleistungen befassen, werfen Sie noch einmal einen Blick auf die Idee, die Ihre Aufmerksamkeit erregt hat. Fragen Sie sich:

- Für wen ist das wirklich gedacht?
- Welches Problem löst es für sie genau?
- Warum sollten sie dafür bezahlen, anstatt einfach zu googeln?

Wenn Sie diese Fragen frühzeitig klären, sparen Sie sich viele Stunden Arbeit an einem Produkt, das später niemand braucht. Und genau das gleiche Prinzip gilt für Dienstleistungsangebote. Nutzen Sie ChatGPT, um dies zu klären, bevor Sie weitermachen.

Dienstleistungsangebote, die Sie sofort starten können

Mit diesen sieben Dienstleistungen können Sie noch heute Einnahmen erzielen, wenn Sie bereit sind, mit Kunden zu arbeiten.

Blog- und E-Mail-Schreibdienste

Kleine Unternehmen benötigen dringend konsistente Inhalte, haben aber selten genug Zeit dafür. Viele haben auch nicht das Budget, um Mitarbeiter für diese Aufgaben einzustellen. Während sie sich um alles andere kümmern, entwickeln Sie Blog-Ideen, erstellen solide Entwürfe und verfassen Inhalte in einem Bruchteil der Zeit, die sie dafür benötigen würden. Denken Sie daran, dass das Lektorat vor der Lieferung nicht optional ist – es unterscheidet professionelle Arbeit von offensichtlichen KI-Ergebnissen. Ihr Unternehmen wird nicht erfolgreich sein, wenn Sie keine außergewöhnlichen Inhalte liefern.

Denken Sie daran, dass für Kunden die Ergebnisse wichtiger sind als der Prozess selbst. Das Angebot *von* „3 Blogbeiträgen pro Monat" oder einer „kompletten Begrüßungs-E-Mail-Sequenz (5 E-Mails)" mit transparenten Preisen funktioniert besser als vage Versprechungen. Hochwertige Blogbeiträge kosten in der Regel 45 bis 185€ pro Artikel. Länge und Rechercheaufwand bestimmen Ihren endgültigen Preis.

Wiederverwendung von Inhalten für soziale Medien

Jeder weiß, dass man regelmäßig Beiträge veröffentlichen sollte, aber für viele Kleinunternehmer ist es Woche für Woche schwierig, die Zeit und Inspiration dafür zu finden.

Sie können ihre bestehenden Inhalte – Podcasts, Videos und Blogs – in Social-Media-Beiträge für mehrere Wochen umwandeln. Wenn Sie ein Paket „30 Tage Social-Media-Inhalte" mit plattformspezifischen Bildunterschriften, relevanten Hashtag-Vorschlägen und einem Veröffentlichungskalender anbieten, erhalten Ihre Kunden einen ganzen Monat lang Unterstützung, anstatt jede Woche nach Inhalten suchen zu müssen. Diese monatlichen Pakete kosten in der Regel zwischen 275 und 999€, wobei die Häufigkeit der Beiträge und die Anzahl der Plattformen den endgültigen Preis bestimmen. Für viele kleine Unternehmen ist dies ein Schnäppchen. Die Auslagerung dieser Aufgabe an eine Agentur kann mehrere tausend Euro kosten.

Überarbeitung von Lebensläufen und Anschreiben

Über sich selbst zu schreiben, ist für die meisten Menschen äußerst unangenehm. Wenn Sie ein Händchen für die Erstellung von Lebensläufen und Anschreiben haben, die zu Vorstellungsgesprächen führen, können Sie diesen Service auch für Arbeitssuchende anbieten.

Sie können verschiedene Servicelevels anbieten, um unterschiedlichen Bedürfnissen und Budgets gerecht zu werden. Einige Kunden benötigen lediglich eine grundlegende Formatierung und Überarbeitung. Andere wünschen sich eine komplette Neufassung mit maßgeschneiderten Anschreiben für bestimmte Positionen. Da ein besserer Job exponentiell mehr wert ist als Ihr Honorar, investieren Menschen ohne zu zögern in professionelle Hilfe bei der Erstellung ihres Lebenslaufs. Seien Sie sich jedoch bewusst, dass das Endergebnis, das Sie verkaufen, nicht nur ein Lebenslauf oder ein Anschreiben ist, sondern ein Jobangebot.

Dienstleistungen im Bereich Geschäftsdokumentation

Die meisten Unternehmen verfügen über wahre Goldgruben an Informationen, die in Dokumenten verborgen sind, die niemand liest. Diese 200-seitigen Branchenberichte müssen oft zu 5-seitigen Zusammenfassungen verdichtet werden. Die verstreuten Haftnotizen und informellen Erklärungen à la „So macht es Bob" können in klare, standardisierte Arbeitsanweisungen umgewandelt werden.

Die technische Arbeit der Informationsorganisation geht schnell von der Hand. Was jedoch Geschick erfordert, ist das Verständnis dafür, was für den täglichen Betrieb und die Unternehmenskultur jedes Kunden tatsächlich wichtig ist.

Produktbeschreibungen und professionelle Biografien

Aussagekräftige Produktbeschreibungen steigern die Konversionsrate, indem sie Vorteile hervorheben und nicht nur Funktionen auflisten. Anstelle von „Isolierter Edelstahlbecher" würden Sie ihnen helfen, zu sagen: „Hält Getränke 8 Stunden lang warm, ohne dass Sie sich die Hände verbrennen oder die Tasche nass wird!"

Sie müssen jedoch kein Marketingexperte sein. Sie benötigen stattdessen den richtigen ChatGPT-Prompt. Etwa so:

Schreiben Sie diese Produktbeschreibung um, um die emotionalen und praktischen Vorteile für den Käufer hervorzuheben, und verwenden Sie dabei eine klare, umgangssprachliche Sprache:

***[Produktinformationen einfügen]*.**

Das gleiche Prinzip gilt für professionelle Biografien. Viele Unternehmer haben Schwierigkeiten, ihre Tätigkeit so zu beschreiben, dass sie ihre Dienstleistungen effektiv verkaufen. Sie müssen schnell Vertrauen aufbauen, insbesondere auf LinkedIn, Portfolio-Websites oder Referenzseiten. Sie unterstützen andere dabei, einen Job zu finden, neue Kunden zu gewinnen oder Chancen wahrzunehmen.

Erstellung von Newsletter-Inhalten

Sie können kleinen Unternehmen dabei helfen, ihre Abonnenten in zahlende Kunden zu verwandeln. Die meisten kleinen Unternehmen möchten ihre Zielgruppe regelmäßig per E-Mail erreichen, aber es ist eine ständige Herausforderung, die Zeit und die Ideen dafür zu finden. Selbst mit den ChatGPT-Kenntnissen, die ich dafür benötige, fällt es mir immer noch schwer, Zeit für das Versenden von E-Mails an meine Liste zu finden.

Wenn Sie mit einem Yoga-Studio zusammenarbeiten, könnten Sie eine Vorlage wie diese verwenden:

Verfassen Sie einen 300 Wörter langen E-Mail-Newsletter für ein Yoga-Studio, in dem ein neuer Kursplan angekündigt wird. Achten Sie auf einen freundlichen Ton und stellen Sie die Gemeinschaft in den Mittelpunkt. Schließen Sie mit einem CTA zum Buchen eines Kurses.

Sie sehen, wie sich die Investition in einen Service wie Ihren richtig auszahlen kann.

Fangen Sie klein an. Bieten Sie einmalige Newsletter für 40 bis 70 € pro Stück oder ein monatliches Paket mit vier Newslettern für 140 bis 230 € an. Wenn Sie kundenspezifische Sprachleitfäden entwickeln, Inhalte auf Werbeaktionen zuschneiden oder eine Segmentierungsstrategie hinzufügen, können Sie Ihre

Preise entsprechend erhöhen. Mit nur einer Handvoll Kunden könnte sich dies schnell zu einem lukrativen Geschäft entwickeln.

Entwicklung von Website-Texten

Für Website-Texte können Sie meist mehrere Hundert Euro verlangen – abhängig davon, wie viele Seiten Sie schreiben und wie umfangreich die Inhalte sind.

Frische Website-Texte können einen erheblichen Einfluss darauf haben, wie sich ein Unternehmen online präsentiert und wie es von potenziellen Kunden wahrgenommen wird. Die Startseite muss Besucher:innen direkt ansprechen und ihnen klar machen, warum das Unternehmen für sie interessant ist. Über uns-Seiten müssen Vertrauen schaffen, ohne langweilig zu sein. Dienstleistungsbeschreibungen sollten so formuliert sein, dass potenzielle Kund:innen gerne mit Ihnen zusammenarbeiten möchten.

Der Vorteil: Mit ChatGPT können Sie genau das erstellen, was Ihre Kund:innen sich wünschen oder benötigen.

Professionelles Lektorat und Korrekturlesen

Viele Fachleute benötigen professionell überarbeitete Texte, können jedoch keine Vollzeit-Lektorin oder keinen Vollzeit-Lektor einstellen. Diese Arbeit ist oft mühsam und zeitaufwendig. Mit ChatGPT können Sie jedoch schnelle und wiederholbare Bearbeitungsprozesse entwickeln – auch ohne Sprach- oder Grammatikprofi zu sein.

Sie können Ihre Dienstleistungen in Stufen unterteilen:

- **Grundlegendes Korrekturlesen:** Konzentrieren Sie sich ausschließlich auf Grammatikfehler, Rechtschreibfehler und Zeichensetzungsprobleme. Dies kostet in der Regel 15 bis 25 € pro 1.000 Wörter.
- **Umfassende Bearbeitung:** Verbessern Sie die Satzstruktur und Klarheit und sorgen Sie für Konsistenz im gesamten Dokument. Diese aufwändigere Arbeit kostet 30 bis 50 € pro 1.000 Wörter.

- **Inhaltsoptimierung:** Verwandeln Sie komplexe akademische Arbeiten in leicht verständliche Texte, gestalten Sie technische Dokumente leserfreundlich oder optimieren Sie Marketingtexte, um sie überzeugender zu gestalten. Für diese Art der Überarbeitung können Sie zwischen 40 und 80 € pro 1.000 Wörter berechnen.
- **Humanisierung von KI-Inhalten:** Verfeinern Sie KI-generierte Inhalte, damit sie natürlich und ansprechend klingen und nicht generisch und roboterhaft. Diese speziellen Fähigkeiten erfordern Premium-Preise von 60 bis 100 € pro 1.000 Wörter.

Durch die Entwicklung von Fachkenntnissen in bestimmten Branchen oder Dokumenttypen können Sie höhere Preise verlangen. Der Ansatz für juristische Dokumente unterscheidet sich erheblich von dem für wissenschaftliche Arbeiten oder Website-Texte, und Kunden wissen den Wert von Fachwissen zu schätzen.

Möglichkeiten für mehrsprachige Übersetzungen

Wenn Sie mehrere Sprachen fließend sprechen, haben Sie eine der schnellsten Möglichkeiten, mit KI-Tools Geld zu verdienen.

Google Translate leistet in den meisten Fällen gute Arbeit. Allerdings werden Redewendungen oft falsch übersetzt, kulturelle Bezüge gehen verloren und der Text klingt, wie er klingt ... nun ja, wie von Google Translate übersetzt. DeepL ist ein weiteres kostengünstiges Textübersetzungstool, das zwar bessere Ergebnisse liefert, aber dennoch eine menschliche Nachbearbeitung benötigt.

Nutzen Sie zunächst eine maschinelle Übersetzung als Grundlage. Anschließend bringen Sie Ihre eigenen Sprachkenntnisse ein, damit der Text wirklich wie von einem Menschen geschrieben klingt. Sie können Ihre Dienstleistungen je nach Projektart anbieten:

- **Dokumentübersetzung:** Übersetzen Sie geschäftliche, rechtliche oder akademische Dokumente mit menschlicher Genauigkeit. 0,10 bis 0,25 € pro Wort, je nach Komplexität und Sprachpaar.
- **Website-Lokalisierung:** Passen Sie Website-Inhalte an ein internationales Publikum an. Die Preise beginnen bei etwa 500 € für

einfache Websites und reichen bis zu 5.000 € oder mehr für größere Plattformen.

- **Übersetzung von Marketingtexten:** Übersetzen Sie Anzeigen, Verkaufsseiten und E-Mail-Kampagnen so, dass Tonfall und Emotionen erhalten bleiben und sie gleichzeitig an kulturspezifische Verkaufstaktiken angepasst werden. Diese spezialisierte Arbeit wird in der Regel mit 0,15 bis 0,30 € pro Wort vergütet.

Stellen Sie sicher, dass Ihre Kunden den Mehrwert verstehen: Sie erhalten die Geschwindigkeit einer maschinellen Übersetzung kombiniert mit menschlicher Genauigkeit und tiefgreifender kultureller Sensibilität.

Recherche- und Analysedienste

Viele Unternehmen brauchen gründliche Recherchen, haben dafür aber oft nicht die nötige Zeit. Mit den richtigen Vorgaben und einer klaren Struktur liefern Sie Ihren Kund:innen genau die Informationen, die sie für ihre Entscheidungen brauchen. Sie müssen kein Experte in einer bestimmten Branche sein. Sie müssen lediglich genau wissen, welche Informationen gesammelt werden sollen.

Sie können Ihre Angebote wie folgt zusammenstellen:

- **Marktforschungsberichte:** Helfen Sie Ihren Kunden, ihre Branche, ihre Kunden und ihre Wettbewerber zu verstehen. Liefern Sie Erkenntnisse, die sie tatsächlich nutzen können. Die Preise liegen in der Regel zwischen 500 und 2.500 €, je nach Umfang und gewünschter Bearbeitungszeit.
- **Wettbewerbsanalyse:** Analysieren Sie die Stärken, Schwächen und Strategien anderer Akteure in diesem Bereich. Präsentieren Sie klare Schlussfolgerungen, die auf die Ziele Ihrer Kunden zugeschnitten sind. Diese Projekte kosten in der Regel zwischen 300 und 1.500 €, je nach Umfang.
- **Trendberichte:** Verfolgen Sie neue Entwicklungen in einem bestimmten Bereich. Interpretieren Sie deren Bedeutung und schlagen Sie praktische Maßnahmen vor. Die Preise liegen zwischen 200 und 1.000 €, je nach Umfang der Analyse.

- **Literaturrecherchen:** Fassen Sie akademische oder fachliche Forschungsergebnisse zusammen und synthetisieren Sie diese. Organisieren Sie die Ergebnisse so, dass sie leicht verständlich und anwendbar sind. Die Preise liegen in der Regel zwischen 300 und 1.500 €, je nach Anzahl der Quellen und Komplexität.

Ihr Ruf hängt hier von Ihrer Genauigkeit ab. Vergessen Sie daher nicht, dass ChatGPT dazu neigt, zu halluzinieren und nicht immer korrekt ist. Überprüfen Sie immer Ihre Quellen, bevor Sie etwas an einen Kunden senden.

Plattformen für die Vermarktung Ihrer Arbeit

Sobald Sie Ihr Produkt erstellt oder Ihre Dienstleistung definiert haben, benötigen Sie Möglichkeiten, um potenzielle Kunden zu erreichen. Jede Plattform dient unterschiedlichen Zwecken und zieht unterschiedliche Arten von Käufern an.

Freiberufliche Marktplätze

Freiberufliche Plattformen bieten sofortigen Zugang zu Käufern, die aktiv nach Dienstleistungen suchen. **Fiverr** eignet sich am besten, wenn Sie spezifische Leistungen zu Pauschalpreisen anbieten. Etwas wie „Ich erstelle 5 SEO-optimierte Produktbeschreibungen für 45 €" funktioniert besser als vage Leistungsbeschreibungen.

Upwork eignet sich für Situationen, in denen Kunden maßgeschneiderte Lösungen benötigen und Angebote von mehreren Anbietern evaluieren möchten. Beide Plattformen wickeln die Zahlungen ab und bieten Bewertungssysteme, verlangen jedoch für diese Komfortleistungen erhebliche Gebühren.

Soziale Netzwerke und persönliche Kontakte

Ihr bestehendes Netzwerk liefert oft die besten ersten Kunden, da diese Sie bereits kennen und Ihnen vertrauen. Dies beseitigt die größte Hürde für den ersten Verkauf und ist für viele Kleinunternehmer der Einstieg in das Geschäft.

Stellen Sie Ihre Angebote auf allen Plattformen vor, auf denen Sie aktiv sind – etwa auf Twitter, LinkedIn, Instagram oder überall dort, wo Ihre potenziellen Kund:innen unterwegs sind. Beschreiben Sie genau, was Sie anbieten und welche Probleme Sie lösen.

Unterschätzen Sie nicht die Wirkung von Empfehlungen: Sprechen Sie mit Freund:innen, ehemaligen Kolleg:innen und Ihrer Familie über Ihre Dienstleistungen. Menschen unterstützen gerne jemanden, den sie persönlich kennen.

Direkte Kontaktaufnahme funktioniert auch bei Dienstleistungsunternehmen nach wie vor besonders gut. Anstatt Massen-E-Mails zu versenden, senden Sie personalisierte Nachrichten an Personen, die Ihr Angebot tatsächlich benötigen könnten. „Guten Tag! Ich habe gesehen, dass Sie auf der Suche nach einer neuen Position sind. Ich habe mir Ihren Lebenslauf auf LinkedIn angesehen und einige Möglichkeiten gefunden, ihn effektiver zu positionieren ... insbesondere, wenn Sie eine Position in [Zielposition oder Branche] anstreben. Ich sehe bereits, wie wir ihn verbessern könnten, um mehr Aufmerksamkeit bei Personalvermittlern zu erzielen. Lassen Sie mich wissen, wenn Sie ein paar Ideen wünschen." Eine aussagekräftige Direktnachricht ist oft wirkungsvoller als 1.000 Aufrufe.

Digitale Produktmarktplätze

Der Verkauf auf digitalen Marktplätzen ist überraschend einfach. Mit **Gumroad** können Sie mit sehr geringem Aufwand einen übersichtlichen, professionellen Shop einrichten. **Etsy** präsentiert Ihre Produkte Menschen, die aktiv nach Planern, Vorlagen und anderen digitalen Tools suchen. **Ko-fi** kombiniert den Verkauf von Produkten mit der Möglichkeit für Käufer, ein Trinkgeld zu hinterlassen, was ein netter Bonus sein kann.

Jede Plattform bedient unterschiedliche Zielgruppen und erhebt unterschiedliche Gebühren. Wenn Sie mehrere Plattformen testen, können Sie herausfinden, wo Ihre Produkte am besten ankommen.

Entscheiden Sie sich für einen Weg und bleiben Sie dabei

Sie haben nun viele Wege kennengelernt, wie Sie mit ChatGPT Geld verdienen können. Einige beinhalten die Erstellung von Produkten, andere das Anbieten von Dienstleistungen, und ehrlich gesagt könnten einige davon auch beides sein, je nachdem, wie Sie sie einsetzen. Die Liste ist nicht vollständig. Es gibt noch unzählige andere Möglichkeiten, die ich nicht erwähnt habe. Aber dies sind die gängigsten und für Anfänger am besten geeigneten, um den Einstieg zu finden. Bevor Sie loslegen und mit der Entwicklung beginnen, sollten Sie sich ein paar Minuten Zeit nehmen, um wirklich darüber nachzudenken, welche Monetarisierungsmethode für *Sie* spannend und motivierend ist.

In dieser Phase geht es nicht darum, die „perfekte" Idee zu finden. Es geht darum, eine Idee zu finden, die zu der **Art von Arbeit passt, die Sie motiviert.** Wenn Sie beispielsweise keine detaillierte, prozessorientierte Arbeit mögen, wird Sie die mühsame Bearbeitung und Überprüfung von Recherchen in den Wahnsinn treiben. Dann werden Sie wahrscheinlich aufgeben.

Nehmen Sie sich also etwas Zeit, um darüber nachzudenken:

- Möchten Sie mit Menschen zusammenarbeiten oder bevorzugen Sie es, alleine zu arbeiten?
- Bevorzugen Sie schnelle Erfolge oder vertiefen Sie sich lieber in komplexe Projekte?
- Möchten Sie lieber etwas einmal erstellen und dann dauerhaft verkaufen oder eng mit jedem Kunden zusammenarbeiten?
- Haben Sie ein Auge für Design und möchten Sie Grafikdesign in Ihre Arbeit integrieren?

Wenn Sie eher introvertiert sind, wie ich, und lieber hinter den Kulissen arbeiten möchten, um Dinge zu entwickeln, die still und leise Geld verdienen, während Sie schlafen, dann könnte die Produktentwicklung das Richtige für Sie sein. Dabei handelt es sich beispielsweise um Vorlagen, Planer oder Prompt-Packs. Sie erstellen diese einmal und verkaufen sie dann immer wieder auf Plattformen wie Gumroad oder Etsy.

Wenn Sie jedoch Energie daraus schöpfen, mit Menschen zu sprechen, ihre spezifischen Probleme zu verstehen und maßgeschneiderte Lösungen zu entwickeln, dann sollten Sie wahrscheinlich mit Dienstleistungen beginnen. Das kann das Schreiben von Blogartikeln, das Überarbeiten von Lebensläufen, das Verbessern von Biografien oder das Umwandeln von Podcast-Episoden in monatliche Social-Media-Posts sein.

Am besten beginnen Sie mit etwas Einfachem, um erste Erfahrungen zu sammeln. Später können Sie dann weitere Produkte oder Dienstleistungen hinzufügen, während Sie Ihr Unternehmen aufbauen. Wählen Sie einfach das, was Ihnen im Moment am besten passt.

Wenn Sie sich immer noch unsicher sind, lassen Sie sich von ChatGPT helfen:

Welche Art von Geschäft passt gut zu jemandem, der ***[Ihre Stärke einfügen]*** *mag und* ***[Ihre Präferenz einfügen]*** *möchte?*

Egal, wofür Sie sich entscheiden, bleiben Sie lange genug dabei, um tatsächlich etwas zu lernen. Sie müssen sich nicht für immer auf eine Idee festlegen, sondern beginnen einfach mit etwas, das für Ihre aktuelle Situation sinnvoll ist.

Sobald Sie das herausgefunden haben, können Sie damit beginnen, die Systeme aufzubauen, mit denen Sie daraus ein echtes Einkommen erzielen können. Das werden wir im nächsten Kapitel besprechen. Jetzt ist es an der Zeit, aktiv zu werden.

Übung: Von der Idee zur Umsetzung

Hören Sie auf zu lesen und fangen Sie an. Diese Übung bringt Sie in 24 Stunden von der Idee zur Umsetzung.

1. **Wählen Sie eine Monetarisierungsidee aus diesem Kapitel aus oder lassen Sie sich von ChatGPT dabei helfen, eine neue Idee zu finden, die zu Ihnen passt.**

2. **Erstellen Sie noch heute etwas Konkretes.** Halten Sie es einfach: eine einseitige Anleitung, eine Produktbeschreibung oder drei Demo-Beiträge für soziale Medien.

Wenn Sie sich für **digitale Produkte** interessieren:

*Helfen Sie mir, einen **[X]**-seitigen Leitfaden zum Thema **[Thema]** für **[Zielgruppe]** zu erstellen, einschließlich einer Gliederung und Vorschlägen für den Tonfall.*

Beispiel: *Helfen Sie mir, einen 5-seitigen Leitfaden zum effektiven E-Mail-Marketing für Kleinunternehmer zu erstellen, der in einem freundlichen und umsetzbaren Ton verfasst ist.*

Wenn Sie sich mehr für **Dienstleistungen** interessieren:

*Helfen Sie mir, eine überzeugende Dienstleistungsbeschreibung für meine **[Art der Dienstleistung]** zu verfassen, die auf **[Zielgruppe]** zugeschnitten ist. Fügen Sie 2–3 kurze Beispiele hinzu, um die Dienstleistung in Aktion zu präsentieren.*

Beispiel: *Bitte erstellen Sie für mich eine ansprechende Beschreibung meiner Social-Media-Caption-Dienstleistung, die auf Fitnesstrainer zugeschnitten ist. Fügen Sie drei Beispiel-Captions hinzu.*

3. **Legen Sie Ihre Preise fest.** Sehen Sie sich an, was andere für ähnliche Produkte oder Dienstleistungen auf Plattformen wie Fiverr, Etsy oder Gumroad verlangen. Starten Sie mit einem niedrigeren Preis, um den Einstieg zu erleichtern. Das senkt die Einstiegshürde und erhöht die Wahrscheinlichkeit, dass jemand Ihr Angebot ausprobiert. Sie können Ihren Preis später immer noch erhöhen, sobald Sie Bewertungen und Referenzen gesammelt haben.
4. **Veröffentlichen Sie es oder senden Sie es an jemanden.** Listen Sie Ihr Produkt auf Gumroad. Teilen Sie Ihren neuen Service auf LinkedIn. Schreiben Sie jemandem, der das, was Sie anbieten, möglicherweise benötigt.

Die meisten Menschen kommen nie über die Planungsphase hinaus. Sie recherchieren endlos, verfeinern ihre Ideen immer weiter, bekommen dann Angst und bringen nichts auf den Markt. Ich habe das jahrelang mit einem Blog und einem Coaching-Unternehmen gemacht, unter anderem. Es erfordert Mut, auf „Veröffentlichen" oder „Senden" zu klicken, wenn man sein erstes Angebot verschickt. Wenn Sie das geschafft haben, feiern Sie.

Ihr Angebot in Geld verwandeln

Die meisten Menschen veröffentlichen ihr Angebot einmal und warten dann darauf, dass Käufer wie von Zauberhand erscheinen. So funktioniert es jedoch selten. Wenn Sie Ihr Produkt oder Ihre Dienstleistung in den sozialen Medien gepostet haben und keine Resonanz erhalten haben, versuchen Sie es erneut, aber ändern Sie diesmal den Ansatz. Heben Sie vielleicht einen anderen Vorteil hervor. Teilen Sie mit, wie Sie es tatsächlich hergestellt haben. Versuchen Sie, es am Dienstagnachmittag statt am Montagmorgen zu veröffentlichen. Bevor Sie Ihr Angebot aufgeben, sollten Sie sicherstellen, dass es von genügend Menschen gesehen wird. In der Regel sind auf den meisten Plattformen Hunderte von Aufrufen erforderlich, um einen Verkauf zu erzielen.

Ihre Erfolgschancen steigen noch weiter, wenn Sie Ihr Angebot an mehreren Stellen veröffentlichen. Wenn Ihr Produkt auf Gumroad zu finden ist, sollten Sie es auch auf Etsy und Ko-fi einstellen. Wenn Ihre Dienstleistung auf Fiverr angeboten wird, erstellen Sie ein ähnliches Angebot auf Upwork. Das gleiche Konzept gilt für soziale Medien. Testen Sie mehrere Plattformen und beobachten Sie, wo die Leute tatsächlich reagieren. ChatGPT kann Ihnen dabei helfen, Beschreibungen umzuschreiben und für verschiedene Websites zu optimieren.

Referenzen und Bewertungen sind ebenfalls unerlässlich. Die Menschen möchten sicher sein, dass sie ein qualitativ hochwertiges Produkt oder eine hochwertige Dienstleistung erhalten, bevor sie ihre Kreditkarte zücken. Sie benötigen keine fünfzig begeisterte Bewertungen, um erste Verkäufe zu erzielen. Eine echte Nachricht von jemandem, der Ihr Produkt tatsächlich genutzt hat, ist sehr wertvoll. Wenn Ihnen jemand eine nette Direktnachricht oder E-Mail zu Ihrer Arbeit geschickt hat, fragen Sie, ob Sie diese teilen dürfen. Wenn der Wortlaut etwas holprig ist, überarbeiten Sie ihn mit ChatGPT. Veröffentlichen Sie dieses Feedback überall dort, wo potenzielle Kund:innen es sehen können – zum Beispiel in Ihrem Fiverr-Gig, auf Ihren Produktseiten oder in angehefteten Beiträgen.

Irgendwann wird Ihr Problem nicht mehr darin bestehen, Aufmerksamkeit zu bekommen. Dann müssen Sie mit der Nachfrage Schritt halten. In diesem Fall sind Systeme entscheidend, damit Sie nicht bei jeder Bestellung oder jedem Kunden wieder von vorne anfangen müssen. Darauf gehen wir im nächsten Kapitel ein.

9

Vom ChatGPT-Nebenverdienst zum eigenen Geschäft

DER ADRENALINKICK bei Ihrem ersten Verkauf ist ein Gefühl, das kaum zu toppen ist. Dieser Erfolg *ist* aufregend. Aber das ist erst der Anfang. Jetzt sind Sie gefragt. Wie erfolgreich Sie auf diesem Erfolg aufbauen können, hängt ganz von Ihnen, Ihrer Anstrengung und Ihrem Engagement ab. Diejenigen, die herausgefunden haben, wie sie ihren Nebenjob zu einem echten Unternehmen ausbauen, haben das nicht durch Zufall oder Glück erreicht. Sie haben herausgefunden, was funktioniert, und es wiederholt umgesetzt. Es geht um die Absicht und um Systeme.

Um diesen Wandel zu vollziehen, müssen Sie umdenken. Sie können Ihr Angebot oder Ihren Nebenjob nicht als etwas Beiläufiges betrachten, das Ihnen jeden Monat ein wenig zusätzliches Taschengeld einbringt. Sie müssen es wie das Unternehmen behandeln, das es noch werden soll.

Wenn Sie einen Kunden gewonnen haben, denken Sie nicht: „Toll, ich wurde bezahlt!“ oder noch schlimmer: „Jetzt kann ich mir Konzertkarten leisten!“, sondern fragen Sie sich: „Wie finde ich zehn weitere Kunden, die genau wie dieser sind?“

So wird aus scheinbar „zufälligem“ Erfolg planbares Wachstum. In diesem Kapitel lernen Sie, wie Sie diesen Wandel vollziehen.

Verwandeln Sie Ihr Angebot in ein wiederholbares System

Nehmen Sie sich einen Moment Zeit und erinnern Sie sich daran, wie Sie in Ihrem Lieblingsrestaurant essen. Was macht es zu Ihrem Lieblingsrestaurant? Ist der Service immer ausgezeichnet? Ist Ihr Lieblingsgericht immer frisch und schmeckt genau so, wie Sie es mögen? Diese beiden Faktoren sind wahrscheinlich entscheidend. Das Restaurant hat Rezepte und Servicestandards, die dafür sorgen, dass Sie jedes Mal zufrieden nach Hause kommen. Sie brauchen Ihre eigene Version dieses Rezepts für das, was Sie Ihren Kunden anbieten. Sie brauchen ein System für die Auftragsabwicklung, das jedes Mal die gleichen hochwertigen Ergebnisse liefert, ohne dass Sie immer wieder dieselben E-Mails schreiben, Ihre Angebote neu erstellen oder jedes Projekt von Grund auf neu starten müssen. Sie werden zufriedene Kunden haben und gleichzeitig weniger Zeit für die Logistik aufwenden müssen, sodass Sie mehr Zeit für die Verbesserung Ihrer Arbeit und die Betreuung weiterer Kunden haben.

Systematisieren können Sie alle Aufgaben, die Sie für jeden Kunden wiederholt ausführen. Produktunternehmen benötigen Vorlagen für Kundenservice-Antworten, Produktlieferungen und Fehlerbehebungsanleitungen. Dienstleistungsunternehmen benötigen Standardprozesse für Kundenangebote, die Einarbeitung neuer Kunden, die Lieferung von Arbeiten und die Bearbeitung von Änderungen.

Starke Systeme machen Ihr Unternehmen beständig, professionell, skalierbar und letztlich verkaufsfähig. Das Erreichen dieser Stufe ist eine enorme Leistung. Die Zeit, die Sie durch die Systematisierung Ihrer Prozesse gewinnen, gibt Ihnen die Möglichkeit, Ihr Produktangebot auszubauen.

Erweitern Sie Ihr Angebot strategisch

Nachdem Sie die ersten Verkäufe getätigt haben, erkennen Sie Muster. Wer kauft? Was wird nachgefragt? Was benötigen die Kunden, nachdem sie Ihr Produkt oder Ihre Dienstleistung genutzt haben?

Der einfachste Weg, Ihr Unternehmen zu erweitern, besteht nicht immer darin, neue Kunden zu gewinnen. Oft reicht es schon aus, Ihre bestehenden Kunden etwas besser zu bedienen. Wenn jemand bereits bei Ihnen gekauft hat, ist die Wahrscheinlichkeit groß, dass er auch ein weiteres Produkt von Ihnen kauft, vor allem wenn es ein verwandtes Problem löst oder ihm hilft, den nächsten Schritt zu machen.

Hier finden Sie den Ansatz für Ihr nächstes Angebot. Ihre Aufgabe ist es, auf diese Hinweise zu achten und sie als Leitfaden für Ihre nächsten Schritte zu nutzen.

Add-ons und Upsells

Wenn Sie nicht bereit sind, ein neues Produkt oder eine neue Dienstleistung zu entwickeln, können Sie Ihr Geschäft ausbauen, indem Sie Ihr bestehendes Angebot erweitern. Kunden, die bereits bei Ihnen kaufen, zahlen oft für zusätzliche Annehmlichkeiten einen kleinen Aufpreis. Das Ziel besteht darin, den Wert jedes Verkaufs zu steigern, ohne Ihren Arbeitsaufwand wesentlich zu erhöhen.

Sie bündeln nützliche Extras wie Shortcuts, Vorlagen oder Support, die die Nutzung des Hauptprodukts vereinfachen oder dessen Effektivität steigern. Der Schlüssel zum Erfolg liegt darin, herauszufinden, mit welchen Schwierigkeiten die Kunden nach dem Kauf konfrontiert sind oder was sie sich wünschen.

Hier einige Beispiele:

- Wenn Sie individuelle Logos verkaufen, könnten Sie ein „Schnellstart-Marken-Kit" mit Farbcodes, Schriftkombinationen und Entwürfen anbieten.
- Wenn Sie Websites erstellen, könnten Sie einen einstündigen „Tech-Setup"-Anruf als kostenpflichtiges Upgrade anbieten.
- Wenn Sie digitale Downloads verkaufen, bieten Sie gegen Aufpreis editierbare Versionen oder druckfertige Formate an.

Dies sind Maßnahmen, die Reibungsverluste reduzieren. Für solche kleinen Upsells, die das Erlebnis verbessern oder das nächste Problem direkt lösen, können Sie zusätzlich 15 bis 45 € berechnen.

Sie können sogar einmalige Verkäufe in **wiederkehrende Einnahmen** verwandeln:

- Verwandeln Sie Ihren 90-€-Blogbeitrag in ein 230-€-Paket für drei Beiträge pro Monat.
- Verwandeln Sie ein Lebenslaufpaket in einen dreimonatigen Service zur Unterstützung bei der Bewerbung.

Bieten Sie ein ergänzendes Angebot an

Ein ergänzendes Angebot ist etwas, das sich von Ihrem Hauptangebot unterscheidet, aber dennoch den gleichen Kunden im nächsten logischen Schritt dient.

Dies kann ein Produkt sein, das Ihre Dienstleistung ergänzt (z. B. ein Inhaltskalender für Ihre Social-Media-Kunden), oder eine Dienstleistung, die auf Ihr Produkt folgt (z. B. eine Strategiesitzung für Personen, die Ihren digitalen Planer gekauft haben). Wenn Sie Blog-Inhalte für Kunden schreiben, benötigen diese möglicherweise E-Mail-Newsletter oder einen Lead-Magneten dazu.

Wenn Sie eine Dienstleistung anbieten, müssen Sie nicht unbedingt eine zweite entwickeln. Sie könnten beispielsweise ein einfaches Produkt entwickeln, das Ihre Kunden zwischen den Projekten unterstützt. Ein herunterladbarer Leitfaden, eine kurze Schulung oder ein Toolkit können Ihnen weiterhin Einnahmen bringen, ohne dass Sie viel Zeit investieren müssen. Erstellen Sie das Produkt einmal, richten Sie die Lieferung ein und lassen Sie es im Hintergrund laufen, während Sie sich auf Ihre Hauptarbeit konzentrieren.

Wenn Sie bei der Skalierung Ihres Produkts ins Stocken geraten, stellen Sie sich diese Frage:

> *Ich verkaufe **[Produkt oder Dienstleistung]** an **[Kundentyp]** und liefere es derzeit auf folgende Weise: **[wie Sie es tun]**.*
>
> *Wie könnte ich dies skalierbarer gestalten?*

Die Möglichkeiten sind hier endlos, und Sie müssen sich nicht in Entscheidungsfindungen verlieren. Sie lösen ein damit verbundenes Problem oder helfen ihnen, weiterzukommen. Sie vergrößern nicht nur das ursprüngliche Angebot. Sie erweitern Ihr Geschäft in eine neue Richtung.

Konzentrieren Sie sich auf ein neues Angebot

Die Erweiterung Ihres Angebots ist spannend, aber auch ein Punkt, an dem viele neue Unternehmer scheitern. Sobald Sie ein erfolgreiches Produkt oder eine erfolgreiche Dienstleistung entwickelt haben, ist die Versuchung groß, gleich mehrere neue Produkte auf den Markt zu bringen, um Ihr Unternehmen schnell zu vergrößern. Dieser Ansatz ist jedoch zum Scheitern verurteilt. Wenn Sie Ihrem Unternehmen weitere Komponenten hinzufügen, wird die Verwaltung immer schwieriger. Strategie wird hier viel wichtiger, denn Sie möchten Ihr Unternehmen so ausbauen, dass Sie nicht überfordert sind und ausbrennen.

Der beste Ansatz ist, diszipliniert und fokussiert zu bleiben. Testen Sie ein neues Angebot mit Ihren nächsten Kunden und betrachten Sie es als Experiment. Ist es etwas, das sie tatsächlich wollen? Passt es natürlich zu dem, was Sie bereits verkaufen? Wenn Sie jeweils nur ein Angebot hinzufügen, haben Sie Spielraum, um Ihren Prozess zu verfeinern und sicherzustellen, dass alles reibungslos funktioniert, bevor Sie weiter skalieren. Sie möchten nicht erst zu spät feststellen, dass Sie sich übernommen haben.

Wenn Ihr neues Angebot Anklang findet, integrieren Sie es in die Systeme, die Sie bereits für Ihr erstes Angebot aufgebaut haben. Wenn Sie über standardisierte Verfahren für die Kundengewinnung oder die Erbringung von Leistungen verfügen, passen Sie diese an Ihr neues Angebot an. Jetzt haben Sie mehr als nur einen wiederholbaren Prozess für die Betreuung Ihrer Kunden. Sie verfügen über einen wiederholbaren Prozess für die Entwicklung und Einführung neuer Produkte und Dienstleistungen.

Übung: Planen Sie die nächste Phase Ihres Unternehmens

Verwenden Sie ChatGPT, um Ihr aktuelles Angebot zu systematisieren oder ein zweites Produkt oder eine zweite Dienstleistung zu entwickeln, die auf dem bereits Erfolgreichen aufbaut.

So skalieren Sie Ihr aktuelles Angebot:

- *Listen Sie die sich wiederholenden Aufgaben in meinem* ***[Unternehmen]*** *auf und schlagen Sie Möglichkeiten vor, diese zu systematisieren oder zu automatisieren.*
- *Wie kann ich den Umsatz meines* ***[Produkts/meiner Dienstleistung]*** *steigern, ohne meinen Arbeitsaufwand zu erhöhen?*

Um ein zweites Angebot zu erstellen:

- *Hier ist mein aktuelles Angebot und für wen es gedacht ist:* ***[kurze Beschreibung]****. Was wäre ein logisches zweites Angebot, das ich für denselben Kunden hinzufügen könnte?*
- *Helfen Sie mir, ein ergänzendes Produkt oder eine ergänzende Dienstleistung zu entwickeln, die nach der Einrichtung effizient bereitgestellt werden kann.*

Mit dem, was Sie bereits aufgebaut haben, intelligenter skalieren

Was als einmalige Dienstleistung oder eine kleine Sammlung einfacher digitaler Produkte beginnt, kann sich in etwas völlig anderes verwandeln. Das kann eine Agentur sein, ein Kurs, Inhalte, die Affiliate-Einnahmen generieren, oder sogar ein Lizenzmodell. In diesem Abschnitt werden zusätzliche Geschäftsmodelle vorgestellt, die skalierbarer und profitabler sind und möglicherweise besser zu Ihren langfristigen Zielen passen.

Um es klar zu sagen: Sie starten hier kein völlig neues Unternehmen von Grund auf. Sie nutzen diese Modelle, um neue Wege zu finden, die bereits von Ihnen entwickelten Produkte und Dienstleistungen weiter zu verkaufen. Ein Unternehmen, das langfristig bestehen kann, ist nicht an eine einzige Plattform, einen Algorithmus oder einen Freelancer-Marktplatz gebunden.

Diese Modelle helfen Ihnen, ein widerstandsfähigeres Unternehmen mit mehreren Einnahmequellen und einer direkten Verbindung zu Ihrem Publikum aufzubauen. Sie sind jedoch auch komplexer und fordern Sie heraus, alles anzuwenden, was Sie bisher in diesem Buch gelernt haben.

Content-Plattformen und Blogs

Content-Plattformen und Blogs zählen immer noch zu den effektivsten Möglichkeiten, ein digitales Unternehmen zu erweitern. Mit einem Blog, einem YouTube-Kanal, sozialen Medien oder einem Newsletter erreichen Sie ein viel breiteres Publikum und gewinnen neue Kunden.

Menschen möchten von jemandem kaufen, der sich auskennt und dem sie vertrauen können. Ihre Inhalte informieren potenzielle Käufer und stärken Ihre Autorität in Ihrer Nische.

Auch die Inhalte selbst können zu einer Einnahmequelle werden. Mit einer Zielgruppe oder Traffic können Sie Affiliate-Links einfügen, gesponserte Inhalte anbieten oder Ihre beliebtesten Inhalte in kostenpflichtige Produkte oder Mitgliedschaften umwandeln. All dies, während Sie das Wachstum Ihres Kerngeschäfts vorantreiben.

ChatGPT unterstützt Sie dabei, dies schnell aufzubauen, indem es

- Ideen zu generieren
- Artikel oder Skripte zu schreiben
- bereits vorhandene Inhalte wiederzuverwenden
- Inhalte für verschiedene Plattformen anpassen

Ihre Ergebnisse werden sich mit einer Content-Plattform vervielfachen, auf der Sie Ihr Wissen teilen und erklären, wie Sie Ihrem Publikum helfen können, und am Ende Ihrer Inhalte mit einem Call-to-Action auf Ihre Angebote verweisen. Sie können diesen Prozess für einen Blog, einen YouTube-Kanal, E-Mails, Newsletter oder Social-Media-Beiträge nutzen.

Content- und Marketingagenturen

Wenn Sie bereits Dienstleistungen im Bereich Content-Erstellung oder Marketing anbieten, ist der Wechsel vom Einzelunternehmer zum „Agenturmodell" eine strategische Möglichkeit, Ihre Preise zu erhöhen, höherkarätige Kunden zu gewinnen und sich schließlich davon zu lösen, jede Arbeit selbst zu erledigen.

Das bedeutet nicht, dass Sie ein großes Team einstellen oder Büroräume anmieten müssen. Es bedeutet, dass Sie Ihr Unternehmen als professionellen Dienstleister mit dokumentierten Prozessen, spezialisierten Paketen und einem klaren System für die Leistungserbringung positionieren.

Sie können ChatGPT nutzen, um das Backend aufzubauen:

- Standardarbeitsanweisungen (SOPs) für Ihre Dienstleistungen zu verfassen
- Erstellen Sie Vorlagen für wiederkehrende Aufgaben (Gliederungen, Briefings, Social-Media-Kalender).
- Erstellen Sie Onboarding-Materialien und Lieferchecklisten, um die Qualität sicherzustellen

Anschließend können Sie auf Plattformen wie OnlineJobs.ph kostengünstige virtuelle Assistenten aus den Philippinen einstellen und ihnen Ihre Prozesse beibringen. Diese erfüllen die Aufträge, während Sie sich auf die Pflege der Kundenbeziehungen, den Abschluss von Geschäften und die strategische Ausrichtung des Unternehmens konzentrieren – also auf Dinge, die viel schwieriger auszulagern sind.

Betrachten Sie es als Produktisierung Ihrer Dienstleistung, bei der Sie das System steuern.

Langform-Veröffentlichungen

Sie können Ihr Fachwissen in ein Buch oder einen Leitfaden verwandeln. Dabei verwenden Sie nicht bereits vorhandenes Material, was einen erheblichen Arbeitsaufwand bedeutet. Am Ende verfügen Sie jedoch über ein eigenständiges Produkt, von dem andere lernen oder das sie erwerben können.

ChatGPT unterstützt Sie dabei:

- die Inhalte auf der Grundlage Ihrer bisherigen Tätigkeiten oder Lehrinhalte zu skizzieren
- Kapitel, Lektionen oder Module mit klaren, strukturierten Vorgaben zu entwerfen
- Ihren Text zu bearbeiten und mit Ihrer persönlichen Note zu versehen

Sobald Sie fertig sind, können Sie:

- Ihres Produkts auf Amazon oder Ihrer Website
- Nutzen Sie es als Lead-Magnet, um Ihre E-Mail-Liste zu erweitern
- Ihren Lesern Ihre anderen Produkte oder Dienstleistungen vorstellen

Sie können das Buch beispielsweise als kostenlosen Download auf Ihrer Website anbieten und anschließend per E-Mail für Ihr Produkt werben. Wenn Sie es auf Amazon verkaufen, können Sie dem Buch eine kostenlose Ressource beifügen, die zu Ihrer E-Mail-Liste führt. In jedem Fall gewinnen Sie so neue Leads und geben ihnen einen Grund, Ihrem Fachwissen zu vertrauen. Sie müssen sich nicht auf ein einziges Buch beschränken. In Ihrer Nische gibt es viele Themen, zu denen Sie ein Buch veröffentlichen könnten. Ein solcher Katalog hilft Ihnen, sich als Autorität zu etablieren. Dies ist eine einfache Möglichkeit, ein breiteres Publikum zu erreichen und neue Einnahmequellen zu erschließen.

Erstellung von Online-Kursen

Die Wachstumsprognosen für die Online-Bildungsbranche im kommenden Jahrzehnt sind beeindruckend. Es wird erwartet, dass sie sich zu einer Billionen-Euro-Industrie entwickelt. Wenn Sie über Fähigkeiten verfügen, die andere Menschen lernen möchten, können Sie heute in einem Bruchteil der Zeit, die früher nötig war, hochwertige Kurse erstellen.

Konzentrieren Sie sich auf die Vermittlung praktischer Fähigkeiten, die die Teilnehmer sofort anwenden können. Ein Kurs wie „Wie man mit ChatGPT ein freiberufliches Blogging-Geschäft aufbaut" bietet konkrete Schritt-für-

Schritt-Anleitungen. „Wie man Canva-Vorlagen entwirft und verkauft" zeigt eine direkt umsetzbare Methode, um online Geld zu verdienen.

Anfängerkurse kosten in der Regel zwischen 30 und 185€, je nach Länge und Thema. Spezialisierte oder fortgeschrittene Kurse können deutlich teurer sein.

Praxisbeispiel: Unser ChatGPT-gestütztes Verlagsunternehmen

Wir betreiben ein schlankes Verlagsunternehmen, in dem nur ich und eine weitere Person in Teilzeit arbeiten. Wir haben damit begonnen, hilfreiche Sachbücher unter einer Marke zu veröffentlichen, die dafür bekannt ist, komplexe technische Themen verständlich zu machen. Unser erstes Buch befasste sich damit, wie Pädagogen KI im Unterricht einsetzen können. Das war zwar kein Fachgebiet von uns, aber es war ein guter Ausgangspunkt. Danach haben wir weitere Bücher zum Thema KI veröffentlicht. Im Laufe der Zeit haben wir einen Katalog erfolgreicher Bücher und eine dazugehörige E-Mail-Liste aufgebaut. Das allein ist schon ein solides Geschäft.

Hier kommt das Konzept der „digitalen Inhalte in großem Umfang" ins Spiel. Wir können die Inhalte dieser Bücher verwenden, um Blogbeiträge und Inhalte für soziale Medien zu erstellen. Diese Inhalte können dann genutzt werden, um den Buchverkauf und die Affiliate-Einnahmen zu steigern.

Im Zuge der weiteren Expansion des Unternehmens werden diese Bücher als Grundlage für einen YouTube-Kanal dienen, wobei jedes Kapitel im Wesentlichen zu einem separaten Videothema wird. In diesen Videos können wir zusätzliche Affiliate-Produkte, unsere Bücher oder unsere eigenen Kurse sowie Beratungsdienstleistungen zur Implementierung von KI für kleine Unternehmen bewerben. So entsteht im Wesentlichen ein Netzwerk von Inhalten, das sich kontinuierlich selbst speist.

Alles läuft über ein System aus strukturierten Prompts und Vorlagen. ChatGPT hilft dabei, Ideen zu generieren, Gliederungen zu erstellen, Entwürfe zu schreiben und Inhalte für verschiedene Plattformen anzupassen. Wir personalisieren und bearbeiten jeden Beitrag vor der Veröffentlichung, aber ChatGPT und Automatisierungstools (die eine Abfolge von ChatGPT-Prompts ausführen, um Inhalte zu erstellen) übernehmen den größten Teil der Arbeit.

Ohne diese Tools würden drei bis vier Vollzeitmitarbeiter benötigen, um das zu erreichen, was wir in 30 Tagen schaffen.

Der Punkt ist: Ein kleines digitales Produkt oder eine kleine digitale Dienstleistung kann sich zu einem Multi-Channel-Geschäft mit mehreren Einnahmequellen entwickeln, das weit über die ursprüngliche Idee hinauswächst. Es gibt wirklich keine Grenzen für das, was Sie aufbauen können.

10

Wie Sie ChatGPT in Ihrem Unternehmen einsetzen können

VIELE UNTERNEHMER STREBEN nach finanzieller Freiheit und mehr Freizeit. Was sie wirklich anstreben, ist passives Einkommen. Aber die Art des passiven Einkommens, die oft beworben wird – Geld, das fließt, während man nichts tut – gibt es in der Realität nicht. Wenn Sie ernsthaft daran interessiert sind, mit weniger Aufwand ein langfristiges Einkommen aufzubauen, brauchen Sie tatsächlich Hebelwirkung.

Hebelwirkung bedeutet, das Beste aus der Zeit, Mühe und dem Geld zu machen, die Sie bereits investieren. Wenn Sie ein kleines Unternehmen oder einen Nebenjob betreiben, kommt Wachstum in der Regel nicht durch längere Arbeitszeiten, sondern durch den Einsatz der richtigen Tools. ChatGPT kann Ihnen helfen, Routineaufgaben zu automatisieren, Entscheidungen schneller zu treffen und sich auf die Arbeit zu konzentrieren, die wirklich wichtig ist.

In diesem Kapitel zeigen wir Ihnen praktische Möglichkeiten, wie Sie ChatGPT in den Bereichen Marketing, Vertrieb, Kundenservice, Content und Betriebsabläufe einsetzen können. Mit ein paar intelligenten Systemen können Sie den Arbeitsaufwand reduzieren und mehr Zeit für den Aufbau Ihres Unternehmens aufwenden.

Kundensupport und Kundenkommunikation

Die klare und konsistente Beantwortung von Kundenfragen schafft Vertrauen und reduziert den Kommunikationsaufwand. ChatGPT hilft Ihnen, indem es vorgefertigte Antworten generiert, die wie von Ihnen selbst verfasst klingen, sodass Sie nicht jedes Mal dieselbe Antwort schreiben müssen, wenn jemand die gleiche Frage stellt.

Erstellen von Antwortvorlagen und FAQs

Sammeln Sie eine Handvoll Fragen, die Ihnen regelmäßig gestellt werden, z. B. zu Lieferzeiten, Rückgabebedingungen oder Produktdetails. Sie können jede Frage in ChatGPT einfügen und um eine kurze, hilfreiche Antwort in Ihrem Tonfall bitten. Wenn Sie bereits Antworten verfasst haben, die so klingen, wie Sie sprechen, fügen Sie diese in den Prompt ein, damit ChatGPT Ihren Schreibstil und Ihre Stimme nachahmen kann. Sie können denselben Vorgang anwenden, wenn Sie eine FAQ zusammenstellen.

ChatGPT hilft auch bei Nachrichten, die mehr Anpassung erfordern und schwieriger zu schreiben sind, wie Rückerstattungen, Stornierungen und Lieferverzögerungen.

Beschreiben Sie die Situation in Ihrem Prompt und bitten Sie um eine klare und einfühlsame Antwort. Diese benötigen wahrscheinlich mehr Ihrer persönlichen Note und Überarbeitung, aber wenn ChatGPT den ersten Entwurf erstellt hat, können Sie ihn direkt anpassen.

Hier sind einige Schritte, die Ihnen den Einstieg in die Erstellung dieser Dokumente und Vorlagen erleichtern:

- Listen Sie die 5 bis 10 häufigsten Fragen Ihrer Kunden auf.
- Geben Sie ChatGPT für jede einzelne Aufgabe eine Vorgabe wie beispielsweise: *Verfassen Sie eine kurze, hilfreiche Antwort für den Kundensupport, in der Sie unsere Rückgabebedingungen erläutern. Achten Sie auf einen freundlichen und professionellen Ton.*
- Fügen Sie einige Beispielantworten hinzu, die Sie selbst verfasst haben, damit ChatGPT Ihren Stil besser nachahmen kann.

- Speichern Sie die endgültigen Antworten in einem gemeinsamen Dokument oder Support-System, damit sie leicht wiederverwendet werden können.
- Geben Sie bei sensiblen Themen den Kontext im Prompt an und bitten Sie um einen einfühlsamen und klaren Ton.

Kunden-Onboarding

Das Kunden-Onboarding verläuft reibungsloser, wenn die Erwartungen von Anfang an klar festgelegt sind. Mit ChatGPT können Sie Onboarding-E-Mails verfassen, die neuen Kunden erklären, was sie erwartet.

Wenn Sie mit internationalen Kunden zusammenarbeiten, können Sie übersetzte Versionen dieser Nachrichten erstellen, die natürlicher klingen als die Übersetzungen von Google Translate.

Um eine Nachricht zu übersetzen, geben Sie Folgendes ein:

> *Übersetzen Sie dies ins Spanische. Formulieren Sie den Text so, als wäre er von einem spanischen Muttersprachler verfasst worden, und achten Sie auf einen einheitlichen Tonfall wie in der englischen Version:*
>
> ***[zu übersetzender Text einfügen]***

Content-Workflows in einem kleinen Unternehmen

In Kapitel 4 haben Sie gelernt, wie Sie Blogbeiträge und Social-Media-Inhalte erstellen und diese Inhalte mit ChatGPT effektiv wiederverwenden können. Hier konzentrieren wir uns genauer auf Arbeitsabläufe, also die Systeme hinter den Kulissen, die Ihnen helfen, bei der Erstellung von Inhalten in größerem Umfang organisiert und konsistent zu bleiben.

Erstellen Sie einen Inhaltskalender

Nachdem Sie sich für eine allgemeine Content-Strategie entschieden haben, ist der nächste logische und produktive Schritt die Erstellung eines monatlichen Content-Kalenders. Eine praktische Möglichkeit hierfür ist, ChatGPT um 20 bis 30 Content-Ideen zu bitten, die für Ihre Zielgruppe oder Nische relevant sind. Anschließend können Sie diese Ideen prüfen, die besten auswählen und ChatGPT dabei helfen lassen, eine Gliederung für jeden Beitrag zu erstellen. Diese Gliederungen können direkt in Ihren Kalender aufgenommen werden, komplett mit zugewiesenen Fristen und Verantwortlichkeiten.

Konsistente Inhalte erstellen

Verwenden Sie anschließend die Vorlagen aus Kapitel 4, um Ihre Inhalte zu verfassen, zu veröffentlichen und plattformübergreifend wiederzuverwenden. Um sicherzustellen, dass Ihre Inhalte in allen Formaten konsistent bleiben, verwenden Sie am besten jedes Mal dieselbe Vorlage. Eine gute Markenvorlage enthält in der Regel eine kurze Beschreibung Ihrer Markenstimme, häufig verwendete Schlüsselbegriffe oder -phrasen sowie alle besonderen Punkte, die Sie hervorheben oder vermeiden möchten. Beispiele sind hier sehr hilfreich. Wenn Sie diese Vorlage jedes Mal verwenden, wenn Sie Inhalte wiederverwenden, stellen Sie sicher, dass der Ton unabhängig vom Format gleich bleibt.

Metriken auswerten

Sie können auch die Überprüfung der Content-Performance in Ihren Workflow integrieren. Geben Sie aktuelle Engagement-Metriken – wie Klickraten, Shares oder Kommentare – in ChatGPT ein und bitten Sie das Tool, Muster zu erkennen. Anschließend kann es ähnliche Themen oder Content-Stile vorschlagen, die wahrscheinlich gut ankommen.

Hier ist ein Beispiel, mit dem Sie diesen Ansatz in der Praxis ausprobieren können:

> *Welche Muster erkennen Sie anhand dieser Engagement-Metriken aus meinen letzten 10 Blogbeiträgen und welche Themen sollte ich als Nächstes behandeln?*

In der Regel können die Vorschläge, die ChatGPT auf der Grundlage der Leistungsdaten liefert, Erkenntnisse hervorheben, die Ihnen auf den ersten Blick vielleicht entgehen würden. Außerdem verhindert dies, dass ChatGPT ständig dieselben Inhaltsthemen wiederholt. Auf diese Weise können Sie mit ChatGPT Ihre Content-Strategie fokussierter und effektiver gestalten.

Vertrieb und Lead-Generierung

Die meisten Vertriebsabläufe umfassen mehrere miteinander verbundene Schritte, darunter Kontaktaufnahme, Lead-Generierung, Nachverfolgung und Einwandbearbeitung. ChatGPT kann Ihnen Folgendes erleichtern:

- Entwerfen Sie effektive Nachrichten für die Kontaktaufnahme, indem Sie Ihre Zielgruppe und Ihr Angebot beschreiben und sich darauf konzentrieren, wie Ihr Produkt oder Ihre Dienstleistung ein konkretes Problem löst.
- Erstellen Sie Lead-Magneten wie Checklisten, Vorlagen oder kurze Leitfäden, die auf die Bedürfnisse Ihrer Zielgruppe zugeschnitten sind.
- Entwickeln Sie Fragen für Erstgespräche oder Verkaufsgespräche, mit denen Sie die Bedenken und Bedürfnisse Ihrer potenziellen Kunden aufdecken
- Bereiten Sie Antworten auf häufige Einwände vor, z. B. Bedenken hinsichtlich der Preisgestaltung oder des Zeitaufwands• Verfassen Sie Gesprächsleitfäden oder Skripte, damit Besprechungen stressfreier und produktiver verlaufen.

Hier ist ein Beispiel, das Sie für Ihre eigenen Outreach-Maßnahmen anpassen können:

> *Verfassen Sie eine E-Mail zur Kaltakquise für meine Webdesign-Dienstleistungen, die sich an lokale Fitnessstudios richtet. Konzentrieren Sie sich darauf, wie eine aktualisierte Website ihnen dabei hilft, neue Mitglieder zu gewinnen und die Kursplanung zu vereinfachen.*

Oder verwenden Sie diese anpassbare Vorlage, um Ihre eigene Vorlage zu erstellen:

> *Verfassen Sie eine E-Mail zur Kaltakquise für meine* ***[von Ihnen***

***angebotene Dienstleistung]** mit dem Ziel **[Zielkundenprofil]**. Konzentrieren Sie sich darauf, wie **[einzigartige Eigenschaft Ihres Produkts]** ihnen **[Vorteil Ihres Produkts für Ihre Zielkunden]** hilft.*

Planung, Strategie und Entscheidungsunterstützung

ChatGPT kann nützlich sein, wenn Sie über wichtige Entscheidungen nachdenken oder Ihre nächsten Schritte planen. Sie können es verwenden, um Ihre Geschäftsinitiativen für das Jahr festzulegen, zu entscheiden, welche Position Sie besetzen möchten, zu beurteilen, ob Sie einen Mitarbeiter entlassen sollten, der Ihnen in den letzten zwei Jahren Probleme bereitet hat, oder ob Ihre neue Produktidee Potenzial hat.

Erstellen eines Geschäftsplans

Wenn es an der Zeit ist, einen Geschäftsplan oder eine Präsentation zu erstellen, ist es hilfreich, zunächst Ihre Kernidee, Ihre Ziele, Ihren Zielmarkt und Ihren allgemeinen Ansatz zu skizzieren. ChatGPT kann Ihnen dann dabei helfen, jeden Abschnitt Ihres Plans auszuarbeiten und ihm Struktur und Klarheit zu verleihen, um einen gut organisierten und kohärenten Plan zu gewährleisten. Es kann Ihnen dabei helfen, Abschnitte über das Problem, das Sie lösen möchten, Ihre vorgeschlagene Lösung, Ihre Marktpositionierung, wichtige Forschungsergebnisse, Ihr Umsatzmodell und Ihre allgemeine Wachstumsstrategie zu entwerfen.

Ein neues Angebot oder eine neue Dienstleistung bewerten

Wenn Sie ein neues Angebot oder eine neue Dienstleistung in Betracht ziehen, beschreiben Sie zunächst klar Ihre Zielgruppe und Ihre Nische. Fügen Sie dies in ChatGPT ein und bitten Sie um Feedback zu Lücken, Positionierung oder Möglichkeiten, sich in Ihrer Nische abzuheben.

Sie können ChatGPT auch bitten:

- Identifizieren Sie, ob Kunden bereits nach dieser Lösung suchen
- Erkennen Sie Überschneidungen mit bereits angebotenen Produkten oder Dienstleistungen

- Listen Sie die Ressourcen auf, die Sie für die Einführung benötigen (Verkaufsseite, Onboarding, Liefersystem)
- Zeigen Sie mögliche Einwände von Käufern auf

Produktoptionen vergleichen

Sie können ChatGPT auch verwenden, um verschiedene Optionen zu bewerten, z. B. Softwaretools, Preismodelle oder Marketingkanäle. Beschreiben Sie, was Sie mit dem Tool oder der Strategie erreichen möchten, wie Sie es einsetzen werden und welche Einschränkungen bestehen (z. B. Ihr Budget, Ihre technischen Kenntnisse oder die Größe Ihres Teams). Vor diesem Hintergrund kann ChatGPT Ihnen helfen, eine Entscheidung zu treffen, indem es Ihnen die Vor- und Nachteile aufzeigt.

Kundenfeedback bewerten

Eine weitere praktische Anwendung ist das Sortieren großer Mengen von Kundenfeedback. Anstatt jede einzelne Bewertung und Beschwerde zu lesen, fügen Sie diese in ChatGPT ein und bitten Sie um eine Zusammenfassung der häufigsten Themen oder Probleme.

Hier ist ein Beispiel für eine Eingabe, die Sie verwenden könnten:

> *Nehmen Sie die Rolle eines Strategen ein. Helfen Sie mir, die Vor- und Nachteile eines Abonnementmodells gegenüber Einmalzahlungen für mein Unternehmen für digitale Designvorlagen abzuwägen.*

Achten Sie nur darauf, keine persönlichen Daten in ChatGPT einzugeben.

Einstellung und Einarbeitung

Als Unternehmer gehören die Einstellung und Einarbeitung neuer Mitarbeiter nicht zu den spannendsten Aufgaben und erscheinen oft nicht als die beste Nutzung Ihrer Zeit, wenn Sie noch tausend andere Dinge zu erledigen haben. So können Sie diese Prozesse vereinfachen.

Erstellen von Stellenbeschreibungen

Wenn Sie bereit sind, eine neue Stelle auszuschreiben, beschreiben Sie zunächst kurz die Position selbst, die wichtigsten Aufgaben und die erforderlichen Fähigkeiten. Ein oder zwei Sätze darüber, was Ihre Unternehmenskultur oder Ihr Arbeitsumfeld attraktiv macht, können ebenfalls hilfreich sein. Anschließend können Sie ChatGPT bitten, daraus eine klare und ansprechende Stellenanzeige zu erstellen. ChatGPT kann sogar Fragen für Vorstellungsgespräche vorschlagen, mit denen Sie sowohl die fachlichen Fähigkeiten als auch die Eignung eines Bewerbers für Ihr Team beurteilen können.

Einarbeitung neuer Mitarbeiter

Eine weitere praktische Anwendung ist die Einarbeitung neuer Teammitglieder oder Freiberufler. Sie können alles auflisten, was sie in den ersten Tagen oder Wochen wissen müssen, z. B. bestimmte Tools, Verfahren und Erwartungen. Lassen Sie ChatGPT dann eine übersichtliche Checkliste für die Einarbeitung erstellen, die auf ihre Rolle zugeschnitten ist. Ich habe festgestellt, dass ein detaillierter Einarbeitungsprozess den neuen Mitarbeitern hilft, sich schneller in ihre Rolle einzufinden. Er reduziert anfängliche Fehler und den Bedarf an Unterstützung. Dies trägt zur Mitarbeiterbindung bei und spart Ihnen langfristig Geld.

Hier ist ein praktisches Beispiel, das Sie als Ausgangspunkt verwenden können:

> *Erstellen Sie eine Onboarding-Checkliste für **[Rolle]**, die für **[Aufgabe]**, **[Aufgabe]** und **[Aufgabe]** verantwortlich sein wird.*

Entwicklung von SOPs

So wie FAQs und klar beschriebene Abläufe Ihren Kunden helfen, Ihre Produkte und Dienstleistungen besser zu verstehen, ermöglicht eine detaillierte Dokumentation interner Prozesse auch Ihren Mitarbeitern, Ihr Unternehmen effizient zu führen.

Wenn Sie Standardarbeitsanweisungen (SOPs) erstellen, beschreiben Sie zunächst Ihren üblichen Arbeitsablauf und lassen Sie ChatGPT diesen anschließend in klare Schritt-für-Schritt-Anleitungen umwandeln.

Diese Methode eignet sich besonders gut für wiederkehrende oder technische Aufgaben wie:

- das Hochladen neuer Website-Inhalte
- die Bearbeitung von Kundenbestellungen
- oder das Verwalten von Support-Tickets

Sie können diesen Ansatz auch nutzen, um interne Teamprozesse zu klären. Erklären Sie zum Beispiel, wie Ihr Team derzeit Projektübergaben oder Review-Zyklen organisiert, und lassen Sie ChatGPT daraus einen strukturierten Workflow mit einzelnen Schritten und Verantwortlichkeiten erstellen.

Beispiel-Prompt:

> *Hilf mir, eine Schritt-für-Schritt-SOP für* ***[Aufgabe oder Workflow]*** *zu erstellen, einschließlich* ***[wichtige Komponenten oder Überlegungen]****. Die SOP sollte so klar und detailliert sein, dass jemand mit* ***[Kompetenzstufe oder Rolle]*** *sie ohne vorheriges Training befolgen kann.*

Diese Aufgaben mögen für Sie selbstverständlich wirken, doch eine klare Dokumentation erhöht die Konsistenz, reduziert Fehler und beschleunigt die Einarbeitung neuer Mitarbeiter.

Erstellen eines ChatGPT-Implementierungsplans

Mir ist bewusst, dass alles in diesem Kapitel überwältigend sein kann. Möglicherweise möchten Sie alles auf einmal umsetzen, und das ist ein großartiges Ziel. Die unternehmensweite Implementierung von ChatGPT ist jedoch am effektivsten, wenn sie schrittweise erfolgt. Eine vollständige Umstellung auf einmal kann mehr Probleme verursachen, als sie für Sie und Ihr

Team löst. Unternehmer sollten KI nicht als Strategie, sondern als Werkzeug betrachten. Wie bei jeder anderen Veränderung in Ihrem Unternehmen sollten Sie einen Plan entwickeln und keine umfassenden Änderungen auf einmal umsetzen.

Sie können sich dabei an einem dreistufigen Plan orientieren:

Phase 1: Einen Arbeitsablauf identifizieren und verbessern

- Wählen Sie eine Aufgabe aus, die zu viel Zeit in Anspruch nimmt – etwas Repetitives, Manuelles oder häufig Verzögertes.
- Schreiben Sie auf, wie Sie diese Aufgabe derzeit erledigen.
- Bitten Sie ChatGPT, Ihnen bei der Verbesserung des Prozesses zu helfen.
- Testen Sie das neue System ein bis zwei Wochen lang. Optimieren Sie es anhand der Ergebnisse in der Praxis.

Phase 2: Dokumentieren und standardisieren

- Sobald der Arbeitsablauf zuverlässig funktioniert, dokumentieren Sie die Schritte und die verwendeten ChatGPT-Prompts.
- Speichern Sie diese in einem gemeinsamen Dokument oder SOP-System, damit andere sie nachvollziehen können.
- Entscheiden Sie anhand des Prompts und der Schritte, ob die Aufgabe bei Ihnen verbleiben oder an ein Teammitglied oder einen virtuellen Assistenten delegiert werden soll. Wenn Sie die Aufgabe delegieren möchten, schulen Sie die Person, an die Sie sie delegieren, so lange, bis sie sich sicher fühlt.

Phase 3: Schrittweise erweitern

- Wählen Sie den nächsten Bereich mit großer Wirkung aus. Auch hier gilt: etwas, das Zeit spart, Fehler reduziert oder die Ausführung beschleunigt.
- Wiederholen Sie den Prozess: Entwerfen, Testen, Verfeinern, Dokumentieren und Delegieren.
- Überprüfen Sie Ihr gesamtes System monatlich auf neue

Möglichkeiten, wie ChatGPT die Geschwindigkeit oder Konsistenz verbessern kann.

Dieser Plan funktioniert, weil er sich an die natürliche Art und Weise anpasst, wie Teams neue Tools und Prozesse einführen. Er sorgt für eine überschaubare Umsetzung und verhindert, dass Sie sich zu viel auf einmal vornehmen.

Übung: Wählen Sie eine Aufgabe aus, die Sie mit ChatGPT verbessern möchten

Sie werden die Phasen 1 und 2 des oben genannten Plans für nur eine Aufgabe durchführen. Sie müssen kein Unternehmer sein. Sie können dies auch tun, wenn Sie für jemand anderen arbeiten. Stellen Sie lediglich sicher, dass Sie ChatGPT für Ihre Arbeit nutzen dürfen.

1. Identifizieren Sie eine sich wiederholende oder zeitaufwändige Aufgabe in Ihrem Unternehmen oder Ihrer Arbeit.
2. Verwenden Sie ChatGPT, um diese Aufgabe zu vereinfachen, zu beschleunigen oder zu verbessern.
3. Verfeinern Sie den Prompt und die Schritte, bis Sie ein Ergebnis erzielen, mit dem Sie zufrieden sind.
4. Speichern Sie den Arbeitsablauf, damit Sie oder Ihr Team ihn wiederverwenden können.

Wenn Sie jetzt aufhören würden zu lesen, hätten Sie bereits alles, was Sie benötigen, um ChatGPT erfolgreich in Ihrem Unternehmen und Ihrem Leben einzusetzen. Das nächste Kapitel ist nicht erforderlich, um ChatGPT zu beherrschen. Sie lernen, wie Sie ein benutzerdefiniertes GPT erstellen, das bestimmte Aufgaben übernimmt und wiederholbare Ergebnisse liefert – nicht weil Sie es gerade benötigen, sondern damit Sie wissen, was möglich ist, wenn Sie bereit sind, den nächsten Schritt zu gehen. Dies ist von unschätzbarem Wert, wenn Sie bereit sind, ein *System* rund um ChatGPT aufzubauen, das konsistente Ergebnisse liefert. Betrachten Sie es als eine Vorschau auf das, was möglich ist, wenn Sie die Grundlagen beherrschen.

11

Das komplette ChatGPT-Schreibsystem

IN KAPITEL 4 haben Sie die Grundlagen der Erstellung schriftlicher Inhalte mit KI gelernt: wie Sie mit einem einfachen zweistufigen Prozess von einer leeren Seite zu einem vollständigen ersten Entwurf gelangen. Diese Grundlage war wichtig. Sie haben entdeckt, wie Sie mit KI Brainstorming betreiben, Gliederungen erstellen und erste Entwürfe generieren können, die tatsächlich menschlich klingen.

Die beiden Schritte, die Sie gelernt haben, sind eigentlich die ersten beiden Stufen eines vollständigen fünfstufigen professionellen Schreibsystems. Aber ich wollte Sie zu Beginn nicht mit dem gesamten Prozess überfordern. Jetzt, da Sie mit den Grundlagen vertraut sind, ist es an der Zeit, sich ein Gesamtbild zu verschaffen.

Aber jeder hat Zugang zu denselben Tools, sei es ChatGPT oder ein anderes dialogorientiertes KI-Tool wie Claude. Wenn Sie einfach nur auf „Generieren" klicken und veröffentlichen, was dabei herauskommt, sind Sie bereits im Rückstand. Das Internet ist überschwemmt mit mittelmäßigen KI-Inhalten. Leser erkennen generische ChatGPT-Texte sofort. Sie verlassen Websites, die mit roboterartiger Prosa gefüllt sind. Sie ignorieren E-Mails, die klingen, als wären sie von einer Maschine geschrieben worden.

Aber wenn Sie wissen, wie Sie mit KI wirklich wertvolle Inhalte erstellen, dann werden Sie echte Ergebnisse sehen. Ihre Blog-Beiträge werden geteilt. Ihre E-Mails erhalten Antworten. Ihre Angebote gewinnen Aufträge. Ihre sozialen Medien bauen echtes Engagement auf. Am wichtigsten ist, dass Ihre Inhalte das tun, was Sie von ihnen erwarten, sei es, Autorität aufzubauen, Kunden zu gewinnen oder den Umsatz zu steigern.

In diesem Kapitel entwickeln Sie Ihre KI-Schreibfähigkeiten weiter. Wir bauen auf den Grundlagen des Schreibens auf, die wir in Kapitel 4 gelegt haben, und ergänzen sie um ein professionelles System, das Ihre Texte von gut zu außergewöhnlich macht. Sie wissen bereits, wie Sie einen ersten Entwurf von der KI erhalten. Jetzt machen wir diesen Entwurf außergewöhnlich.

Das Erstellen eines ersten Entwurfs ist heute nur noch die Grundvoraussetzung. Professionelle Content-Ersteller wissen, dass großartiges Schreiben das Ergebnis von Überarbeitung, Verfeinerung und der Fähigkeit ist, sich an unterschiedliche Zielgruppen anzupassen. Dasselbe Prinzip gilt auch für die Arbeit mit KI, allerdings mit einem entscheidenden Unterschied: KI macht jede Phase schneller und systematischer, was Ihnen einen Vorteil verschafft, wenn Sie wissen, wie man sie richtig einsetzt. Wenn Sie diesen strukturierten Ansatz beherrschen, werden Sie Arbeiten produzieren, die die meisten anderen übertreffen.

Der 5-stufige KI-Schreibprozess

Erfahrene Autoren arbeiten in verschiedenen Phasen, und das KI-Schreiben folgt dem gleichen grundlegenden Ansatz. Dieser strukturierte Prozess führt durchweg zu besseren Ergebnissen, als wenn man Perfektion von einer einzigen Eingabe erwartet.

Erinnern Sie sich an die beiden Schritte aus Kapitel 4? So fügen sie sich in das Gesamtsystem ein:

- **Stufe 1: Planung** Was Sie in „Schritt 1" gelernt haben: Ideen sammeln, Struktur skizzieren, Wissenslücken identifizieren, Recherchen durchführen. Diese Grundlage bestimmt die Qualität aller folgenden Schritte.

- **Stufe 2: Entwurf** Was Sie in „Schritt 2" gelernt haben: Erstellen Sie den ersten Entwurf auf der Grundlage Ihrer Gliederung. Konzentrieren Sie sich darauf, Ideen festzuhalten, anstatt die Sprache oder den Fluss zu perfektionieren.

Fügen wir nun die drei Phasen hinzu, die aus einem guten Entwurf einen außergewöhnlichen Inhalt machen:

- **Stufe 3: Verfeinern** Überprüfen Sie Inhalt und Struktur. Ordnen Sie Abschnitte neu, erweitern Sie dünne Bereiche, entfernen Sie Redundanzen und stärken Sie Argumente.
- **Stufe 4: Überarbeitung** Straffen Sie die Sprache, vereinfachen Sie komplexe Sätze, überprüfen Sie Fakten und stellen Sie Konsistenz in Terminologie und Tonfall sicher.
- **Stufe 5: Optimierung** Passen Sie Inhalte für bestimmte Kanäle an. LinkedIn-Beiträge und E-Mail-Newsletter erfordern eine angemessene Formatierung und einen angemessenen Stil.

Der gesamte Prozess erfordert in der Regel eine konzentrierte Arbeitssitzung. Die gleiche Grundlage, die zu Ihrem Blogbeitrag wird, verwandelt sich in Ihren Newsletter, Ihre Social-Media-Serie und Ihre Kundenpräsentation. Jede Phase baut auf der vorherigen auf und schafft so einen klaren Weg vom groben Konzept zum ausgefeilten, kanalübergreifenden Inhalt.

Phase 3: Verfeinern und Erweitern

Die Planung und den Entwurf haben Sie bereits in Kapitel 4 vorgenommen. Konzentrieren wir uns nun darauf, was aus anständigen Inhalten außergewöhnliche Arbeit macht.

Phase 3 stärkt Ihren Inhalt, indem dünne Abschnitte erweitert, Übergänge verbessert und komplexe Vergleiche verdeutlicht werden. Jede Verfeinerung trägt zu einem kohärenteren Ganzen bei. Betrachten Sie die Verfeinerung als Verbesserung des eigentlichen Inhalts.

Die Verfeinerung umfasst in der Regel drei Bereiche: inhaltliche Tiefe, struktureller Ablauf und Klarheit der Darstellung. Der Schlüssel liegt darin, spezifische Schwächen anzugehen, anstatt einer starren Abfolge zu folgen.

Bevor Sie mit den Korrekturen beginnen, lesen Sie Ihren Entwurf wie ein verwirrter oder skeptischer Leser. Wo würden diese sich verloren, nicht überzeugt oder gelangweilt fühlen?

Auch hier können Sie KI als Editor einsetzen. Probieren Sie Eingabeaufforderungen wie *Lies diesen Abschnitt und sage mir, welche Fragen ein Leser noch haben könnte* oder *Welche Beispiele würden dieses Konzept verständlicher machen?* aus.

Manchmal entdeckt KI Lücken in der Logik oder fehlenden Kontext, den Sie aus Ihrer Nähe nicht erkennen.

Nehmen wir an, Ihr Artikelentwurf zum Thema Budgetierung erwähnt grundlegende Konzepte, aber es fehlen konkrete Details, die den Inhalt nützlich machen. Verwenden Sie einen gezielten Prompt für spezifische Verbesserungen:

> *Erweitern Sie den zweiten Abschnitt um ein Beispiel, das für Solopreneure relevant ist.*
>
> ***[Fügen Sie Ihren Entwurf aus Schritt 2 ein]***

Das KI-Tool fügt hinzu: „Ein freiberuflicher Grafikdesigner könnte beispielsweise 30 % seines Einkommens für Steuern zurücklegen und jeden Monat Geld beiseite legen, anstatt am Jahresende in Hektik zu verfallen. Er könnte separate Geschäftskonten verwenden, um abzugsfähige Ausgaben wie Software-Abonnements und Kundengespräche zu verfolgen."

Die Erweiterung liefert konkrete Details, mit denen sich die Leser identifizieren können.

Wenn Ihre Übergänge zwischen den Hauptpunkten nun etwas holprig wirken:

> *Verbessern Sie die Übergänge zwischen den Absätzen, um einen besseren Lesefluss zu erzielen.*

Die KI glättet die Verbindung: „Während die Erfassung von Ausgaben die Grundlage für eine gesunde Finanzlage bildet, besteht der nächste Schritt darin, diese Daten durch regelmäßige Überprüfungen in umsetzbare Erkenntnisse umzuwandeln."

Schließlich benötigt Ihr Vergleich möglicherweise ein visuelles Element, um die Übersichtlichkeit zu verbessern:

> *Fügen Sie eine Vergleichstabelle hinzu, in der die wichtigsten Erkenntnisse aus den drei genannten Ansätzen zusammengefasst sind.*

ChatGPT erstellt eine übersichtliche Tabelle, in der die traditionelle Budgetierung, die Zero-Based-Budgetierung und die 50/30/20-Regel verglichen und die Vor- und Nachteile der einzelnen Ansätze hervorgehoben werden.

In dieser Phase sind oft mehrere Prompt-Runden erforderlich, die jeweils auf den vorherigen Verbesserungen aufbauen. Überstürzen Sie den Prozess nicht. Gutes Schreiben entsteht durch wiederholtes Überarbeiten, unabhängig davon, ob Sie mit KI arbeiten oder nicht.

Phase 4: Bearbeiten und Vereinfachen

Nachdem Ihr Inhalt nun Substanz und Struktur hat, ist es an der Zeit, sich auf Klarheit, Prägnanz und Genauigkeit zu konzentrieren. Durch Verfeinern werden die Ideen selbst verbessert, durch Bearbeiten wird die Art und Weise verbessert, wie sie vermittelt werden. In der Bearbeitungsphase kürzen Sie überflüssige Wörter, straffen Ihre Sprache und überprüfen Ihre Fakten.

Sie könnten versucht sein, diesen Schritt zu überspringen, insbesondere wenn die Ausgabe von ChatGPT ausgefeilt aussieht. Aber durch das Bearbeiten werden gute Entwürfe zu großartigen Entwürfen. Hier erfahren Sie, wie Sie vorgehen können, auch wenn Sie noch nie zuvor Ihre eigenen Texte bearbeitet haben.

1. Machen Sie es klar und direkt

KI produziert oft wortreiche Sätze, die den Hauptpunkt verschleiern. Ihre Aufgabe ist es, das Überflüssige zu streichen. Wenn Sie einen Absatz finden, der ausschweifend ist, oder seltsame Satzstrukturen, die nicht der Art und Weise entsprechen, wie Menschen sprechen oder schreiben, bitten Sie Ihr KI-Tool, Ihnen dabei zu helfen, ihn zu straffen.

Hier ist ein kurzes Beispiel für einen Text, der von etwas Bearbeitung profitieren könnte:

„Wenn es darum geht, Ihre Finanzen effektiv zu verwalten, ist eines der wichtigsten Dinge, die Sie tun können, sicherzustellen, dass Sie alle Ihre Ausgaben regelmäßig im Blick behalten – ob groß oder klein –, denn so verstehen Sie, wohin Ihr Geld fließt."

Beginnen Sie mit diesem Prompt:

> *Sie sind Lektor. Straffen Sie den Textabschnitt sprachlich, damit er prägnanter und aktiver wirkt. Entfernen Sie Füllphrasen und halten Sie ihn unter 150 Wörtern.*

Das überarbeitete Ergebnis könnte so lauten:

„Verfolgen Sie jede Ausgabe, ob groß oder klein. Diese einfache Gewohnheit zeigt Ihnen genau, wohin Ihr Geld fließt."

2. Entfernen Sie vage oder überflüssige Inhalte

KI-Tools (und die meisten Autoren) verwenden oft Sätze, die zwar gut klingen, aber keine wirklichen Informationen enthalten. Das sind vage oder überflüssige Sätze. Sie verlangsamen Ihr Schreiben und können Ihre Leser verwirren.

Beispiele für vage/Füllinhalte:

- „In der schnelllebigen Welt von heute ist es wichtig, produktiv zu bleiben."

- „Es ist wichtig, in Ihrem Unternehmen gute Strategien anzuwenden.“
- „Es gibt viele Möglichkeiten, sich zu verbessern.“

So beheben Sie das Problem:

- Suchen Sie nach Sätzen, die zu allgemein sind, denselben Punkt wiederholen oder in fast jedem Artikel vorkommen könnten.
- Ersetzen Sie sie durch konkrete Angaben, Beispiele oder tatsächliche Tipps.
- Wenn ein Satz Ihrem Leser nicht hilft, etwas zu tun oder zu verstehen, streichen Sie ihn einfach.

Und hier ist ein Prompt, mit dem Sie ChatGPT bitten können, verbesserungswürdige Textstellen zu finden und Bearbeitungsvorschläge zu machen:

> *Überprüfen Sie diesen Entwurf und markieren Sie alle Sätze, die vage oder repetitiv sind oder keine nützlichen Informationen enthalten. Schlagen Sie Änderungen vor, um sie klarer oder konkreter zu formulieren.*

3. Überprüfen Sie den Text auf Wiederholungen und Fachjargon

Wiederholungen schwächen Ihre Botschaft. Achten Sie beim Überprüfen Ihres Entwurfs auf Konzepte, die mehrfach erklärt werden, oder ähnliche Punkte, die in verschiedenen Abschnitten angesprochen werden. Fassen Sie diese zu einer aussagekräftigen Erklärung zusammen. Berücksichtigen Sie den Kenntnisstand Ihrer Zielgruppe und definieren Sie Begriffe entsprechend. Wenn Sie über Investitionen für Anfänger schreiben, benötigen Begriffe wie „Marktkapitalisierung“ einen Kontext. Für erfahrene Anleger können dieselben Begriffe für sich allein stehen.

Prompt:

> *Welche Teile dieses Blogbeitrags wirken wiederholend oder unklar? Schlagen Sie konkrete Änderungen vor.*

4. Passen Sie Ihren Ton an

Stellen Sie sicher, dass Ihr Text für Ihre Leser angemessen klingt. Wenn Ihre Einleitung zu salopp oder für Ihre Zielgruppe zu formell klingt, bitten Sie die KI um Vorschläge zum Tonfall.

Prompt:

> *Passt dieser Tonfall zu einer beruflichen Zielgruppe? Wenn nicht, welche Änderungen würden ihn angemessener machen?*

Wenn Sie nicht weiterwissen, wie Sie etwas formulieren sollen, kämpfen Sie nicht alleine. Fügen Sie den ungeschickten Satz ein und fragen Sie: *„Gib mir drei verschiedene Möglichkeiten, dies klarer auszudrücken."* Oft passt eine der Optionen perfekt oder inspiriert Sie zu einer eigenen, verbesserten Version.

5. Überprüfen Sie Ihre Fakten

KI kann Fehler machen oder veraltete Informationen verwenden, überprüfen Sie daher immer wichtige Details:

- Vergleichen Sie Statistiken mit der Originalquelle (z. B. Pew Research oder einer Regierungswebsite).
- Bestätigen Sie die Angaben des Unternehmens auf dessen offiziellen Websites.
- Überprüfen Sie alles, was sich häufig ändert, wie z. B. Zinssätze.
- Stellen Sie sicher, dass Ihre Empfehlungen noch aktuell sind.

Wenn Sie sich hier ein paar Minuten Zeit nehmen, bewahren Sie Ihre Glaubwürdigkeit und stärken das Vertrauen Ihrer Leser in Ihre Arbeit.

Phase 5: Optimieren und Wiederverwenden

Nachdem Ihre Inhalte fertig sind, ist es an der Zeit, sie der Öffentlichkeit zu präsentieren. Aber was auf LinkedIn hervorragend funktioniert, kann auf X (Twitter) völlig daneben gehen. Jede Plattform hat ihre eigene Persönlichkeit und Erwartungen, und wenn man sich daran anpasst, funktioniert die Verbreitung tatsächlich.

Ein einziger Inhalt kann Ihren gesamten Marketingkalender beflügeln. Dieser umfassende Blogbeitrag wird zu einer LinkedIn-Serie, einem E-Mail-Newsletter, einem Tweet-Thread und Ihrem nächsten Podcast-Entwurf. Jedes Format vermittelt die gleiche Kernbotschaft an unterschiedliche Zielgruppen in der von ihnen bevorzugten Form.

Wiederverwendung bedeutet, zu verstehen, was jede Plattform verlangt. LinkedIn bevorzugt professionelle Einblicke und längere Diskussionen. X belohnt prägnante, aussagekräftige Aussagen. E-Mails benötigen überzeugende Betreffzeilen. KI kann Ihnen dabei helfen, diese plattformspezifischen Anforderungen zu erfüllen und gleichzeitig die Integrität Ihrer Botschaft zu wahren.

Die Anforderungen der Plattformen ändern sich ständig. Anstatt sich Zeichenbeschränkungen und Best Practices zu merken, fragen Sie einfach die KI nach den aktuellen Richtlinien, wenn Sie sie benötigen. LinkedIn-Beiträge können beispielsweise bis zu 3.000 Zeichen lang sein, X erlaubt 280 Zeichen und E-Mail-Betreffzeilen funktionieren am besten mit weniger als 50 Zeichen.

Beispiele für Prompts:

- *Sie sind LinkedIn-Stratege. Verwandeln Sie diesen Blogbeitrag in eine 5-teilige LinkedIn-Serie mit professionellem Ton und klaren Schlussfolgerungen.*
- *Fassen Sie diesen Blogbeitrag in einem Tweet-Thread mit 5 Tweets zusammen und wecken Sie dabei die Neugierde der Leser.*
- *Verfassen Sie einen überzeugenden SEO-Titel und eine Meta-Beschreibung, die das Schlüsselwort „Strategien für die digitale Transformation" enthalten.*

Die Verbreitung erfordert die gleiche strategische Aufmerksamkeit wie die Erstellung von Inhalten. Die richtige Plattformoptimierung, von der Formatierung über die Überschriften bis hin zu Prompts, entscheidet oft darüber, ob Inhalte die beabsichtigte Wirkung erzielen oder übersehen werden.

Der fünfstufige Arbeitsablauf hilft Ihnen, effektiver mit KI zu arbeiten. Wenn Sie Strategie, Ideenfindung, Entwurf, Bearbeitung und Optimierung in verschiedene Phasen unterteilen, erhält jede einzelne die Aufmerksamkeit, die sie verdient. Keine kognitive Überlastung mehr durch das Abwägen konkurrierender Prioritäten, sondern ein klarer Übergang von einer Phase zur nächsten.

Ihre Inhalte werden prägnanter, weil Sie nicht versuchen, den Ton zu perfektionieren, während Sie noch die Kernbotschaft herausarbeiten. Auch die KI arbeitet besser, weil Sie ihr jeweils eine klare Aufgabe geben. Und Ihr Endprodukt klingt wie Sie, nicht wie alle anderen KI-generierten Texte da draußen.

Szenarien aus der Praxis

Hier sind zwei praktische Beispiele für den fünfstufigen Arbeitsablauf in der Praxis. Beide zeigen realistische Zeitpläne und messbare Ergebnisse, die Sie in Ihrer eigenen Arbeit erzielen können.

Starten Sie einen wöchentlichen Blog + Newsletter

Wenn Sie ein Solopreneur sind, der konsistente Inhalte benötigt, macht dieser Arbeitsablauf die wöchentliche Veröffentlichung überschaubar:

Beginnen Sie mit der Planung von Themen auf der Grundlage von Zielgruppenrecherchen. Wenn Ihr Inhaltskalender die tatsächlichen Bedürfnisse der Menschen widerspiegelt, erfüllt jedes Stück einen Zweck. Sie haben einen Fahrplan, der Ihnen die Panik am Sonntagabend erspart, was Sie schreiben sollen.

Erstellen Sie jeden Montag einen Rohentwurf anhand einer strukturierten Vorlage, die Ihr Fachwissen einbezieht. Anstatt vor einem leeren Blatt zu sitzen, beginnen Sie mit nützlichen Inhalten, die Sie weiter ausarbeiten können.

Verleihen Sie ihnen Ihre persönliche Note. Fügen Sie persönliche Geschichten und Erkenntnisse hinzu, die KI nicht erstellen kann. Ihre Leser wollen Ihre Perspektive, keine allgemeinen Ratschläge.

Überarbeiten Sie den Text, um ihn klarer zu gestalten, und fügen Sie einen

Call-to-Action hinzu. Diese letzte Überarbeitung verwandelt gute Inhalte in Beiträge, die den Lesern helfen, ihre Probleme zu lösen.

Verwandeln Sie diesen einen Beitrag in eine E-Mail, X-Threads und einen LinkedIn-Beitrag. Ihre Inhalte erreichen mehr Menschen auf verschiedenen Plattformen, ohne dass Sie jedes Mal von vorne anfangen müssen. Was früher die Hälfte Ihres Arbeitstages in Anspruch genommen hat, wird nun zu einem reibungslosen, überschaubaren Prozess.

Durch regelmäßige wöchentliche Veröffentlichungen bauen Sie das Vertrauen Ihrer Leser auf. Wenn Menschen wissen, dass sie sich auf praktische Einblicke von jemandem verlassen können, der ihre Herausforderungen versteht, werden sie zu engagierten Followern. Dieses beziehungsbasierte Wachstum schafft mehr Möglichkeiten als jede schnelle Taktik.

Schreiben Sie Kundenangebote, die zu neuen Kunden führen

Dieser Workflow reduziert den Zeitaufwand für Freiberufler oder Berater, die zu viele Stunden mit der Erstellung von Angeboten verbringen.

Planen Sie die Struktur Ihres Angebots mit KI, die die Branche Ihres Kunden versteht. Sie können sofort loslegen, sprechen ihre Sprache und gehen die Probleme an, die ihnen schlaflose Nächte bereiten.

Erstellen Sie einen maßgeschneiderten ersten Entwurf anhand Ihrer Kundennotizen und Informationen zu früheren Projekten. Sie erhalten einen gut geschriebenen Entwurf, der alle wichtigen Punkte abdeckt, sodass Sie mehr Zeit für die Anpassung und Strategieentwicklung aufwenden können.

Fügen Sie konkrete Beispiele hinzu, die direkt auf die Probleme Ihrer Kunden eingehen. Zeigen Sie ihnen, dass Sie ihre individuelle Situation verstehen und nicht nur die allgemeinen Herausforderungen der Branche, die jeder erwähnt.

Polieren Sie den Entwurf, um ihn klar und professionell zu gestalten, ohne dabei Ihre authentische Stimme zu verlieren. Der richtige Ton schafft Vertrauen in Ihre Fähigkeiten und hilft Ihnen, Ihre Preise auf natürliche Weise zu rechtfertigen.

Optimieren Sie Ihre Einleitung und Ihren Call-to-Action für die Konversion oder erstellen Sie in Sekundenschnelle Folge-E-Mails. Sie verbessern Ihre Erfolgsquote, ohne zusätzliche Stunden zu investieren.

Bessere Angebote, die schneller erstellt werden, bedeuten mehr Zeit für die Pflege von Beziehungen und die Gewinnung neuer Kunden.

Ihre Prompt-Bibliothek nach Phase

Halten Sie diese für Ihr nächstes Schreibprojekt bereit:

Planungs-Prompts

- *Brainstorming zu 10 Blickwinkeln für **[Thema]**, die **[Zielgruppe]** interessieren würden*
- *Erstellen Sie eine Gliederung für einen **[Länge]** Artikel über **[Thema]** mit **[#]** Hauptabschnitten.*
- *Was sind die drei wichtigsten Einwände, die Leser zu **[Thema]** haben könnten?*

Entwurfsanweisungen

- *Schreiben Sie einen **[Länge]** Entwurf über **[Thema]** für **[Zielgruppe]**. Verwenden Sie diese Gliederung: **[Gliederung]***
- *Erstellen Sie eine ansprechende Einleitung für einen Artikel über **[Thema]**, die mit einer überraschenden Tatsache beginnt.*
- *Schreiben Sie diesen Abschnitt in einem **[Ton]** Tonfall: **[Abschnittsdetails]***

Verfeinerungsanweisungen

- *Fügen Sie ein relevantes Beispiel hinzu, um diesen Punkt zu veranschaulichen:* ***[Punkt]***
- *Schaffen Sie einen fließenden Übergang zwischen diesen beiden Absätzen:* ***[Absatz 1] [Absatz 2]***
- *Erweitern Sie diesen Abschnitt um genauere Details:* ***[Abschnitt]***

Anweisungen zum Bearbeiten

- *Formulieren Sie diesen Absatz prägnanter, ohne dabei an Bedeutung zu verlieren:* ***[Absatz]***
- *Identifizieren Sie sich wiederholende Inhalte in diesem Text:* ***[Inhalt]***
- *Formulieren Sie diesen Satz in der aktiven Form um:* ***[Satz]***

Optimierungsanweisungen

- *Verwandeln Sie dies in einen LinkedIn-Beitrag mit einem starken Aufhänger:* ***[Inhalt]***
- *Erstellen Sie 5 Tweet-Varianten dieses Hauptpunkts:* ***[Punkt]***
- *Schreiben Sie einen SEO-optimierten Titel und eine Meta-Beschreibung für:* ***[Thema]***

Übung: Vervollständigen Sie Ihren fünfstufigen Blogbeitrag

Nachdem wir nun den gesamten fünfstufigen Prozess durchgearbeitet haben, ist es an der Zeit, diese fortgeschrittenen Techniken auf Ihre eigenen Inhalte anzuwenden.

Erinnern Sie sich an den Blogbeitrag-Entwurf, den Sie in Kapitel 4 erstellt haben? Nun werden Sie ihn mithilfe der letzten drei Stufen in einen professionellen Inhalt verwandeln.

Öffnen Sie Ihren gespeicherten Entwurf und arbeiten Sie ihn durch:

Stufe 3: Verfeinern

- Fügen Sie mindestens ein konkretes Beispiel oder eine Fallstudie hinzu.
- Verbessern Sie die Übergänge zwischen Ihren Hauptpunkten.
- Erweitern Sie alle Abschnitte, die Ihnen zu dünn oder überstürzt erscheinen
- Erwägen Sie, Daten, Statistiken oder Zitate von Experten hinzuzufügen

Stufe 4: Bearbeiten

- Kürzen Sie Ihre Wortzahl um mindestens 20 %, indem Sie Füllwörter entfernen
- Korrigieren Sie passive Formulierungen und Unternehmensjargon
- Achten Sie auf einen einheitlichen Ton
- Überprüfen Sie alle Fakten und Behauptungen, die Sie aufgestellt haben
- Verwenden Sie KI, um Ihre Arbeit zu überprüfen: *Weisen Sie auf Sätze hin, die klarer oder prägnanter formuliert werden könnten*

Phase 5: Optimierung

Erstellen Sie drei Versionen:

- Einen LinkedIn-Beitrag, in dem Sie Ihre wichtigste Erkenntnis hervorheben
- Eine E-Mail-Newsletter-Version mit einer überzeugenden Betreffzeile
- Einen Twitter-/X-Thread, in dem Sie Ihre wichtigsten Punkte aufschlüsseln

Vergleichen Sie Ihre Ergebnisse:

- Wie unterscheidet sich Ihre endgültige Version vom ursprünglichen Entwurf?
- In welcher Phase wurden die größten Verbesserungen erzielt?
- Welche Prompts haben für Ihren Schreibstil am besten funktioniert?

Diese Übung zeigt Ihnen die volle Leistungsfähigkeit des fünfstufigen Systems. Sie werden genau sehen, wie professionelle Autoren Rohentwürfe in ausgefeilte, kanalübergreifende Inhalte verwandeln, die Ergebnisse liefern.

Sie verfügen nun über ein strukturiertes System zur Erstellung durchdachter, flexibler und hochwertiger Inhalte mit KI. Dieser fünfstufige Arbeitsablauf verwandelt das Schreiben von einer stressigen Aufgabe in einen klaren, überschaubaren Prozess mit Ergebnissen, auf die Sie sich verlassen können.

Behalten Sie diesen Blogbeitrag gut auf. Im zweiten Buch dieses Sammelbandes werden Sie ihn erneut verwenden, um daraus visuelle Inhalte wie Bilder und Videos zu erstellen und zu lernen, wie man Texte in größere, multimediale Projekte integriert.

12

Eigene GPTs: Spezialisierte ChatGPT-Tools erstellen

DAS REGULÄRE CHATGPT eignet sich hervorragend für allgemeine Anfragen, aber mit **benutzerdefinierten GPTs** können Sie spezialisierte ChatGPT-Versionen erstellen, die bestimmte Aufgaben ganz nach Ihren Vorstellungen ausführen.

Sie müssen Ihre Anforderungen nicht bei jedem Gespräch erneut erklären. Anstatt den Kontext in jedem Prompt zu wiederholen, legen Sie ihn bei der Einrichtung einmal fest. Ihr benutzerdefiniertes GPT kennt bereits Ihren Prozess, Ihren Stil und Ihre Standards. Es folgt Ihren Richtlinien konsequent, ohne dass Sie ihn jedes Mal erneut angeben müssen.

Um Ihnen einige Ideen zu geben, finden Sie hier einige Beispiele, wie andere GPTs nutzen:

- Einzelunternehmer und Content-Strategen verfassen Marketinginhalte in einem bestimmten Markentonfall mithilfe von Vorlagen.
- Finanzberater teilen ihre Anlagephilosophie konsistent mit.
- Lehrer erklären komplexe Konzepte auf verschiedene Weise.
- Lebensberater bieten zwischen den Sitzungen Unterstützung basierend auf ihrer Methode an.

- Einzelpersonen nutzen GPTs, um ihre persönlichen und beruflichen Ziele besser zu verfolgen.
- Eltern erstellen mit den Lieblingsfiguren ihrer Kinder individuelle Gutenachtgeschichten.
- Arbeitssuchende passen Lebensläufe und Anschreiben an bestimmte Stellen an
- Immobilienmakler verfassen Immobilienbeschreibungen anhand von Angebotsdetails.
- Personalabteilungen beantworten Fragen von Mitarbeitern anhand von Richtlinienhandbüchern.
- Forscher fassen Artikel zusammen und identifizieren Forschungszusammenhänge.
- Hobbyköche passen Rezepte an Ernährungsbeschränkungen an.
- Studierende erstellen Lernhilfen aus ihren Vorlesungsnotizen
- Fitnessbegeisterte erstellen Trainingspläne auf der Grundlage ihrer Ausrüstung

Wenn Sie sich die Zeit nehmen, darüber nachzudenken (oder ChatGPT zu fragen), gibt es unzählige Möglichkeiten. Lassen Sie uns jetzt gemeinsam Ihr eigenes Projekt entwickeln und umsetzen.

So entwerfen und erstellen Sie Ihr erstes individuelles GPT

Der Aufbau eines nützlichen benutzerdefinierten GPT beginnt damit, dass Sie sich darüber klar werden, welches Problem Sie lösen möchten. Beginnen Sie mit einer bestimmten Aufgabe, die Ihr GPT übernehmen soll. Ich habe die Erfahrung gemacht, dass spezialisierte GPTs deutlich besser funktionieren als solche, die alles können sollen. Versuchen Sie nicht, Ihrem GPT zu viele Aufgaben zuzuweisen, sonst macht es am Ende nichts richtig.

Denken Sie über folgende Fragen nach: Welche sich wiederholenden Aufgaben kosten Sie jeden Tag Zeit? Welche Erklärungen geben Sie immer wieder? Welche Antworten könnten Sie standardisieren, um sich Arbeit zu ersparen?Vielleicht ist es das Bearbeiten von Blogbeiträgen, das Verfassen von Social-Media-Inhalten, das Beantworten derselben fünf Kundenfragen jeden Tag oder das Erklären Ihres Fachgebiets gegenüber Neulingen. Wenn Sie in

Kapitel 7 Vorlagen für wiederkehrende Aufgaben erstellt haben, könnten diese Ihnen wertvolle Anhaltspunkte für nützliche benutzerdefinierte GPTs liefern.

Schritt-für-Schritt-Anleitung zur Erstellung eines GPT

Ein benutzerdefiniertes GPT zu erstellen ist überraschend einfach, sobald Sie die einzelnen Schritte kennen. ChatGPT Plus-Abonnenten haben alles, was sie benötigen, um sofort mit der Erstellung zu beginnen.

Melden Sie sich bei ChatGPT an und suchen Sie in der Seitenleiste nach „GPTs". Klicken Sie darauf und wählen Sie dann oben rechts die Schaltfläche „+ Erstellen". Schon können Sie loslegen.

Sie sehen zwei Optionen: Erstellen und Konfigurieren. Ich empfehle den Konfigurationsmodus, da Sie damit mehr Kontrolle haben. Sie erhalten direkten Zugriff auf alle Einstellungen und verstehen genau, wie Ihr GPT funktioniert.

Lassen Sie uns die einzelnen Abschnitte im Konfigurationsmodus durchgehen:

1. Name und Beschreibung

Wählen Sie einen aussagekräftigen Namen, der sofort erkennen lässt, was Ihr GPT macht, oder einen Namen, den Sie sich gut merken können.

Gute Beispiele:

- „E-Mail-Newsletter-Autor"
- „Produktbeschreibungsgenerator"
- „Zusammenfasser von Besprechungsnotizen"

Weniger hilfreich:

- „Content-Assistent"
- „Mein Helfer"
- „SuperBot 3000"

Ihre Beschreibung sollte in ein bis zwei Sätzen erklären, was das GPT macht. Beispiel: „Erstellt ansprechende E-Mail-Newsletter für kleine Unternehmen, vermittelt einen freundlichen, professionellen Ton und hebt wichtige Produkte sowie Ankündigungen hervor.“

2. Anweisungen

Hier teilen Sie Ihrem GPT genau mit, was es tun soll, wie es schreiben oder antworten soll, welches Format es verwenden soll und welche Regeln es befolgen muss. Je präziser Sie hier sind, desto besser erfüllt Ihr GPT die gewünschten Aufgaben.

Folgende Elemente sollten enthalten sein:

- Eine klare Beschreibung seines Zwecks (Welche spezifische Aufgabe erfüllt dieser GPT?)
- Richtlinien für Ton und Persönlichkeit (formell oder informell? ermutigend oder direkt?)
- Arten von Anfragen, die er am besten bearbeiten kann (Bearbeiten? Von Grund auf neu schreiben? Überprüfen?)
- Wie soll er reagieren, wenn er sich unsicher ist (um Klarstellung bitten? Seine beste Vermutung äußern?)
- Ethische Grenzen oder inhaltliche Einschränkungen (zu vermeidende Themen? Informationen, die niemals weitergegeben werden dürfen?)

Denken Sie beim Verfassen der Anweisungen über Folgendes nach:

- Alle spezifischen Informationen, die Ihr GPT wissen muss (Produktdetails für den geschäftlichen Gebrauch, persönliche Präferenzen für den individuellen Gebrauch)
- Häufig auftretende Fragen oder Szenarien
- Ihr bewährter Prozess zur Erledigung dieser Aufgabe
- Beispiele für Arbeiten, die Sie als hervorragend erachten

Setzen Sie außerdem klare Grenzen:

- Themen, die vollständig vermieden werden sollten

- Aussagen, die nicht getroffen werden sollten
- Vertrauliche Informationen, die geschützt werden müssen
- Bereiche, die fachliche Qualifikationen erfordern (Gesundheit, Recht, Finanzberatung)
- Sprache oder Ratschläge, die Ihren Werten widersprechen

Formulieren Sie konkrete Anweisungen, wie zum Beispiel:

Bearbeiten Sie meinen Text so, dass er klar und ansprechend ist. Behalten Sie meinen lockeren, aber informativen Ton bei. Korrigieren Sie Grammatikfehler und verbessern Sie den Lesefluss, ohne meinen Stil zu verändern. Schlagen Sie stärkere Formulierungen vor, wenn meine sich wiederholen oder zu schwach sind.

Wenn Sie unsicher sind, können Sie auch das reguläre ChatGPT nutzen, um Unterstützung bei der Formulierung detaillierter Anweisungen für Ihren eigenen GPT zu erhalten.

3. Gesprächsstarter

Schreiben Sie 3–5 Beispielfragen, die den Benutzern zeigen, wie sie effektiv interagieren können. Diese helfen den Benutzern, die besten Ergebnisse zu erzielen.

Überlegen Sie sich, was Sie am häufigsten fragen werden. Wenn Sie ein GPT erstellen, um Ihre Blogbeiträge zu bearbeiten, könnten Ihre Starter beispielsweise lauten:

- *Bearbeiten Sie diesen Blogbeitrag.*
- *Gestalten Sie dies ansprechender.*
- *Überprüfen Sie die Grammatik und den Lesefluss.*
- *Schlagen Sie eine bessere Überschrift vor.*
- *Kürzen Sie dies auf 500 Wörter.*

Diese Gesprächsstarter erscheinen als Schaltflächen über dem Chatfenster, sodass Sie häufige Anfragen schnell auswählen können.

4. Wissen

Laden Sie Dokumente hoch, auf die Ihr GPT verweisen soll. Dies ist ideal, um Ihrem GPT Ihren spezifischen Schreibstil, Ihre Präferenzen oder häufig benötigte Informationen beizubringen.

Wissensdateien machen Ihr GPT einzigartig. Sie ermöglichen es Ihrem GPT, bei der Beantwortung von Fragen direkt auf Ihre Dokumente zuzugreifen und Ihre speziellen Methoden und Fachkenntnisse einzubeziehen.

Sie können PDF-Dateien, Word-Dokumente, PowerPoint-Präsentationen, Excel-Dateien und reinen Text hochladen. Laden Sie keine sensiblen oder vertraulichen Informationen hoch, es sei denn, Sie sind sicher, dass diese den Datenrichtlinien und Datenschutzstandards Ihres Unternehmens entsprechen. Benutzerdefinierte GPTs sind nicht für die Speicherung oder Sicherung regulierter Daten vorgesehen.

Das Hinzufügen von Dateien erfordert nur wenige Klicks. Klicken Sie im Abschnitt „Wissen" auf „Dateien hochladen" und wählen Sie Ihre Dokumente aus. Es gelten einige Einschränkungen hinsichtlich Dateigröße und -anzahl, priorisieren Sie daher Ihre wichtigsten Materialien. Auch wenn Sie Dokumente hochladen, kann es vorkommen, dass GPTs Details übersehen oder falsch interpretieren. Überprüfen Sie daher stets kritische Ergebnisse.

Eine klare Struktur hilft Ihrem GPT, Materialien effektiv zu nutzen. Strukturieren Sie Ihre Dokumente mit klaren Überschriften und Unterüberschriften. Verwenden Sie Aufzählungspunkte für Listen. Stellen Sie Daten in Tabellen dar. Platzieren Sie wichtige Informationen möglichst am Anfang, statt sie in langen Absätzen zu verstecken.

Umfangreiche Dokumente lassen sich oft besser in einzelne Abschnitte unterteilen. So kann GPT bestimmte Informationen schneller finden. Geben Sie den Dateien aussagekräftige Namen, die ihren Inhalt klar wiedergeben.

5. Funktionen

Aktivieren Sie das Surfen im Internet, die Bilderstellung oder die Code-Interpretation – je nachdem, was Ihr GPT können soll.

Beachten Sie, dass benutzerdefinierte GPTs nicht alles können. Sie greifen nicht auf Live-Daten zu, außer wenn Sie das Surfen im Internet aktivieren. Sie können keine E-Mails senden oder sich bei Konten anmelden. Und manchmal übersehen sie Feinheiten in komplexen Dokumenten, die Sie hochladen.

Beispiel: Entwurf von E-Mail-Antworten

So funktionieren alle fünf Konfigurationsfelder zusammen für ein GPT, das E-Mail-Antworten entwirft:

Name: Entwurf für E-Mail-Antworten

Beschreibung: Verfasst professionelle, freundliche E-Mail-Antworten. Behält einen einheitlichen Ton bei, geht auf alle im Original-E-Mail angesprochenen Punkte ein und berücksichtigt den Kontext.

Anweisungen: Sie helfen beim Verfassen von E-Mail-Antworten, die professionell und dennoch freundlich sind. Wenn Sie eine E-Mail zur Beantwortung erhalten, gehen Sie wie folgt vor:

- auf jeden im Original-E-Mail-Text angesprochenen Punkt eingehen
- Halten Sie die Antworten prägnant, aber ausführlich (maximal 3–5 Absätze).
- Verwenden Sie einen freundlichen, professionellen Ton, der Beziehungen aufbaut
- Beginnen Sie gegebenenfalls mit einer kurzen Bestätigung oder einem Dankeschön.
- Schließen Sie mit einem klaren nächsten Schritt oder einer Schlussformel.
- Vermeiden Sie Fachjargon und übermäßig formelle Sprache.
- Passen Sie den Grad der Formalität an den der eingegangenen E-Mail an.

- Markieren Sie alle Punkte, zu denen ich keine spezifischen Informationen bereitgestellt habe.
- Machen Sie niemals Zusagen zu Zeitplänen oder Preisen, ohne diese zuvor zu überprüfen.
- Wenn Sie sich über Details unsicher sind, bitten Sie um Klärung, anstatt zu raten.

Organisieren Sie die Informationen beim Verfassen von Antworten logisch und verwenden Sie kurze Absätze, um die Lesbarkeit zu verbessern. Fügen Sie einen Vorschlag für die Betreffzeile hinzu, wenn sich das Thema gegenüber der ursprünglichen E-Mail geändert hat.

Konversationsstarter:

- *Entwerfen Sie eine Antwort auf diese E-Mail.*
- *Helfen Sie mir, diese Anfrage höflich abzulehnen.*
- *Schreiben Sie eine Antwort auf unsere letzte Konversation.*
- *Erstellen Sie eine Dankesantwort.*
- *Entwerfen Sie eine E-Mail, um ein Meeting zu vereinbaren.*

Wissen: (Laden Sie alle relevanten Dateien hoch, z. B. Ihre E-Mail-Vorlagen, häufig gestellte Fragen und Antworten, Ihre bevorzugten Schlussformeln oder Beispiele für gut geschriebene E-Mails in Ihrem Stil)

Fähigkeiten: Für diesen GPT sind keine erforderlich – er konzentriert sich ausschließlich auf das Verfassen von Textantworten.

Dieses Beispiel zeigt, wie die einzelnen Felder sich gegenseitig ergänzen, um einen fokussierten, praktischen GPT zu erstellen, der eine häufig wiederkehrende Aufgabe effektiv erledigt.

Testen und Verfeinern

Testen Sie Ihre GPT nach der Erstellung gründlich. Stellen Sie verschiedene Fragen, um zu sehen, wie sie reagiert. Überprüfen Sie, ob sie den richtigen Ton beibehält und Ihren Anweisungen folgt. Wenn Sie Probleme feststellen, kehren Sie zu „Konfigurieren" zurück und verfeinern Sie die Anweisungen, bis die Leistung Ihren Erwartungen entspricht.

Testen Sie, ob Ihr GPT tatsächlich die von Ihnen hochgeladenen Materialien verwendet. Stellen Sie Fragen, bei denen es auf Ihre Dokumente verweisen muss. Wenn Sie allgemeine Antworten erhalten, die eindeutig nicht mit den von Ihnen bereitgestellten Informationen übereinstimmen, hilft es in der Regel, Folgendes zu tun:

- Aktualisieren Sie die Anweisungen und weisen Sie das GPT ausdrücklich an, Ihre Wissensdateien zu lesen.
- Strukturieren Sie Dokumente neu, um wichtige Informationen hervorzuheben.
- Stellen Sie spezifischere Fragen, die sich direkt auf Ihre hochgeladenen Inhalte beziehen.

Beispielsweise haben Sie möglicherweise ein Produkthandbuch hochgeladen, aber Ihr GPT erklärt die Funktionen nicht korrekt. Möglicherweise benötigen Sie klarere Überschriften in dem Handbuch. Oder fügen Sie Anweisungen hinzu, die das GPT anweisen, bei produktbezogenen Fragen zuerst das Handbuch zu überprüfen.

Ihr GPT merkt sich Dokumente nicht wortwörtlich. Es extrahiert relevante Informationen nach Bedarf, sodass komplexe oder nuancierte Inhalte gelegentlich falsch interpretiert werden können. Testen Sie mit verschiedenen Fragen und passen Sie das System entsprechend an.

Kontextbeschränkungen gelten auch für GPTs. Wenn Sie Ihrem GPT zu viel Kontext oder zu viele Anweisungen geben, kann dies die Qualität der Ergebnisse beeinträchtigen. Wenn Sie nicht die erwarteten Antworten erhalten oder Informationen fehlen, die Ihrer Meinung nach enthalten sein sollten, prüfen Sie, ob dies die Ursache ist.

Investieren Sie ausreichend Zeit in diesen Prozess. Auch hier gilt: Gut geplante GPTs benötigen deutlich weniger Überarbeitungen und ersparen Ihnen später stundenlanges Nachbessern (und Frust). Sobald Sie mit der Leistung zufrieden sind, können Sie weitere GPTs erstellen, die jeweils auf eine bestimmte Aufgabe oder Zielgruppe zugeschnitten sind.

Profi-Tipp: Wenn Ihnen das alles zu viel ist und Sie nicht bereit sind, von Grund auf neu zu beginnen, suchen Sie in der öffentlichen GPT-Bibliothek von ChatGPT. Wahrscheinlich hat bereits jemand etwas erstellt, das Ihren Anforderungen entspricht.

Übung: Erstellen und Testen eines persönlichen GPT

Lassen Sie uns gemeinsam Ihr erstes benutzerdefiniertes GPT erstellen. In dieser Übung erstellen Sie ein praktisches Tool für eine Aufgabe, die Sie regelmäßig erledigen.

1. **Wählen Sie Ihre Aufgabe aus.** Denken Sie an etwas Spezifisches und Wiederkehrendes: Tagesplanung, Bearbeitung von Inhalten, Verfassen von E-Mails, Zusammenfassungen von Besprechungen oder Fortschrittsverfolgung eignen sich gut. Die Aufgabe sollte eng genug gefasst sein, um klar definiert werden zu können, aber auch wertvoll genug, um wirklich Zeit zu sparen.
2. **Erstellen Sie es im GPT Builder.** Geben Sie ihm einen eindeutigen Namen wie „Persönlicher Planer". Schreiben Sie klare Anweisungen, die Folgendes umfassen:
    - Erwartetes Ausgabeformat (Länge, Struktur, Tonfall)
    - Ihre Stilvorlieben und Richtlinien
    - Häufige Fehler, die es zu vermeiden gilt
    - Was zu fragen ist, wenn die Anweisungen unklar sind

    Für Aufgaben, die spezifische Kenntnisse erfordern, erstellen Sie ein Referenzdokument. Fügen Sie Ihre besten Beispiele, Vorlagen oder relevante Richtlinien hinzu. Konzentrieren Sie sich nur auf Informationen, die in direktem Zusammenhang mit dieser bestimmten Aufgabe stehen.

3. **Testen Sie mit realen Beispielen.** Probieren Sie drei verschiedene Anfragen aus, die Sie tatsächlich verwenden würden. Für einen Planungs-GPT könnten Sie Folgendes versuchen:

  - *Erstellen Sie den Zeitplan für heute auf der Grundlage meiner Wochenziele.*
  - *Was sollte ich diese Woche priorisieren, um im Monatsplan zu bleiben?*
  - *Überprüfen Sie meinen Fortschritt und passen Sie den Plan für die nächste Woche an.*

Beobachten Sie, wie gut die Anweisungen befolgt werden und Ihrem Stil entsprechen. Achten Sie darauf, was gut funktioniert. Vielleicht trifft es Ihren Tonfall oder enthält alle notwendigen Elemente. Notieren Sie sich auch, was verbessert werden muss, z. B. fehlender Kontext oder falsche Formatierung.

4. **Verbessern Sie den GPT.** Gehen Sie zurück und optimieren Sie Ihre Anweisungen auf der Grundlage Ihrer Erkenntnisse. Durch dieses Hin und Her entstehen erst richtig hilfreiche GPTs. Erwarten Sie nicht sofort Perfektion. Kleine Anpassungen führen zu erheblichen Verbesserungen.

Am Ende verfügen Sie über einen funktionierenden GPT, der eine echte Aufgabe bewältigt, sowie über das Wissen, um komplexere GPTs zu erstellen.

Die Möglichkeit, benutzerdefinierte GPTs zu erstellen, bringt auch die Verantwortung mit sich, diese sinnvoll einzusetzen. Im nächsten Kapitel werden fortgeschrittenere Arbeitsabläufe behandelt, die Sie ausprobieren können, sobald Sie bereit sind, den nächsten Schritt zu gehen.

13

Erweiterte Arbeitsabläufe und Systeme

SOBALD SIE MIT der täglichen Verwendung von ChatGPT vertraut sind, werden Sie sich natürlich fragen, wie Sie es noch effektiver nutzen können. Durch die Einrichtung der Systeme, die ich Ihnen gleich vorstellen werde, habe ich jede Woche 15 Stunden Zeit gewonnen und die Qualität meiner Arbeit verbessert. Sie schaffen mehr, ohne dass Ihr tatsächlicher Aufwand wesentlich steigt.

Diese Systeme verknüpfen mehrere Prompts und KI-Konversationen zu einer Abfolge.

In diesem Kapitel erfahren Sie, wie Sie Folgendes erreichen können:

- ChatGPT in komplette Arbeitsabläufe Ihres Unternehmens einbinden
- Schreibfähigkeiten auf ein neues Niveau heben
- Ganze Prozesse mit kostengünstigen Tools automatisieren
- Den Einsatz von GPTs im gesamten Team ausweiten
- Kreative Wege zur Monetarisierung benutzerdefinierter GPTs finden

Anstelle einzelner Gespräche erstellen Sie ein Netzwerk, in dem eine Ausgabe in die nächste Eingabe einfließt. Dieser Compounding-Effekt vervielfacht Ihre Produktivität bei gleichbleibender Qualität.

Ich habe bereits erwähnt, dass ich in meinem Unternehmen ein System aufgebaut habe, das Themen recherchiert, Gliederungen erstellt, Entwürfe schreibt und Social-Media-Beiträge produziert – alles von einem einzigen Ausgangspunkt aus. Mit ähnlichen Tools könnten Sie ein Kundenservicesystem einrichten, das eingehende Fragen sortiert, Antworten schreibt und Zufriedenheitswerte automatisch erfasst.

Wenn ich Bücher bearbeite, verwende ich eine Google Drive-Verbindung in ChatGPT, um ChatGPT mein gesamtes Manuskript auf einmal zur Verfügung zu stellen, damit es den Kontext meiner Arbeit versteht. Das habe ich entdeckt, nachdem ich zwei frustrierende Stunden damit verbracht hatte, durch Kopieren und Einfügen von Abschnitten die Konsistenz zu wahren und Redundanzen zwischen den Kapiteln zu reduzieren. Eines Tages habe ich das gesamte Manuskript hochgeladen und ChatGPT gebeten, zu überprüfen, ob meine Beispiele richtig aufeinander aufbauen. Es hat drei Stellen gefunden, an denen ich dasselbe Konzept unterschiedlich erklärt hatte. Beim einfachen Prompt wird jede KI-Interaktion separat behandelt. Systemisches Denken verbindet alles zu sich ergänzenden Prozessen, die zusammenwirken.

Ja, das erfordert mehr Planung im Voraus. Es erfordert ein gewisses Maß an systemischem Denken auf hoher Ebene. Aber ich habe allein in diesem Jahr Hunderte von Stunden gespart. Sie verbringen weniger Zeit mit repetitiven Arbeiten und mehr Zeit mit Strategie, kreativen Problemen und Aktivitäten, die Ihr Unternehmen tatsächlich voranbringen oder Ihre Karriere fördern.

ChatGPT über Google Drive oder Dropbox mit Kontext versorgen

Wenn Sie Ihre Geschäftsdokumente mit ChatGPT verbinden, fangen Sie nicht mehr bei Null an. ChatGPT kann direkt mit dem vorhandenen Wissen Ihres Unternehmens arbeiten.

Laden Sie Dateien hoch oder verknüpfen Sie Ordner über dateibewusste Tools, und ChatGPT lernt sofort Ihr Unternehmen kennen. Sie müssen nicht mehr stundenlang Fachbegriffe oder komplexe Prozesse von Grund auf erklären.

Die Vertragsprüfung wird wesentlich schneller, wenn ChatGPT das gesamte Dokument lesen kann. Bitten Sie es, wichtige Begriffe hervorzuheben, verwirrende Rechtssprache zu erklären oder den Vertrag mit Ihren

Standardvorlagen zu vergleichen. Sie erkennen mögliche Probleme, ohne das gesamte Dokument selbst lesen zu müssen.

Ihre interne Dokumentation enthält vermutlich wertvolle Informationen, die oft in Vergessenheit geraten. Verbinden Sie ChatGPT mit diesen Ordnern und stellen Sie spezifische Fragen zu Unternehmensprozessen oder -richtlinien. Es durchsucht alles und findet in Sekundenschnelle genau das, was Sie benötigen.

Unternehmen mit Markenrichtlinien sparen jede Woche mehrere Stunden Zeit. Geben Sie ChatGPT einmalig Zugriff auf Ihren Styleguide, und es schreibt automatisch in Ihrer Markensprache. Alle Inhalte entsprechen Ihren Terminologie- und Formatierungsregeln, ohne dass Sie ständig daran erinnern müssen.

Hier ist ein Beispiel für einen Prompt:

> *Sehen Sie sich diesen Ordner mit den Markenrichtlinien an und nennen Sie mir die wichtigsten Ton- und Sprachmerkmale, die ich in der Kundenkommunikation beibehalten muss.*

Automatisierung sich wiederholender Arbeitsabläufe

Als mir zum ersten Mal bewusst wurde, dass ich immer wieder dieselben wenigen Aufgaben erledigte, wusste ich, dass es sich sehr lohnen würde, etwas Zeit in ihre Automatisierung zu investieren. Wenn Sie jemals dieselben Informationen zwischen Apps kopiert und eingefügt haben, dann wird Ihnen dieser Abschnitt besonders weiterhelfen. Sobald Sie mit Tools wie ChatGPT in Verbindung mit Google Drive oder Dropbox arbeiten und erste Ergebnisse in Ihrem Alltag sehen, können Sie auch beginnen, ganze kreative Prozesse zu automatisieren. Plattformen wie Make (ehemals Integromat), n8n und Zapier verknüpfen Ihre bevorzugten Apps mithilfe von Auslösern und Aktionen. Fügen Sie ChatGPT zu diesen Arbeitsabläufen hinzu, und Sie erhalten automatisch personalisierte Inhalte, sobald bestimmte Ereignisse ausgelöst werden. Auf diese Weise erstelle ich zahlreiche Blog-Beitragsthemen, organisiere sie in einer Tabelle und kann mit einem Klick Entwürfe direkt in WordPress erstellen.

Eine einfache Automatisierung, die für die meisten Unternehmer funktioniert: Ein neuer Lead füllt Ihr Kontaktformular aus. Ganz ohne Ihr Zutun verfasst ChatGPT eine individuell abgestimmte Folge-E-Mail.

Weitere Automatisierungen, die Sie erstellen können, sind:

- Wöchentliche Berichte, die nicht nur Verkaufs- oder Marketingdaten zusammenfassen, sondern die Zahlen in leicht verständliche Erkenntnisse und nächste Schritte umsetzen
- Automatisch verfasste Produktbeschreibungen, E-Mail-Ankündigungen und Social-Media-Beiträge, die auf Ihre Markenstimme zugeschnitten sind, wenn Sie einen neuen Artikel zu Ihrem Bestand hinzufügen
- Personalisierte Onboarding-Sequenzen, die sich je nach Kundentyp, Produktstufe oder Umfrageantworten anpassen
- Zusammenfassungen von Kundenfeedback mit Verbesserungsvorschlägen oder tonangepassten Antworten, die sofort versendet werden können
- SEO-Content-Ideen und -Entwürfe, die automatisch generiert werden, wenn Sie neue Keywords zu einer Tabelle oder einem CMS hinzufügen
- Projektaktualisierungen, die für nicht-technische Stakeholder verständlich formuliert und aus internen Statusmeldungen oder abgeschlossenen Aufgaben abgeleitet werden

Ihre erste Automatisierung könnte ganz simpel aussehen: Lassen Sie ChatGPT Ihre Sprachmemos automatisch in übersichtliche Besprechungsnotizen umwandeln. Nehmen Sie nach jedem Kundengespräch eine 2-minütige Zusammenfassung auf und lassen Sie die Automatisierung Ihnen die Notizen direkt per E-Mail zusenden.

Profi-Tipp: Sie müssen nicht alle Schritte manuell herausfinden. Bitten Sie ChatGPT, Ihnen beim Aufbau der Automatisierung zu helfen. Es kann Ihnen Tools vorschlagen, den Arbeitsablauf planen, die Prompts schreiben und sogar gemeinsam mit Ihnen Fehler beheben.

Kollaborative und interne Teamnutzung

Um die Vorteile von KI in Ihrem gesamten Unternehmen zu nutzen, müssen die Teams aufeinander abgestimmt sein und es müssen klare Systeme vorhanden sein, die jeder befolgen kann.

Die gemeinsame Nutzung von Prompt-Bibliotheken oder benutzerdefinierten GPTs kann die Teamarbeit deutlich verbessern. Manche Teams erstellen Sammlungen ihrer nützlichsten Prompts, sortiert nach Abteilung oder Aufgabe. Dies verhindert frustrierende Situationen, in denen jeder unterschiedliche Prompts für identische Aufgaben erstellt. Das Marketing hält seine Brainstorming-Prompts für Kampagnen griffbereit, und die Personalabteilung speichert ihre Prompts für Interviewfragen an einem leicht zugänglichen Ort.

Mit KI-Unterstützung wird die Pflege Ihrer internen Dokumentation wesentlich einfacher. Wenn Sie das nächste Mal einen Prozess erfassen müssen, lassen Sie ChatGPT Ihre mündlichen Erklärungen oder groben Notizen in eine klare, umfassende Dokumentation umwandeln. Ich finde dies besonders wertvoll für die Erhaltung von institutionellem Wissen, das normalerweise nur in den Köpfen erfahrener Mitarbeiter vorhanden ist.

Die Einführung beschleunigt sich, wenn Sie die Menschen dort abholen, wo sie bereits arbeiten. Erwägen Sie, ChatGPT direkt in Ihre Notion-Arbeitsbereiche, Slack-Kanäle oder internen Dashboards zu integrieren. Die Nutzung von KI wird ganz selbstverständlich, wenn kein Kontextwechsel oder das Erlernen neuer Plattformen nötig ist. Ihre Teammitglieder integrieren sie ganz selbstverständlich in ihren täglichen Arbeitsablauf, ohne darüber nachzudenken.

Profi-Tipp: Beginnen Sie mit der Verbesserung eines einzelnen Arbeitsablaufs, der regelmäßig zu Frustrationen führt. Erstellen Sie ein benutzerdefiniertes GPT, das Inhalte schreibt, die zu Ihrer Markenstimme passen, oder neue Mitarbeiter einarbeitet.

Erstellen eines benutzerdefinierten GPT, das auf Ihren Schreibstil trainiert ist

Durch die Erstellung eines GPT, das genau in Ihrem Tonfall schreibt, müssen Sie es nicht mehr ständig daran erinnern, wie Sie schreiben. Beginnen Sie damit, Ihre besten Schreibproben zu sammeln. Streben Sie 10 bis 15 Texte an, die die Bandbreite Ihres Tonfalls und Stils zeigen. Je vielfältiger Ihre Beispiele sind, desto besser versteht Ihr GPT, wie sich Ihre Stimme je nach Kontext verändert.

Wenn Sie bereit sind, Ihr individuelles GPT zu erstellen, laden Sie diese Beispiele hoch und formulieren Sie Ihre Schreibpräferenzen klar und deutlich. Fügen Sie einige konkrete Hinweise hinzu, um es gezielt zu steuern. Zum Beispiel:

> *Sie schreiben in meinem Stil, basierend auf den hochgeladenen Beispielen. Wesentliche Elemente meines Stils:*
>
> *- Kurze, prägnante Sätze gemischt mit längeren erklärenden Sätzen*
> *- Direkte Ansprache des Lesers mit „Sie"*
> *- Konversationeller Ton, ohne übermäßig salopp zu sein*
> *- Beispiele aus der realen Welt zur Veranschaulichung abstrakter Konzepte*
> *- Vermeiden Sie Fachjargon, es sei denn, Sie erklären ihn sofort*
> *- Beginnen Sie Abschnitte mit dem Hauptpunkt und gehen Sie dann näher darauf ein*

Testen Sie Ihr GPT mit verschiedenen Prompts, um zu sehen, wie gut es Ihre Stimme trifft. Bitten Sie es, vorhandene Texte in Ihrem Stil umzuschreiben oder neue Inhalte von Grund auf zu erstellen. Passen Sie die Anweisungen an, je nachdem, was funktioniert und was nicht – vielleicht stellen Sie fest, dass Sie bestimmte Ausdrücke regelmäßig verwenden oder Formatierungspräferenzen haben, die Ihnen bisher gar nicht bewusst waren.

Als ich zum ersten Mal sah, wie mein GPT meine Tendenz, Absätze mit kurzen, prägnanten Sätzen zu beginnen, gefolgt von längeren Erklärungen, genau traf, fühlte es sich an, als würde ich in einen Schreibspiegel blicken.

Dabei fiel mir auch auf, dass ich Bindestriche übermäßig nutze – etwas, das mir nie bewusst war, bis mein GPT es konsequent widerspiegelte.

Dieser Ansatz sorgt für Konsistenz im großen Maßstab. Ihr GPT bewahrt Ihren Stil – egal, ob Sie eine kurze E-Mail oder einen umfangreichen Leitfaden schreiben. Teammitglieder können damit Inhalte erstellen, die klingen, als stammten sie direkt von Ihnen – ideal, wenn Sie Aufgaben delegieren, aber die Authentizität bewahren möchten.

Monetarisierung und Weitergabe benutzerdefinierter GPTs

Sobald Sie ein nützliches GPT erstellt haben, können Sie es mit anderen teilen – und möglicherweise monetarisieren.

Sie können Ihre GPT auf eine von drei Sichtbarkeitsstufen einstellen: privat (nur für Sie zugänglich), freigegeben (für bestimmte Personen, die Sie einladen) oder öffentlich (im GPT-Store für alle sichtbar).

Private GPTs eignen sich hervorragend, wenn Sie der einzige Nutzer sind, insbesondere wenn sie Informationen enthalten, die niemand sonst sehen soll. Freigegebene GPTs eignen sich gut für Teams oder Kunden, da Sie über einen privaten Link genau steuern können, wer Zugriff erhält. Öffentliche GPTs hingegen sind für alle Nutzer im GPT Store zugänglich, was bedeutet, sodass Ihre Arbeit potenziell von Millionen Menschen genutzt werden kann.

Für Unternehmen können gemeinsam genutzte GPTs den Aufwand für den Hin- und Her-Austausch erheblich reduzieren. Sie können verschiedene Versionen erstellen, die auf jedes Team zugeschnitten sind. Ihr Marketingteam erhält eine Version, die Ihre Markenstimme in- und auswendig kennt. Ihr Vertriebsteam erhält eine Version, die Ihren Produktkatalog versteht und häufig gestellte Kundenfragen ohne Umwege beantworten kann.

Erstellen Sie markenspezifische GPTs, die Ihre Fachkenntnisse anschaulich vermitteln. Mit diesen interaktiven Tools können potenzielle Kunden Ihre Methodik kennenlernen, bevor sie einen Termin vereinbaren. Ein Fitnesstrainer könnte ein GPT erstellen, das Menschen mit seiner Methode individuelle Trainingspläne erstellt. Ein Marketingberater könnte ein GPT erstellen, das Social-Media-Profile anhand seines Frameworks überprüft.

Wenn jemand Ihr GPT wirklich hilfreich findet, möchte er wahrscheinlich mehr über die Person dahinter erfahren. Das ist Ihre Chance, ihn auf Ihr Angebot oder Ihre Dienstleistungen hinzuweisen. Stellen Sie sicher, dass Ihr GPT klare Informationen über Sie und Ihr Unternehmen enthält, damit Nutzer Ihre anderen Angebote leicht finden können.

Derzeit können Sie für GPTs noch keine direkten Gebühren erheben, aber es gibt bereits Menschen, die auf andere Weise damit Geld verdienen. Sie könnten:

- Erstellen Sie ein kostenloses GPT, das Nutzern Ihre kostenpflichtigen Produkte vorstellt.
- Eine kostenlose Basisversion anbieten und die Premiumversion für zahlende Kunden reservieren
- den Zugang zu GPTs in bestehende Servicepakete aufnehmen
- Nutzen Sie die Erkenntnisse aus beliebten GPTs, um bessere Produkte zu entwickeln.

Ein Unternehmensberater könnte ein GPT veröffentlichen, das bei der Unternehmensplanung für Einsteiger hilft, aber die Nutzer auf kostenpflichtige Kurse für den vollständigen Entwurf hinweist. Das GPT selbst ist zwar kostenlos, aber es zeigt Ihr Fachwissen und schafft Vertrauen, das zu neuen Kunden führen kann.

Denken Sie daran, dass Sie für Ihr GPT nicht zwingend eine Gebühr verlangen müssen, um damit Einnahmen für Ihr Unternehmen zu erzielen. Die damit erzielte Sichtbarkeit und Lead-Generierung kann den Umsatz über andere Kanäle wie Beratungen, Kurse oder Servicepakete steigern.

Profi-Tipp: Verwenden Sie Ihre tatsächlichen Dokumente, um Ihr GPT zu „trainieren", aber bleiben Sie dabei fokussiert. Es ist wesentlich effektiver, für jede spezifische Rolle (z. B. „Social-Media-Manager" oder „Business-Coach") ein eigenes GPT zu erstellen, als zu versuchen, ein einziges GPT für alle Aufgaben einzusetzen.

Sie haben nun erfahren, wie aus Prompts ganze Systeme entstehen, die sich zu wiederholbaren Arbeitsabläufen entwickeln. Diese Arbeitsabläufe sind jedoch nur dann nützlich, wenn Sie leicht darauf zugreifen und sie wiederverwenden können. Wie bereits an verschiedenen Stellen in diesem Buch kurz erwähnt, besteht eine der einfachsten Möglichkeiten, Ihre Produktion zu skalieren, darin, die für Sie am besten geeigneten Prompts zu dokumentieren, damit Sie nicht jedes Mal bei Null anfangen. Außerdem haben Sie so einen zentralen Ort, an dem Sie das, was funktioniert, verfeinern, testen und teilen können.

Was Sie als Nächstes ausprobieren können

Wählen Sie einen der folgenden Punkte aus und probieren Sie ihn aus, sobald Sie bereit sind. Schon eine einzige Verbesserung kann Ihnen Stunden sparen und Ihren Arbeitsablauf reibungsloser machen. Nutzen Sie die Liste, um festzuhalten, was Sie bereits getestet haben. Mein Tipp: Beginnen Sie mit dem Einfachsten – speichern Sie Ihre liebsten Prompts an einem zentralen Ort. Gerade diese wiederholt genutzten Prompts sind oft der beste Ausgangspunkt.

- Eine dateibewusste Verbindung einrichten (Google Drive, Dropbox oder PDF-Upload)
- Ihre bevorzugten Prompts an einem zentralen Ort speichern
- Eine mehrstufige Prompt-Kette ausprobieren (Klarheit, Struktur, Engagement, Formatierung)
- Ein System oder einen Workflow zur Automatisierung auswählen

Die letzte Herausforderung: Alles zusammenführen

In dieser letzten Herausforderung wenden Sie alles Gelernte an und nutzen ChatGPT, um ein Ziel zu erreichen oder ein reales Problem zu lösen.

Wählen Sie eine Sache in Ihrem Leben oder Ihrem Unternehmen aus, die Sie immer wieder aufgeschoben haben oder für die Sie keine Zeit hatten. Ein Projekt. Ein Prozess. Ein Ziel, das Sie schon lange im Hinterkopf haben. Erstellen Sie dann mit ChatGPT etwas dazu. Ich gebe Ihnen keine Schritte oder Prompts vor, da Sie diese nicht benötigen. Es soll eine Herausforderung sein, und hier vertiefen Sie Ihr Lernen und Ihr Wissen.

Klären Sie das Ziel. Verschaffen Sie sich bei Bedarf einen Überblick über den Kontext. Erstellen Sie einen Plan. Entwickeln Sie ein System, ein Tool oder eine Ressource, um das Ziel zu erreichen. Testen Sie das Ganze unter Stressbedingungen. Verbessern Sie es. Dokumentieren Sie dann, was Sie erstellt haben, damit Sie es wiederverwenden können.

Wenn Sie noch einen Schritt weiter gehen möchten, nutzen Sie ChatGPT, um herauszufinden, wie Sie einen Teil davon automatisieren oder die gerade erstellte Lösung in ein digitales Produkt umwandeln können.

Diese eine Herausforderung kann Ihre Arbeitsweise, Ihre Denkweise und Ihre

Selbstwahrnehmung grundlegend verändern. Die wahre Stärke von ChatGPT liegt nicht nur in dem, was es kann, sondern in dem, was es *Ihnen* ermöglicht.

Fazit

Erinnern Sie sich noch daran, als Sie ChatGPT zum ersten Mal geöffnet haben und auf den leeren Prompt gestarrt haben, ohne zu wissen, was Sie eingeben sollten? Jetzt verfügen Sie über praktische Fähigkeiten, mit denen Sie das Tool auf völlig neue Weise einsetzen können. Ja, es gibt zahlreiche Anwendungsmöglichkeiten für ChatGPT, die wir in diesem Buch nicht behandelt haben. Aber auf die können Sie gut verzichten. Sie verfügen nun über einen *Denkrahmen* für KI, den die meisten Menschen nicht haben. Je öfter Sie ChatGPT verwenden, desto mehr einzigartige Anwendungsmöglichkeiten werden Ihnen einfallen. Das wird Ihnen zum Erfolg verhelfen, wenn Sie andere generative KI-Tools einsetzen, um beispielsweise Bilder, Musik, Videos und Audiodateien zu erstellen.

Möglicherweise fühlen Sie sich noch nicht ganz sicher in Ihren Fähigkeiten, und das ist völlig normal. Ähnlich wie beim Investieren von Geld sorgt auch die regelmäßige Nutzung von ChatGPT für einen Zinseszinseffekt. Kleine Investitionen an Zeit und Mühe führen mit der Zeit zu immer größeren Erträgen. Jede Unterhaltung mit ChatGPT lehrt Sie etwas darüber, welche Arten von Prompts am besten funktionieren und für welche Aufgaben es sich am besten eignet. Sie entwickeln ein Gespür für das Verfassen effektiver Prompts. Sie beginnen, ihm bessere Fragen zu stellen, ohne es überhaupt zu merken. Ganz automatisch wiederholen Sie den Vorgang, um Ihre Ergebnisse zu verfeinern. Sie beginnen, ChatGPT als ein Werkzeug zu betrachten, das Ihnen bei der Lösung von Problemen hilft.

Der schnellste Weg, ChatGPT wirklich zu beherrschen, ist das vollständige Eintauchen. Beginnen Sie einfach, ChatGPT für alles zu verwenden, was Ihnen einfällt. Einige werden sagen, dass das übertrieben ist, und es gibt eine Gruppe von Menschen, die sich über diejenigen von uns ärgern, die KI für alles verwenden. Aber eines Tages in nicht allzu ferner Zukunft wird Ihr Kühlschrank wahrscheinlich Ihre Einkäufe selbst bestellen, während Sie bei der Arbeit sind, und Ihre Haushaltsgeräte werden ihre Reparatur selbst planen, bevor Sie überhaupt merken, dass sie defekt sind. Jeder wird seinen eigenen persönlichen KI-Assistenten haben. ChatGPT wird eine grundlegende Fähigkeit für jeden Einstiegsjob im Büro sein. KI wird nicht verschwinden, und diejenigen, die sich jetzt dagegen wehren, werden irgendwann aufholen müssen.

Eine meiner Lieblingsanwendungen ist es, ChatGPT zu nutzen, um Konzepte aus Büchern, Vorträgen oder Kursen auf meine spezifische Situation anzuwenden. Anstatt mich damit abzumühen, herauszufinden, wie eine Geschäftsstrategie, von der ich auf YouTube gehört habe, für mich funktionieren könnte, führe ich ein Gespräch mit ChatGPT über die Umsetzung dieser Prinzipien in meinem individuellen Kontext. Sie können ChatGPT bitten, Ihnen bei der Anwendung von Prinzipien aus Büchern zur persönlichen Weiterentwicklung zu helfen. Dies hilft, die frustrierende Kluft zu überbrücken, die entsteht, das eigene Leben grundlegend verändern könnte, aber nicht weiß, wie man es anwendet.

Wenn direkte ChatGPT-Gespräche zur Selbstverständlichkeit geworden sind, halten Sie Ausschau nach Möglichkeiten, diese KI-Funktionen mit Ihren bestehenden Aktivitäten zu verbinden. Viele Tools verfügen mittlerweile über ChatGPT-Plugins oder ähnliche KI-Funktionen. Sie können Tools wie Google Drive, Ihren Kalender, E-Mail, GitHub, Dropbox und vieles mehr verbinden. Plattformen wie Zapier ermöglichen es Ihnen, Prozesse zu automatisieren, indem Sie ChatGPT mit Ihren anderen täglich verwendeten Apps verbinden. Sie können andere dialogorientierte KI-Tools wie Claude, Perplexity und Grok ausprobieren, lernen, was diese LLMs besser können als andere Modelle, und verschiedene Modelle für unterschiedliche Aufgaben einsetzen, um noch bessere Ergebnisse zu erzielen.

In Online-Communities finden Sie noch mehr Ideen. Im OpenAI-Blog finden Sie Updates zu neuen Funktionen und praktische Tipps. In Communities wie dem Subreddit r/ChatGPT tauschen sich viele Nutzer darüber aus, was für sie funktioniert. Mehrere YouTube-Kanäle haben sich auf praktische KI-Anwendungen spezialisiert und berichten regelmäßig über neue Anwendungsbeispiele. Unser Kanal kommt bald!

Denken Sie daran, dass Sie noch am Anfang stehen. Diese KI-Tools werden sich weiterentwickeln, und Ihre Fähigkeiten werden mit ihnen wachsen. Dieses Buch hat Ihnen die Grundlagen vermittelt. Jetzt liegt es an Ihnen, darauf aufzubauen. Bleiben Sie neugierig und üben Sie weiter. Sie werden erstaunt sein, was Sie alles schaffen können.

Künstliche Intelligenz Für Einsteiger Leicht Gemacht

SO SETZEN SIE KI-TOOLS PRAXISNAH EIN, UM INHALTE ZU ERSTELLEN, AUFGABEN ZU AUTOMATISIEREN UND EINKOMMEN ZU ERHÖHEN – EIN NO-CODE-PROJEKT-HANDBUCH

Einführung

Was wäre, wenn Sie die Social-Media-Beiträge für eine ganze Woche in nur 30 Minuten verfassen und dabei sogar Freude daran haben könnten? Was wäre, wenn Sie Kundenfeedback analysieren, Muster erkennen und personalisierte Antworten verfassen könnten, und das alles, ohne ein Team einstellen zu müssen?

Genau das machen Menschen wie Sie bereits heute mit generativen KI-Tools: Sie erledigen Aufgaben schneller, automatisieren Kunden-E-Mails und erstellen Marketinginhalte. KI gibt Ihnen Zugang zu denselben leistungsstarken Werkzeugen, die früher nur großen Unternehmen vorbehalten waren. Neue Kreative bauen sich damit in kurzer Zeit ein Publikum auf, während etablierte Influencer, die KI ignorieren, ins Hintertreffen geraten. Und erfahrene Kreative, die KI einsetzen, lassen ihre Konkurrenz weit hinter sich. Die Frage ist nicht, ob KI unsere Arbeitsweise verändert. Die Frage ist, ob Sie Teil dieser Veränderung sein werden oder ob Sie zunächst nur zuschauen, bis Sie merken, dass fast alle längst mitgezogen sind.

Stellen Sie sich vor, es ist Montagmorgen. Sie setzen sich hin und müssen:

- Entwürfe und Variationen für eine neue Produktlinie entwickeln
- grobe Skizzen in ausgefeilte Visualisierungen für Kundenpräsentationen umwandeln
- Hintergrundmusik für Ihren Podcast oder Ihre Videos generieren
- einen Chatbot erstellen, der rund um die Uhr Kundenanfragen beantwortet
- lange Besprechungsaufzeichnungen in umsetzbare Zusammenfassungen verwandeln
- Logos und Markenelemente entwerfen, ohne einen Designer zu beauftragen
- Tabellenkalkulationsdaten in überzeugende Visualisierungen umwandeln

Ohne KI würde all das vier oder fünf volle Arbeitstage dauern, vorausgesetzt, Sie besitzen die nötigen Fähigkeiten. Wenn nicht, müssten Sie hohe Kosten in Kauf nehmen. Mit den richtigen KI-Tools und etwas Übung können Sie dieselben Ergebnisse jedoch bis zum Ende des Tages erzielen, kostenlos oder zu sehr geringen Kosten.

Wenn das Ihre neue Realität wäre, wie würden Sie den Rest Ihrer Woche gestalten? Möglicherweise würden Sie endlich die Idee umsetzen, die Sie schon so lange mit sich herumtragen. Oder Sie hätten das Gefühl, nicht länger ständig hinterherzuhinken, nur weil Sie ein Ein-Personen-Team sind. Sie würden ins Fitnessstudio gehen. Mit Ihren Kindern in den Park gehen. Oder endlich das Buch lesen, das seit Monaten auf Ihrem Nachttisch liegt.

So setzen Menschen KI bereits heute ein, und ich bin überzeugt, dass mindestens ein Beispiel Sie zu einer eigenen Idee inspirieren wird. Innenarchitekten nutzen KI, um Raumaufteilungen und Farbschemata sofort zu visualisieren. Podcaster und YouTuber setzen darauf, um Hintergrundgeräusche zu entfernen und individuelle Intro-Musik zu komponieren. Kleinunternehmer nutzen KI, um Kundenanfragen über Nacht zu bearbeiten, ohne ständig ihre E-Mails im Auge behalten zu müssen. Ein Datenanalyst verwandelt eine unübersichtliche Tabelle in eine Reihe übersichtlicher Grafiken. Ein Kursentwickler entwirft Unterrichtsskripte und übersetzt sie für ein internationales Publikum. Selbst Solopreneure nutzen sie, um Videos zu bearbeiten, Fotos zu optimieren und einfache Apps zu erstellen.

Was viele Einsteiger nicht wissen: Man muss die technischen Feinheiten von KI nicht verstehen, um sie erfolgreich nutzen zu können. Wenn Sie in meinem Alter sind, erinnern Sie sich bestimmt noch an das Einwählen ins Internet. Das quietschende Modemgeräusch, das dreiminütige Warten, bis ein einziges Foto geladen war, und die Unterbrechung der Verbindung, wenn jemand das Telefon benötigte? Niemand verstand genau, wie die Telefonleitungen Websites auf den Bildschirm brachten. Man wusste lediglich, dass man über das Internet E-Mails an den Cousin in Japan senden und um Mitternacht nach Rezepte suchen konnte. Das war genug. Ich war begeistert.

Heute streamen wir 4K-Filme auf unseren Smartphones, ohne darüber nachzudenken, wie unglaublich das vor 20 Jahren noch geklungen hätte. Wenn man jemanden fragt, wie WLAN eigentlich funktioniert, wie diese unsichtbaren Signale Netflix durch Betonwände übertragen, zuckt dieser nur mit den Schultern. Es spielt keine Rolle. Es funktioniert, es ist nützlich, und das ist alles, was man wissen muss.

Man musste Modems nicht verstehen, um das Internet zu nutzen, aber man musste wissen, wie man eine Webadresse eingibt, auf einen Link klickt und eine E-Mail versendet.

Die technischen Details konnten ein Geheimnis bleiben, die Grundlagen der Interaktion jedoch nicht.

Doch irgendwie haben wir uns bei der KI davon überzeugt, dass es anders ist. Dass sie „nur für Ingenieure“ oder „zu technisch“ ist, um sie zu verstehen. Dass man einen Abschluss in Informatik braucht, um sie zu nutzen.

Unsinn.

Generative KI folgt dem gleichen Prinzip wie das Internet. Vergessen Sie neuronale Netze und maschinelles Lernen. Entscheidend ist, zu wissen, wie man mit diesen Tools kommuniziert – wie man seine Wünsche formuliert und nützliche Ergebnisse erhält. Das ist der Unterschied zwischen dem Zugang zu leistungsstarker Technologie und ihrer tatsächlichen Nutzung, um voranzukommen.

Die Welt ist voller intelligenter Fachleute, die mit KI hadern, nicht weil ihnen die Fähigkeit fehlt, sondern weil die meisten Ressourcen stillschweigend voraussetzen, dass man die Sprache der Tools bereits beherrscht. Man ist nicht überfordert, weil man nicht intelligent genug ist, sondern weil einem niemand gezeigt hat, wie man diese Tools einsetzt, um tatsächlich etwas zu erreichen. Statt konkreter Hilfen gibt es oft nur vage Tipps, Screenshots von Benutzeroberflächen, die sich wöchentlich ändern, oder endlose Zukunftsprognosen. Doch genau darum geht es nicht.

Dieses Buch verfolgt einen anderen Ansatz.

Ich habe es in vier Phasen gegliedert, um Ihnen zu helfen, Ihr Wissen schrittweise aufzubauen.

Zunächst schaffen Sie eine solide Grundlage, indem Sie verstehen, was generative KI wirklich ist, wie Sie die richtigen Tools auswählen, ohne sich in der Vielzahl der Optionen zu verlieren, und indem Sie die Kunst der effektiven Kommunikation mit KI-Tools beherrschen, die zu Ergebnissen führen.

Als Nächstes lernen Sie, wie Sie diese Fähigkeiten mit den geeigneten KI-Tools einsetzen, um verschiedene Arten von Inhalten zu erstellen: Text, Bildmaterial, Audio und Video.

In der dritten Phase lernen Sie, wie Sie Ihr Wissen über die Erstellung von Inhalten mit generativer KI anwenden können, um sinnvolle Ergebnisse in Ihrem Leben und Ihrer Arbeit zu erzielen.

Abschließend werde ich Ihnen fortgeschrittene Anwendungen vorstellen, nicht damit Sie diese sofort beherrschen, sondern damit Sie ein klares Verständnis davon erhalten, wie Ihr Lernweg nach Abschluss dieses Buches aussehen wird und wie tiefgreifend sich diese Fertigkeit auf Ihr Leben auswirken kann, wenn Sie sich weiterentwickeln.

In fast jedem Kapitel finden Sie Übungen, die Ihnen dabei helfen, das Gelernte sofort praktisch anzuwenden. Diese Übungen bauen aufeinander auf, und am Ende des Buches haben Sie tatsächlich eine echte Blogging-Website erstellt, die Sie mit Inhalten und Bildern füllen können. Wenn Sie kein Blogger werden oder keine eigene Website betreiben möchten, ist das kein Problem. Ich empfehle Ihnen dennoch, die Übungen zu absolvieren, da Sie dadurch das nötige Grundgerüst erwerben, um andere Projekte mit generativen KI-Tools zu realisieren.

Sobald Sie verstehen, was diese Tools leisten können, verändert sich Ihre Herangehensweise an Ihre Arbeit und Ihre Zeit. Ich behaupte nicht, dass Sie auf dem Weg zur Arbeit sofort ein ganzes Buch schreiben werden. Ich möchte jedoch Folgendes anmerken: In unserem Unternehmen haben wir Automatisierungen entwickelt, die Blogbeiträge verfassen, Inhalte für soziale Medien entwerfen, Besprechungen zusammenfassen und sogar grundlegende Buchhaltungsaufgaben übernehmen. Dadurch kann sich unser Team auf die Aufgaben konzentrieren, die wirklich etwas bewirken. Ich habe Tools eingerichtet, die in 10 Minuten zehn SEO-optimierte Blogentwürfe erstellen können.

Diese Entwürfe sind nicht das Endprodukt. Ich verbringe anschließend ein bis zwei Stunden damit, sie zu überarbeiten und zu verbessern, um die Qualität zu steigern und den Inhalt einzigartig und wirklich nützlich zu gestalten. Dies ist jedoch immer noch besser, als 4 bis 8 Stunden pro Beitrag zu investieren. Ich habe sogar darüber nachgedacht, dieses Detail wegzulassen, da es wie Selbstwerbung klingen könnte. Ich teile es dennoch mit Ihnen, da die meisten Menschen noch nicht erkennen, was alles möglich ist.

Die eigentliche Geschichte handelt nicht von Geschwindigkeit. Es geht darum, was möglich wird, wenn man ein System eingerichtet hat. Mit den richtigen Tools und Arbeitsabläufen können Sie ein Maß an Effizienz und kreativer Leistung erreichen, das Ihre Arbeitsweise vollständig verändert.

Dieses Buch richtet sich an Menschen, die reale Probleme lösen möchten. Sie benötigen keine weitere Liste von Tools. Wir sind bereits mit Tools überflutet. Sie benötigen ein System.

Wenn Sie dieses Buch gelesen haben, werden Sie wissen, wie Sie:

- Effektive Prompts (also Anweisungen für KI-Tools) erstellen, die hochwertige KI-generierte Ergebnisse liefern
- Projekte mit KI als Ihrem Co-Planer brainstormen und organisieren
- Blogbeiträge, E-Mails und Marketinginhalte in Ihrem eigenen Stil verfassen
- Bilder, Logos und Designs aus einfachen Textbeschreibungen erstellen

- Aufzeichnungen von Besprechungen in umsetzbare Zusammenfassungen umwandeln
- Verschiedene KI-Tools kombinieren, um reale Projekte abzuschließen.
- Das Gelernte direkt in Ihrer Arbeit und für Ihre Ziele anwenden.

Die Werkzeuge sind da. Sie sind erschwinglich. Und sie warten darauf, genutzt zu werden. Sind Sie bereit? Dann lassen Sie uns beginnen.

1

Was ist generative KI?

ES IST HEUTE KAUM MÖGLICH, die Nachrichten zu verfolgen oder durch soziale Medien zu scrollen, ohne auf Themen rund um künstliche Intelligenz (KI) zu stoßen. Freunde, Kollegen und möglicherweise sogar Großeltern bringen das Thema in Gesprächen zur Sprache. Selbst große US-Talkshows greifen das Thema inzwischen regelmäßig auf. Ein Großteil der Diskussion ist von Hype und Spekulation geprägt, weil die meisten Menschen bis heute nicht wirklich verstehen, was KI eigentlich ist. Für viele von uns ist der bekannteste Bezugspunkt immer noch ein Film, den wir in den 90er Jahren gesehen haben.

Die KI in diesen Filmen und die KI, die wir heute nutzen, funktionieren jedoch nach sehr unterschiedlichen Prinzipien. Die unberechenbare KI, die wir im Kino sehen, setzt Fähigkeiten wie Denken, Motive und Bewusstsein voraus. Das haben wir noch lange nicht entwickelt, und vielleicht werden wir es auch nie erreichen. Was leisten KI und generative KI *tatsächlich*? Und worin besteht der Unterschied zwischen den beiden?

Manche glauben, generative KI sei nur dazu da, Arbeitsplätze zu vernichten. Das stimmt nicht. In Wirklichkeit ist die Erklärung viel einfacher. Generative KI soll niemanden ersetzen. Betrachten Sie sie stattdessen als ein Werkzeug, mit dem Sie in kürzerer Zeit mehr erledigen können. Stellen Sie sich vor: In der Zeit, die Sie sonst für einen einzigen E-Mail-Entwurf brauchen, hätten Sie zehn fertige Versionen – ohne dass Ihr ‚Assistent' müde wird oder die Konzentration verliert.

Was ist generative KI: und wie unterscheidet sie sich von herkömmlicher KI?

Vor der generativen KI wurden die meisten künstlichen Intelligenzsysteme für ganz bestimmte Aufgaben entwickelt. Diese „traditionellen" KI-Systeme waren hervorragend darin, Daten zu analysieren, Muster zu erkennen und auf der Grundlage ihrer bisherigen Erfahrungen Vorhersagen oder Klassifizierungen zu treffen. Sie sind wie Spezialisten aufgebaut – gut in einer Sache.

Traditionelle KI ist nicht neu. Sie arbeitet seit Jahren still und leise im Hintergrund der Anwendungen und Abonnements, die Sie täglich nutzen. Wenn Sie beispielsweise mit Ihrem iPhone ein Foto von Ihrem Hund machen, kann Apple Intelligence, die KI von Apple, die Rasse identifizieren. Dazu analysiert es Muster im Bild, wie die Form der Ohren, die Länge des Fells und die Farbmuster, und vergleicht diese Merkmale dann mit einer umfangreichen Datenbank mit gekennzeichneten Hunderassen. Basierend auf der besten Übereinstimmung ordnet sie dem Bild eine Rasse zu. Diese Art von KI bringt jedoch nichts Neues hervor. Sie klassifiziert Informationen anhand dessen, was sie bereits gelernt hat. Außerdem ist sie nicht immer korrekt. Mein Handy verwechselt meinen Cocker-Spaniel-Pekinese-Mix regelmäßig mit einem Cavalier King Charles Spaniel. So verwechseln ihn übrigens auch viele Menschen. Wenn wir bei Menschen nicht erwarten, dass sie eine Hunderasse jedes Mal richtig erraten, warum sollten wir das von KI verlangen? Wenn ein falscher Tipp bedeuten würde, dass KI nicht intelligent ist, dann müsste man nach diesem Maßstab auch Menschen ihre Intelligenz absprechen.

Ein Empfehlungssystem, wie es etwa Netflix oder Amazon einsetzen, analysiert Ihre Seh- oder Kaufgewohnheiten (und die von Millionen anderer Nutzer), um vorherzusagen, was Sie als Nächstes sehen oder kaufen möchten. Wenn Netflix Ihnen auf Grundlage Ihrer Sehgewohnheiten und denen ähnlicher Zuschauer Ihre nächste Serienempfehlung vorschlägt, handelt es sich um traditionelle KI. Systeme wie diese fallen unter einen Zweig der KI namens maschinelles Lernen, der Algorithmen verwendet, um Muster in Daten zu finden und Vorhersagen zu treffen, ohne für jedes Szenario explizit programmiert zu sein. Sie haben dabei schon künstliche Intelligenz genutzt, wahrscheinlich ohne es bewusst zu bemerken.

Das Problem bei herkömmlicher KI ist, dass sie auf die Daten beschränkt ist, die ihr zur Verfügung stehen. Sie ist darauf ausgelegt, Muster zu erkennen, Informationen zu sortieren und Vorhersagen zu treffen – jedoch nur innerhalb der Grenzen dessen, was sie bereits weiß. Das bedeutet, dass sie sich hervorragend für Aufgaben wie die Identifizierung betrügerischer Kreditkartentransaktionen, das Auswerten medizinischer Scans, die Vorhersage von Verzögerungen in der Lieferkette, die Erkennung von Geräteausfällen oder die Empfehlung von Produkten eignet, die Ihnen aufgrund Ihrer bisherigen Einkäufe gefallen könnten. Sie kann filtern, kategorisieren und Verbindungen herstellen, die Menschen normalerweise übersehen würden, aber sie bringt nichts Neues hervor. Das können nur generative KI-Modelle. Ihr Ergebnis ist immer nur eine Neuanordnung oder ein Abbild dessen, was bereits vorhanden ist.

Dies wirft eine häufig gestellte Frage auf: Wenn diese Systeme hauptsächlich auf komplexer Mustererkennung basieren, handelt es sich dann wirklich um „Intelligenz"? Technisch gesehen, ja. Künstliche Intelligenz bedeutet einfach, Computersysteme zu entwickeln, die Aufgaben ausführen können, die wir normalerweise mit menschlicher Intelligenz assoziieren, wie beispielsweise Muster erkennen, Sprache verstehen oder Entscheidungen treffen. Maschinelles Lernen, einschließlich der generativen Modelle, die wir gleich untersuchen werden, ist ein Teilbereich dieses Fachgebiets. Einige Menschen argumentieren, dass diese Tools nicht „wirklich intelligent" sind, da sie nicht wie Menschen denken oder verstehen, aber in der Praxis werden sie von der Industrie dennoch als KI klassifiziert.

Warum erscheint KI so neu, obwohl wir sie bereits seit einiger Zeit nutzen? Ein Grund dafür ist, dass sie in die Software integriert ist, die wir täglich verwenden. Sie ist meist unsichtbar.

Und wenn man von ‚künstlicher Intelligenz' hörte, wirkte es wie etwas, das nur Teams aus Datenwissenschaftlern und Ingenieuren bei Fortune-500-Unternehmen entwickeln, trainieren und warten konnten. Unternehmen benötigten Spezialisten, umfangreiche Budgets und Monate (oder sogar Jahre), um etwas auch nur annähernd Funktionsfähiges zu schaffen. Es schien nicht wie ein Werkzeug für den Alltag.

Im November 2022 wurde ChatGPT der Öffentlichkeit vorgestellt, und dies veränderte die Situation. Es war ein KI-Modell, das in eine benutzerfreundliche Anwendung integriert wurde und erstmals für alle zugänglich war. Innerhalb einer Woche registrierten sich eine Million Menschen, nach vier Monaten bereits 100 Millionen. Anfang 2025 gab es Berichten zufolge 400 Millionen Nutzer. ChatGPT war der Auslöser für das Aufkommen der generativen KI.

Bevor wir fortfahren, ist es wichtig, dass Sie verstehen, was generative KI von traditioneller KI unterscheidet. Anstatt nur zu analysieren, was bereits existiert, erschafft sie etwas Neues. Generative KI-Modelle generieren neue Inhalte wie Texte, Kunstwerke, Musik oder sogar Code. Dazu lernen sie die zugrunde liegende Struktur und den Stil riesiger Datensätze.

Traditionelle KI vs. generative KI

Traditionelle KI	Generative KI
Sortiert, filtert und analysiert Daten	Erstellt brandneue Inhalte von Grund auf
Macht Vorhersagen oder Klassifizierungen	Generiert Text, Bilder, Audio, Video oder Code
Funktioniert nur mit vorhandenen Informationen	Kann sich Dinge vorstellen und bauen, die es nie gab
Erfordert technische Fähigkeiten zur Entwicklung	Benutzerfreundlich; jeder kann es mit einfacher Sprache verwenden
Beispiel: E-Mail-Spamfilter	Beispiel: KI schreibt eine neue Marketing-E-Mail

Der Übergang von reiner Analyse-KI zu kreativen Modellen ist der Grund, warum KI in den letzten drei Jahren so stark an Bedeutung gewonnen hat. Viele der Tools sind entweder kostenlos oder kostengünstig. Sie sind einfacher zu nutzen und leichter verfügbar als je zuvor.

Die fünf Kategorien generativer KI-Tools

KI-Tools lassen sich grob in fünf Hauptkategorien einteilen. Wenn Sie diese Kategorien verstehen, können Sie leichter erkennen, welche Art von Tool Sie für eine bestimmte Aufgabe benötigen.

1. Assistenten

Dies sind KI-Tools, die entwickelt wurden, um mit Ihnen zu kommunizieren und Sie bei alltäglichen Aufgaben zu unterstützen. Sie geben eine Frage, eine Anfrage oder eine Idee ein, und der Assistent antwortet. Es spielt keine Rolle, ob Sie nach Antworten suchen, Hilfe beim Schreiben benötigen, Brainstorming betreiben oder einfach nur ein Problem lösen möchten. Beliebte Assistenten wie ChatGPT, Claude (Anthropic) und Gemini (ehemals Google Bard) können sich den Kontext Ihrer Unterhaltung merken, sodass Sie sich wie mit einem Menschen unterhalten können.

2. Generatoren

Mit diesen Tools lassen sich Inhalte aus dem Nichts erzeugen. Stellen Sie sich vor, Sie brauchen ein Bild für einen Blogbeitrag oder eine Sprachaufnahme für ein kurzes Video.

Tools wie Midjourney, DALL-E und ElevenLabs liefern Ihnen mit einer einzigen Eingabe sofort ein fertiges Ergebnis. Sie brauchen keine Design- oder Audiobearbeitungskenntnisse.

3. Verbesserungstools

Wenn Sie bereits einen Entwurf oder eine grobe Idee haben, unterstützen Sie Verbesserungsprogramme dabei, diese zu optimieren. LanguageTool ist ein klassisches Beispiel für ein KI-gestütztes Textverbesserungstool, besonders geeignet für deutsche Texte. Sie können auch andere KI-Tools verwenden, um ein unscharfes Foto zu schärfen oder die Qualität einer heruntergeladenen Grafik zu verbessern. Es ist, als hätten Sie einen digitalen Editor zur Verfügung.

4. Ersteller

Manchmal ist eine umfangreichere Struktur erforderlich, beispielsweise für eine Website, eine Präsentation oder einen Bericht. Erstellungswerkzeuge bieten Ihnen eine Vorlage und führen Sie durch jeden Schritt, sodass Sie nicht vor einem leeren Bildschirm sitzen bleiben. Sie verbinden ein gewisses Maß an Automatisierung mit kreativer Freiheit.

5. Orchestratoren

Hier beginnt die Effizienz deutlich spürbar zu werden. Orchestratoren wie Make, n8n oder Zapier ermöglichen es Ihnen, alle Ihre Anwendungen und Tools miteinander zu verbinden, sodass diese die Routineaufgaben für Sie übernehmen. Sie können diese verwenden, um mehrere Aufgaben miteinander zu verknüpfen, die von Generatoren oder Assistenten ausgeführt werden, um Prozesse wie das Erstellen von Artikelentwürfen oder das Beantworten von Kundenfragen zu automatisieren. Orchestratoren generieren zwar nicht direkt neue Inhalte wie ChatGPT oder Midjourney, aber in Kombination mit generativen Modellen bilden sie das Fundament KI-gestützter Systeme, die mit minimalem menschlichem Aufwand funktionieren. Die meisten dieser Tools verfügen über eine integrierte KI, mit der Sie beschreiben können, welche Art von Workflow-Prozess Sie automatisieren möchten, und die dann die gesamte mehrstufige Automatisierung für Sie erstellt. Diese Tools werden auch als Workflow-Automatisierungstools oder Low-/No-Code-Automatisierungstools bezeichnet.

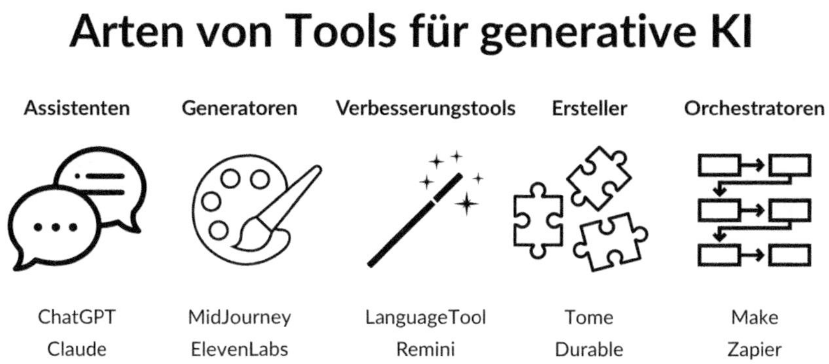

Es ist nicht erforderlich, alle diese Arten von Tools zu beherrschen. Ich nutze in 98 % der Fälle genau vier KI-Tools: ChatGPT zum Schreiben und Brainstorming, LanguageTool zum Bearbeiten und Verbessern von Texten, Canva (mit KI-Funktionen) zum Bearbeiten von Designs wie Buchcovern und Social-Media-Beiträgen und Make für Automatisierungen. Es hat über ein Jahr gedauert, bis ich mich darin eingearbeitet hatte. Alles andere ist zwar interessant, aber nicht unbedingt notwendig. In meinem ersten Jahr habe ich ausschließlich ChatGPT verwendet – das war völlig ausreichend.

Was Sie mit generativer KI erstellen können

Die Bandbreite dessen, was generative KI schaffen kann, erweitert sich alle paar Monate. Hier sind einige Beispiele dafür, was Sie in der nächsten Stunde mit generativer KI erstellen könnten:

- Entwerfen Sie eine Produktbeschreibung oder eine E-Mail für Ihr Unternehmen.
- Verfassen Sie ein Gedicht oder eine Kurzgeschichte zu einem Thema Ihrer Wahl
- Erstellen Sie ein Bild, beispielsweise von Ihrem Hund in einem Kuhkostüm oder ein individuelles Logo
- Erstellen Sie ein Musikstück, das Ihrer Stimmung entspricht
- Erstellen Sie ein Video oder sogar eine realistische Stimme, die Ihre Worte vorliest

- Schreiben Sie einen Computercode, der Ihre Dateien automatisch organisiert

Das sind erst die Anfänge, aber lassen Sie uns einen genaueren Blick auf die wichtigsten Arten von Inhalten werfen, die Sie mit generativer KI erstellen können.

Text

Die Textgenerierung ist der Bereich, in dem die meisten Menschen mit KI beginnen. ChatGPT oder ähnliche Tools sind für viele der Einstieg in die KI. Diese Tools können E-Mails, Berichte, Blogbeiträge und nahezu jeden anderen Text verfassen, den Sie benötigen. Sie können auch bereits verfasste Texte bearbeiten, Grammatikfehler korrigieren oder den Tonfall anpassen.

Wenn Sie sich fragen, wie sich Textgenerierungstools von den oben genannten Assistenten unterscheiden, lautet die Antwort: **gar nicht**. Viele der bekanntesten Textgenerierungstools sind Assistenten. Andere Textgenerierungstools wie LanguageTool sind jedoch Verbesserungsprogramme, da sie beim Bearbeiten von Texten helfen.

Visuelle Elemente

KI erstellt Bilder anhand einfacher Beschreibungen und erstellt Grafiken für soziale Medien innerhalb weniger Minuten. Sie können ganze Marketingkampagnen, Cover in Magazinqualität oder Prototypen für Verpackungskonzepte innerhalb von Stunden statt Wochen erstellen. Mit einem Abo von rund 20 € im Monat können Sie in kurzer Zeit Dutzende von Grafiken für soziale Medien erstellen.

Audio

Mit der Audioproduktion können Sie professionell klingende Voiceovers erstellen und Hintergrundmusik ohne Urheberrechtsprobleme komponieren. Sie können Blog-Archive in vollständige Podcast-Serien umwandeln, ein Buch in ein Hörbuch verwandeln, Voiceovers für TikTok-Anleitungsvideos erstellen und vieles mehr.

Video

Sie können direkt von Ihrem Laptop aus Erklärvideos, Werbespots oder Schulungsclips erstellen. Sie können sogar Videos in verschiedenen Sprachen erstellen oder Effekte hinzufügen, ohne sich in eine neue Software einarbeiten zu müssen.

Code

Auch ohne Programmierkenntnisse können Sie einfache Anwendungen erstellen. Sie müssen weder Python noch JavaScript beherrschen, da die KI den Code für Sie schreibt. Sie müssen lediglich wissen, wie Sie der KI mitteilen, was Sie möchten, und wie Sie testen können, ob der Code die gewünschten Funktionen erfüllt.

Was generative KI leisten kann

Kategorie	Empfohlene Startwerkzeuge
Text	ChatGPT oder Claude
Bilder	Midjourney oder DALL-E
Audio	ElevenLabs
Video	Bildergalerie
Produktivität	Notion AI oder Microsoft Copilot

Ein Großteil dieses Buches konzentriert sich auf Assistenten und Generatoren, die diese verschiedenen Arten von Inhalten erstellen. Einige fortgeschrittene Kategorien, wie beispielsweise Orchestratoren, gehen über das hinaus, was

Anfänger in der Regel benötigen, daher werden wir uns nicht ausführlich mit ihnen befassen. Dennoch werden wir einige fortgeschrittene Anwendungen ansprechen, um Ihnen zu zeigen, welche Möglichkeiten sich in Zukunft ergeben könnten.

Sie werden herausfinden, welche Tools für verschiedene Projekte die besten Ergebnisse liefern, und Möglichkeiten entdecken, wie Sie mehrstündige Aufgaben auf wenige Minuten Arbeit verkürzen können. Es geht nicht darum, KI für absolut alles einzusetzen, sondern vielmehr darum, zu erkennen, wo sie einen echten Mehrwert schaffen und Ihnen am meisten Zeit zurückgeben kann.

Es ist auch wichtig zu wissen, wie schnell sich KI-Tools derzeit weiterentwickeln. Die besten KI-Tools für eine bestimmte Aufgabe können heute die besten auf dem Markt sein, werden jedoch möglicherweise morgen durch ein anderes Tool übertroffen, das ein umfangreiches Update veröffentlicht.

KI-Tools werden zudem immer kostengünstiger. Eine KI-Funktion, die heute noch als Premium-Feature gilt, könnte im nächsten Jahr bereits kostenlos sein. Als HeyGen, ein KI-Videotool, erstmals auf den Markt kam, war es noch deutlich teurer und nur mit einem hochpreisigen Abo erhältlich. Heute gibt es den Creator-Tarif zu deutlich günstigeren Konditionen.

Bevor wir uns damit befassen, wie man verschiedene KI-Tools zur Erstellung dieser unterschiedlichen Arten von Inhalten einsetzt, ist es wichtig, zumindest ein grundlegendes Verständnis davon zu haben, wie die KI-Modelle, die diese Inhalte erstellen, im Hintergrund funktionieren.

Wie generative KI funktioniert (und warum sie nicht immer richtig liegt)

Generative KI verfügt über keine echte „Intelligenz". Sie versteht, denkt oder argumentiert nicht wie Menschen. Stattdessen verwendet sie komplexe mathematische Modelle, um vorherzusagen, was als Nächstes kommt – sei es das nächste Wort in einem Satz, die nächste Note in einem Lied oder das nächste Pixel in einem Bild.

Die häufigste Art der generativen KI, die Sie kennenlernen werden, wird als Large Language Model (großes Sprachmodell) oder kurz LLM bezeichnet.

ChatGPT ist ein bekanntes Beispiel dafür. LLMs werden mit riesigen Mengen an Text aus Büchern, Artikeln und Websites trainiert und lernen dabei Sprachmuster, sodass sie neue Inhalte generieren können, die natürlich klingen.

Diese Vorhersagen basieren vollständig auf Mustern, die während des Trainings aus umfangreichen Datensätzen gelernt wurden. Im Bereich Text untersucht die KI Millionen von Büchern, Artikeln und Gesprächen, um zu erlernen, wie Menschen schreiben und kommunizieren. Im Bereich Musik analysiert sie die Noten und Rhythmen unzähliger Lieder, um zu verstehen, wie Melodien fließen.

Die Vorhersagekraft von LLMs und die Tatsache, dass sie über keine tatsächliche Intelligenz verfügen, kann dazu führen, dass sie Ihnen mitunter sehr falsche Antworten geben, die als Halluzinationen bezeichnet werden. Obwohl LLMs mittlerweile so ausgereift sind, dass sie Ihnen wahrscheinlich nicht mehr mitteilen werden, dass die Hauptstadt der USA Texas ist, kann es dennoch vorkommen, dass Sie auf Folgendes stoßen:

- **Gefälschte Zitate:** Die KI generiert einen Zeitschriftenartikel, ein Buch oder eine Website als Quelle, die nicht existiert, präsentiert diese jedoch als echt.
- **Falsche Statistiken oder Daten:** Sie erhalten eine plausibel klingende Zahl oder ein Datum (z. B. „Im Jahr 2022 wechselte der durchschnittliche US-Arbeitnehmer 5,3 Mal den Arbeitsplatz“), die bzw. das nicht durch reale Daten gestützt wird.
- **Erfundene Rechtsfälle oder Vorschriften:** Die KI könnte auf einen Gerichtsfall, ein Gesetz oder eine Rechtsvorschrift verweisen, die echt klingen, aber nie stattgefunden haben.
- **Nicht existierende historische Ereignisse:** Es wird ein politischer Gipfel, eine Erfindung oder ein Ereignis beschrieben, das tatsächlich nie stattgefunden hat.
- **Falsch zugeschriebene Zitate:** Es wird ein Zitat einer falschen Person zugeschrieben oder ein Zitat vollständig erfunden.
- **Selbstbewusste, aber falsche technische Ratschläge:** Beispielsweise wird Ihnen ein Code-Schnipsel gegeben, der richtig

aussieht, aber eine Funktion verwendet, die nicht existiert oder veraltet ist, oder ein wissenschaftliches Konzept wird falsch erklärt.
- **Ungenaue Zusammenfassungen:** Wenn das Programm gebeten wird, ein Buch, eine Arbeit oder einen Artikel zusammenzufassen, kann es vorkommen, dass Details eingefügt werden, die im Original nicht enthalten waren, oder dass oder sich die Bedeutung verschiebt.
- **Fiktive Personen, Produkte oder Unternehmen:** Wenn Sie nach Empfehlungen oder Vergleichen fragen, könnte die KI Ihnen von einer Software, einem Unternehmen oder einer App berichten, die nicht real sind. Haben Sie jemals einen Blogbeitrag oder ein Buch gelesen, in dem Anna, die Lehrerin aus Berlin, erwähnt wurde? Sie ist wahrscheinlich KI-generiert und unterrichtet nebenbei auch noch Yoga, schreibt einen Blog über gesunde Ernährung, bietet Nachhilfe in Mathematik an, verkauft ihre eigenen Strickmuster auf Etsy und plant gerade ein Start-up. Anna taucht gefühlt in jedem zweiten fiktiven Beispiel auf, das ChatGPT erstellt.

Sie sollten Fakten, insbesondere Daten, Statistiken und technische Details, stets doppelt überprüfen. Nachdem Sie nun ein grundlegendes Verständnis davon haben, was generative KI ist und wie sie funktioniert, sind Sie wahrscheinlich neugierig, welche Arten von Tools Sie tatsächlich verwenden werden.

All das wirkt anfangs vielleicht ziemlich überwältigend. Wenn Sie sich also noch nicht alle verschiedenen Arten von Tools und deren Anwendungsmöglichkeiten gemerkt haben, machen Sie sich keine Sorgen. In den folgenden Kapiteln werden Sie all dies auf eine viel umfassendere Weise erlernen, bis es zu praktischem Wissen wird, das Sie in Ihren täglichen Arbeitsabläufen im Beruf wie auch im Privatleben anwenden können.

Wie bereits erwähnt, beginnen die meisten Menschen ihre Reise in die Welt der KI mit textbasierten Assistenten, weil diese wie ein Gespräch funktionieren. Diese Tools nennt man auch konversationelle KI – damit beschäftigen wir uns als Nächstes.

2

Erste Schritte: Konversationelle KI-Tools

KONVERSATIONELLE KI-TOOLS wie ChatGPT und Claude funktionieren über einfache Text-Chats. Sie geben etwas ein, und das Tool antwortet mit Text. Diese Tools können ganze Blogbeiträge verfassen, Tabellen analysieren, Marketingstrategien erstellen, Code debuggen und detaillierte Projektpläne auf Grundlage von ein paar Sätzen von Ihnen erstellen. Die meisten dieser Tools funktionieren sowohl auf Ihrem Computer als auch auf Ihrem Smartphone. Viele bieten zusätzlich mobile Apps an.

Ich nutze ChatGPT für etwa 90 % meiner geschäftlichen Aktivitäten. Dazu gehören das Verfassen von E-Mails, die Analyse von Daten, die Entwicklung kreativer Ideen, die Erstellung von 30-Tage-Geschäftssprints sowie das Schreiben und Bearbeiten von Texten. Konversationelle KI kann zur zentralen Schnittstelle werden, die Ihre täglichen Arbeitsabläufe miteinander verbindet.

Übersicht über die besten dialogorientierten KI-Tools

Die Art der Aufgaben, die Sie mit konversationeller KI erledigen möchten, kann ausschlaggebend dafür sein, welches Tool Sie am häufigsten verwenden werden. Verschiedene Tools eignen sich besser für unterschiedliche Aufgaben. Sie müssen keine Zeit damit verschwenden, jede einzelne Option zu testen; Sie können mit einem Tool beginnen und später jederzeit ein anderes ausprobieren. Hier ist meine Übersicht der besten Optionen.

ChatGPT (OpenAI)

ChatGPT ist mein Arbeitspferd und meine erste Wahl für nahezu alle Aufgaben. Wenn Sie von der Vielzahl an Optionen überwältigt sind, beginnen Sie einfach hier. Im Gegensatz zu vielen anderen Apps, die Sie ständig zu einem Upgrade auffordern, ist es auch in der kostenlosen Version wirklich nützlich. Ich nutze es für alles, vom Verfassen von E-Mails und Brainstorming für Inhaltsideen bis hin zum Schreiben von Entwürfen, Analysieren von Daten und sogar für meine Wochenplanung.

Wann Sie es einsetzen sollten:

- Wenn Sie ein flexibles, vielseitiges Tool zum Schreiben, Recherchieren oder für schnelle Hilfe bei geschäftlichen oder kreativen Projekten benötigen
- Wenn Sie ein intuitives und einfach zu bedienendes Tool suchen
- Zur Automatisierung von Routineaufgaben, die Sie bereits regelmäßig ausführen

Mit dem Upgrade auf Plus erhalten Sie erweiterte Modelle, höhere Nutzungslimits und Echtzeitinformationen. Ich nutze es täglich für eine Vielzahl von Aufgaben.

Claude (Anthropic)

Claude ist eine ausgezeichnete Wahl, wenn Sie Bücher, Blogs oder andere lange Texte verfassen. Meiner Meinung nach ist es ChatGPT überlegen, wenn es darum geht, in einem bestimmten Ton zu schreiben, der menschlicher und natürlicher klingt. Es kann auch mehrere tausend Wörter Text auf einmal mit hoher Präzision bearbeiten und formatieren. Ich habe eine Stunde lang frustriert mit ChatGPT gearbeitet, weil es lange Dokumente nicht genau formatieren kann, während Claude dies mit einer einzigen Prompt problemlos erledigt. Allein das hat mein Leben erheblich vereinfacht.

Claude kann auch umfangreiche Dokumente besser verarbeiten als andere und ist besonders gut in der detaillierten Analyse. Wenn Sie mit umfangreichen Dokumenten arbeiten oder komplexe Themen sorgfältig durchdenken müssen, ist Claude eine ausgezeichnete Wahl.

Gemini (Google)

Gemini ist die richtige Wahl für Sie, wenn Sie die neuesten Informationen wünschen oder sich intensiv mit der Welt von Google beschäftigen. Die Suchfunktionen sind zuverlässig. Die Google-Suche ist direkt integriert, sodass Sie aktuelle Fakten und Nachrichten erhalten. Die Integration mit Google Docs, Sheets und Gmail ist nahtlos; markieren Sie Text und bitten Sie direkt an der Stelle, an der Sie arbeiten, um Hilfe.

Wann Sie es einsetzen sollten:

- Wenn Sie Ihren Arbeitstag in Google Workspace verbringen
- Wenn Sie schnelle, aktuelle Recherchen oder Faktenprüfungen durchführen möchten
- Sie haben genug vom ständigen Wechseln zwischen verschiedenen Tabs, nur um eine Frage zu stellen.

Perplexity

Perplexity ist das Tool, das ich nutze, wenn ich zuverlässige Quellenangaben und Fakten benötige, nicht nur eine Antwort, die überzeugend klingt. Es ist weniger ein Chatbot als ein KI-gestützter Forschungsassistent. Ich verwende es für Sachtexte und alles, was Quellen erfordert, auf die ich tatsächlich klicken kann.

Wann Sie es einsetzen sollten:

- Für rechercheintensive Arbeiten, die seriöse Quellen erfordern
- Zusammenfassung komplexer Themen mit zuverlässigen Links
- Wenn der Verweis aufs Internet als Quelle nicht ausreicht

Grok (Twitter/X)

Grok ist ein einzigartiges Tool, das auf Social-Media-Einblicke und Trendinhalte spezialisiert ist. Grok ist in X (ehemals Twitter) integriert und verfügt über etwas, das andere Tools nicht bieten: Echtzeit-Zugriff auf die aktuellen Gesprächsthemen. Es versteht soziale Medien mit einer bemerkenswerten Selbstverständlichkeit. Wenn Sie Inhalte erstellen möchten, die für soziale Plattformen geeignet sind, ist Grok die ideale Lösung. Die anderen Tools können Ihnen dabei helfen, über Trendthemen zu schreiben, aber Grok unterstützt Sie dabei, Inhalte zu verfassen, die wirklich mitschwingen.

Wann Sie es einsetzen sollten:

- Sie möchten aktuelle Trendthemen oder virale Memes sofort nutzen, wenn sie entstehen.
- Sie brauchen Inspiration oder Formulierungen, die auf sozialen Plattformen funktionieren.
- Sie sind im Marketing, in der PR oder in der Content-Erstellung tätig und benötigen den Puls des Internets

Grok ist gelegentlich auch umstritten, weil es voreingenommene oder extreme Antworten generiert. Da es mit Echtzeit-Inhalten aus sozialen Medien trainiert wurde, spiegelt es gelegentlich ungefilterte Meinungen oder Fehlinformationen wider. Dies ist besonders besorgniserregend, da LLMs, wie wir uns erinnern, vorausschauende Antworten anhand ihrer Trainingsdaten generieren, was darauf hindeutet, dass die Trainingsdaten von Grok Inhalte aus unmoderierten Internetforen, Social-Media-Beiträgen oder anderen Quellen enthielten, die kaum auf Fehlinformationen, Hassreden oder politischen Extremismus gefiltert wurden. Wenn die zugrunde liegenden Daten so problematisch sind, kann die KI am Ende schädliche Ideen wiederholen oder verstärken, auch wenn dies nicht die Absicht der Entwickler war.

Sollten Sie in Ihrem Land keinen Zugriff haben, probieren Sie einfach ein anderes Tool aus der Liste. Sie verfügen alle über ähnliche Kernfunktionen.

Einsteigerfreundliche Tools für dialogorientierte KI

Tool	Am besten für	Hauptmerkmal
ChatGPT	Allgemeines Schreiben, kreative Aufgaben, APIs	Flexibel, vielseitig, viele Plugin-Optionen
Claude	Langform, Dokument Analyse/Bearbeitung	Verarbeitet große Dateien, differenzierte Antworten
Gemini	Recherche, aktuelle Fakten, Google-Nutzung	Integriert mit Google Workspace, Echtzeit
Perplexity	Recherche, zitierte/verifizierte Antworten	Automatische Quellenangabe
Grok	Soziale Medien, trendbasierte Inhalte	X (Twitter)-Integration, soziale Einblicke

So wählen Sie das beste KI-Tool für Ihre Anforderungen aus

Nachdem Sie nun wissen, was jedes Tool am besten kann, ist der nächste Schritt die Auswahl. Ich stelle mir drei Fragen, die mir dabei helfen, die richtige Entscheidung zu treffen:

1. Wofür möchten Sie das Tool hauptsächlich einsetzen?

Betrachten Sie noch einmal die Beschreibungen der Tools. Welches davon scheint die Probleme zu lösen, mit denen Sie am häufigsten konfrontiert sind? Wenn Sie sich nicht sicher sind, entscheiden Sie sich einfach für ChatGPT. Damit habe ich auch angefangen, bis ich mich eingearbeitet hatte.

2. Wie wichtig sind Echtzeitinformationen?

Wenn Sie unbedingt aktuelle Informationen benötigen, um beispielsweise die Nachrichten des Tages zu lesen oder die neuesten Produktbewertungen zu finden, entscheiden Sie sich für Perplexity oder Gemini. Diese Tools sind ständig mit aktuellen Quellen verbunden.

ChatGPT Plus oder Claude bieten einen guten Mittelweg, wenn aktuelle Informationen hilfreich, aber nicht zwingend erforderlich sind. ChatGPT kann auf das Internet zugreifen, um Informationen zu überprüfen und Aktualisierungen zu aktuellen Ereignissen abzurufen, während Claude dies derzeit nicht kann.

Wenn Ihre Arbeit jedoch nicht von aktuellen Informationen abhängt, wie beispielsweise bei kreativen Schreibprojekten oder historischen Analysen, können Sie jedes beliebige Tool auswählen, das Ihnen aufgrund anderer Faktoren wichtig ist.

3. Was möchten Sie damit tun?

Überlegen Sie, wo dieses Tool in Ihrem Arbeitsalltag eingesetzt werden soll. Wenn Sie Google Workspace nutzen, ist Gemini die sinnvollste Wahl. Es funktioniert direkt in Ihren Google-Tools, ohne dass Sie zwischen Registerkarten wechseln müssen. Sie markieren Text in einem Dokument, bitten um Hilfe und arbeiten weiter.

Wählen Sie ChatGPT, wenn Flexibilität wichtig ist. Es bietet mehrere Integrationen von Drittanbietern, darunter Google Drive, Outlook, Canva, HubSpot und SharePoint. Es ist mit jeder von Ihnen verwendeten Technologie kompatibel. Die meisten Entwickler entscheiden sich aus diesem Grund dafür, da sie es mit GitHub (wo sie ihren Code speichern) verbinden können.

Für forschungsintensive Arbeiten zitiert Perplexity jede Behauptung und verlinkt jede Tatsache mit der Quelle. Es wird zu einem Teil Ihrer Arbeitsüberprüfung.

Grok ist mit sozialen Medien bestens vertraut. Da es Teil von X (Twitter) ist, versteht es, was auf sozialen Plattformen funktioniert: das richtige Timing, den richtigen Ton und die Trends, die das Engagement fördern.

Profi-Tipp: Wenn Sie dies als Unternehmer, Manager oder als Person lesen, die die Nutzung im Team plant, bieten sowohl ChatGPT als auch Claude „Team"- oder „Enterprise"-Tarife an.

Diese bieten zusätzliche Privatsphäre, Sicherheit, Verwaltungskontrollen, erweiterte Nutzungsmöglichkeiten und Funktionen für die Zusammenarbeit, mit denen Sie die Nutzung von KI in Ihrem Unternehmen verwalten können. Wenn Ihr Unternehmen Microsoft 365 verwendet, sollten Sie sich **Copilot** ansehen, das die konversationelle KI direkt in Word, Excel, Outlook und Teams integriert.

Von Text zu Multimedia

Wenn Sie sich intensiver mit generativer KI beschäftigen, werden Sie mit verschiedenen dialogorientierten KI-Tools experimentieren und herausfinden, welche Ihnen für unterschiedliche Aufgaben am besten geeignet sind. Wie Sie in diesem Kapitel gelernt haben, hat jedes Modell seine Stärken und Schwächen. Ich verwende mittlerweile häufig mehrere Tools und Modelle im selben Schreib-Workflow.

Wählen Sie zunächst ein Tool aus, mit dem Sie experimentieren möchten, und melden Sie sich für den kostenlosen Tarif an. Sehen Sie diese Übungen als Gelegenheit, ein neues Modell auszuprobieren. Achten Sie darauf, wo die Unterschiede liegen, welche Aufgaben einem Tool leichter fallen und in welchen Situationen ein anderes Modell bessere Ergebnisse liefert.

Im ersten Teil dieses Sammelbandes haben Sie bereits gesehen, wie man klare und wirkungsvolle Prompts formuliert und Schritt für Schritt verbessert. Damit haben Sie die Grundlage gelegt, um mit generativer KI Texte wie E-Mails, Blogbeiträge oder Social-Media-Posts zu erstellen.

Darauf bauen wir nun auf und gehen einen Schritt weiter. Sie lernen, wie sich die gleichen Prinzipien auch auf andere Inhalte anwenden lassen, zum Beispiel auf Bilder, Videos und Audio. Gleichzeitig erfahren Sie, wie sich Texte in größere Workflows einbinden lassen – etwa beim Erstellen eines kompletten

Blogs oder einer Präsentation. So sehen Sie, wie sich einzelne Bausteine kombinieren lassen, um umfangreichere Projekte umzusetzen.

Auf diese Weise erweitern Sie Ihr Repertoire von geschriebenen Texten hin zu visuellen und multimedialen Projekten. Die Grundlagen bleiben gleich: Kontext, klare Anweisungen, Format und Grenzen. Doch die Anwendungsmöglichkeiten vervielfachen sich, sobald Sie diese Prinzipien in unterschiedlichen Medien einsetzen und zu größeren Projekten verbinden.

3

Professionelle Bilder und Grafiken erstellen

ES ÜBERRASCHT MICH IMMER WIEDER, wie viele Menschen nicht wissen, dass generative KI nicht nur beim Schreiben hilfreich ist. Mit generativen KI-Tools können Sie auch Ihre eigenen Bilder, Grafiken und Videos erstellen. Ob ein Bild für einen Blogbeitrag, eine Grafik für LinkedIn, ein schnelles Diagramm für ein Meeting oder sogar ein Schulungsvideo – Sie können bereits Verfasstes nutzen und die KI dafür Grafiken generieren lassen oder mit einem guten Prompt von Grund auf neu erstellen.

In diesem Kapitel erfahren Sie, wie Sie:

- Ihren Text in Bilder umwandeln können, die zu Ihrer Stimme und Ihrer Marke passen (keine generischen Grafiken mehr)
- visuelle Inhalte erstellen, die einheitlich sind, auch wenn Design nicht zu Ihren Stärken zählt

Halten Sie dafür am besten den Blogbeitrag bereit, den Sie im ersten Buch dieses Sammelbandes (*ChatGPT für Einsteiger leicht gemacht*) erstellt haben. Wir werden ihn in diesem Kapitel nutzen, um ein passendes Hero-Bild zu entwickeln und den gleichen Text anschließend in ein Video zu verwandeln. Beginnen wir.

Bilder für verschiedene Aufgaben generieren

Es gibt erstaunlich viele Möglichkeiten, KI-Bildgeneratoren zu nutzen. Und Sie müssen weder künstlerisch begabt noch besonders kreativ sein, um großartige Ergebnisse zu erzielen. Ob Sie ein kleines Unternehmen führen, eine persönliche Marke aufbauen, einen Blog schreiben oder einfach bessere visuelle Inhalte für alltägliche Projekte möchten. Mit diesen Tools können Sie in wenigen Minuten hochwertige Bilder erstellen.

Das können Sie mit KI-Bildgeneratoren erstellen:

- Social-Media-Grafiken für jede Plattform
- Professionell aussehende Produktfotos
- Profilbilder oder Avatare für Unternehmen, Personal Branding oder Ihr Team
- Bilder für Blogs und Newsletter
- Veranstaltungsflyer oder Ankündigungen
- Markengrafiken für Websites, YouTube-Kanäle oder Druckerzeugnisse

Auch wenn Sie noch nie mit Photoshop oder Canva gearbeitet haben, werden Sie überrascht sein, wie schnell Sie etwas erstellen können, das professionell aussieht und Sie vielleicht sogar fragen lässt, ob Kunst oder Fotografie doch etwas für Sie sein könnten. Das Schwierigste ist nicht, die Tools zu lernen, sondern zu entscheiden, womit Sie anfangen.

Benutzerfreundliche Tools zur Erstellung von Bildern

Die meisten Anfänger sind zunächst unsicher, mit welchem Tool sie beginnen sollen. Hier sind einige der gängigsten Tools zur Bilderstellung und ihre Anwendungsmöglichkeiten.

DALL-E

Direkt in ChatGPT integriert, ermöglicht DALL-E einen nahtlosen Übergang vom Schreiben von Textinhalten zum Erstellen eines fertigen Bildes, ohne dass Sie ein anderes Tool öffnen müssen. Sie können Avatare und schnelle Blog-Illustrationen erstellen oder vorhandene Fotos bearbeiten, indem Sie diese hochladen und Änderungen anfordern. Sie können ein einfaches

Handyfoto in etwas Lustiges, Dramatisches oder völlig Unerwartetes verwandeln.

Ich habe einmal ein Bild meines Hundes mit seinem markanten Unterbiss hochgeladen und DALL-E daraus einen Manager im Anzug in einem Eckbüro machen lassen, mit der Skyline von New York im Hintergrund und einem Namensschild mit der Aufschrift „Chief Snuggle Officer". Das Ergebnis war beeindruckend.

Wir werden gleich darauf eingehen, wie Sie aussagekräftige Prompts für DALL-E verfassen können.

Canva

Dies ist für viele Kreative das bevorzugte Tool für Grafikdesign. Für sich genommen ist es technisch gesehen keine KI-Plattform, aber mit CanvaAI können Sie Grafiken für Social-Media-Posts, Anzeigen, Einladungen und Präsentationen erstellen. Ich empfehle, in Ihrer ersten Eingabe genau den Text zu verwenden, den Sie wünschen. Canva hat manchmal Schwierigkeiten, Text präzise zu platzieren oder Ihre Farbwünsche genau umzusetzen. Canva AI kann Ihnen innerhalb von Sekunden einen Entwurf liefern, der zu 80 % Ihren Vorstellungen entspricht. Anschließend müssen Sie das Layout, die Farben oder die Schriftarten an Ihren Stil anpassen.

Leonardo.ai

Leonardo.ai eignet sich hervorragend für hochwertige Produktfotos oder Marketingbilder, wenn Sie keinen Fotografen zur Verfügung haben. Sie können einheitliche Aufnahmen erstellen, beispielsweise *eine Kaffeetasse auf weißem Hintergrund* oder *eine Wasserflasche in einer Sporttasche*. Sie können auch eigene Fotos hochladen und von Leonardo in eine neue Umgebung einfügen lassen, beispielsweise eine einfache Tassenaufnahme auf einer Marmorarbeitsplatte mit Sonnenlicht und Pflanzen im Hintergrund.

Tipps für bessere Ergebnisse:

- Beginnen Sie mit einfachen, hochwertigen Quellbildern.
- Fügen Sie später mit Canva Logos hinzu, wenn diese klein oder detailreich sind.
- Bearbeiten Sie Produktfotos in einem Durchgang, um Zeit zu sparen.

Midjourney

Ein weiteres beliebtes Tool unter Designerinnen und Designern ist Midjourney. Es ist die richtige Wahl, wenn Sie Bilder erstellen möchten, die aussehen, als gehörten sie in ein Kunstbuch, oder wenn Ihre visuellen Inhalte einfach einen echten Wow-Effekt haben sollen. Es ist ideal, wenn Sie nicht möchten, dass die Person auf Ihrem Porträt sechs Finger hat oder eine analoge Uhr vierzehn Stunden oder drei Zeiger anzeigt. Es ist den meisten anderen KI-Bildgeneratoren deutlich überlegen. Ich verwende es für Buchcover. Auch für YouTube-Banner, T-Shirt-Designs oder ansprechende Food-Bilder ist es hervorragend geeignet. Sie können jedoch alles erstellen, von hochdetaillierten Fantasieszenen bis hin zu hochauflösenden Porträts, die wie echte Menschen aussehen.

Der Nachteil ist, dass es auf Discord läuft, sodass eine gewisse Einarbeitungszeit erforderlich ist. Sobald Sie angemeldet sind, geben Sie Befehle wie den folgenden ein:

> */imagine eine futuristische Stadt bei Sonnenuntergang, digitales Gemälde, kräftige Farben*

Jeder Prompt bietet Ihnen vier Varianten des Bildes, die Sie anschließend verfeinern können. Ich bitte ChatGPT häufig, mir bei der Erstellung meiner Prompts zu helfen, damit diese für Midjourney optimiert sind. Auf diese Weise vermeide ich es, Credits für die Neuerstellung von Bildern zu verschwenden, weil das erste Ergebnis nicht den Erwartungen entspricht.

Es gibt auch keine kostenlose Version von Midjourney, sondern nur einen kostenpflichtigen Tarif. Wenn Sie lediglich ein schnelles Bild für Ihren Blog benötigen, würde ich Ihnen empfehlen, bei DALL-E oder Canva zu bleiben. Wenn Sie jedoch ein einheitliches Markenimage anstreben, lohnt es sich, Midjourney zu erlernen.

KI-Tools zur Bilderstellung

Tool	Am besten geeignet für	Startpunkt	Zugang
DALL·E 3	Schnelle Bilder mit Text	In ChatGPT integriert	Kostenlos mit ChatGPT
Canva	Grafiken für soziale Medien	Kostenlose Vorlagen + KI	Kostenlose Version verfügbar
Leonardo.ai	Produktfotos	Kostenlose Version verfügbar	Kostenlose Version verfügbar
Midjourney	Künstlerische Visuals	Über Discord-Server	Nur kostenpflichtig

---

Sicherheitsüberprüfung: Mit diesen KI-Bildgeneratoren stehen Ihnen zahlreiche Möglichkeiten zur Verfügung, um Inhalte zu erstellen und sogar zu monetarisieren. Denken Sie aber daran, dass Sie, wie bei jedem KI-Tool, das Hochladen persönlicher oder sensibler Bilder vermeiden und die Lizenzbedingungen überprüfen sollten, bevor Sie Inhalte veröffentlichen oder verkaufen, die KI-generierte Bilder enthalten.

Jedes dieser Tools kann Ihnen helfen, unterschiedliche Ergebnisse zu erzielen – von schnellen Blogbildern bis hin zu umfassenden Markenvisuals. Sobald Sie sich für eines entschieden haben, hängt die Qualität der Ergebnisse davon ab, wie Sie Ihre Prompts formulieren.

Bessere Prompts für Bilder schreiben

Das Erstellen von Prompts für Bilder ähnelt dem Formulieren von Prompts für Text, unterscheidet sich jedoch in einigen Punkten. Sie sollten weiterhin konkret bleiben und eine ähnliche Prompt-Struktur wie in Kapitel 3 verwenden. Wenn Sie nur schreiben *„Erstelle ein Bild von einem Hund"*, wird die KI ihre eigene Vorstellung davon erzeugen, wie dieser Hund aussieht. Es könnte sich um eine beliebige Rasse handeln, die cartoonhaft, fotorealistisch oder vielleicht auch irgendwo dazwischen dargestellt wird. Wenn Sie ein

Ergebnis wünschen, das zu Ihrer Marke, Ihrem Stil oder Ihren spezifischen Anforderungen passt, müssen Sie dies genau formulieren.

Ein wirkungsvollerer Ansatz besteht darin, der KI eine klare visuelle Vorgabe zu geben:

- **Thema:** *Ein Golden Retriever mit einem Tennisball*
- **Stil:** *modern, minimalistisch, Cartoon, Vintage, realistisch* usw.
- **Farbschema:** *Marineblau und Creme, sanfte Pastelltöne, leuchtendes Orange und Grau*
- **Beleuchtung:** *sanftes Morgenlicht, warmes Fensterlicht von links*
- **Stimmung:** *ruhig, energiegeladen, freundlich, professionell*
- **Komposition:** *zentriertes Porträt, Aufnahme von oben, weite Landschaft*
- **Zweck:** *Social-Media-Beitrag, Produktliste, Profilbild* (dies kann sich auf Größe und Layout auswirken)
- **Einschränkungen:** Geben Sie an, was Sie nicht wünschen – *keine unübersichtlichen Hintergründe, kein Text auf dem Bild*

Überlassen Sie die Entscheidung nicht dem Bildgenerator.

Fassen Sie alles zusammen:

> *Erstellen Sie eine detailgetreue, fotorealistische Nahaufnahme eines Golden Retrievers mit einem hellgrünen Tennisball im Maul. Verwenden Sie weiches Licht und gestalten Sie das Bild warm und verspielt. Positionieren Sie den Hund in der Bildmitte, passen Sie die Größe an ein YouTube-Miniaturbild an und lassen Sie den Hintergrund ohne Text.*

Beachten Sie, dass Sie hier weiterhin alle vier Elemente einer guten Vorgabe berücksichtigen:

- **Anweisung:** *Erstellen Sie ein Bild für [Zweck/Verwendung]*
- **Kontext:** *[Besondere Anweisungen zu Einstellung, Thema oder Verwendung]*
- **Format/Stil:** *[Stil, Farbschema, Beleuchtung, Stimmung, Komposition]*

- **Einschränkungen/Parameter:** *[Form/Größe, zu vermeidende Elemente, Platz für Text usw.]*

So sieht diese Struktur anhand einiger weiterer konkreter Beispiele aus:

Social-Media-Beitrag

Erstellen Sie ein Instagram-taugliches Bild eines Marktstandes, der mit frischen Feigen, Orangen und Lavendelsträußen beladen ist. Verwenden Sie eine warme, sonnendurchflutete Farbpalette mit sanftem goldenem Licht von rechts. Halten Sie den Stil rustikal und einladend und lassen Sie am unteren Rand Platz für eine Textüberlagerung.

Produktfoto

Erstellen Sie ein quadratisches Bild einer handgegossenen Sojakerze in einem mattierten Glasgefäß, die auf einer Steinplatte steht, neben der ein Zweig Eukalyptus liegt. Achten Sie auf eine helle und natürliche Beleuchtung ohne Unordnung im Hintergrund. Zentrieren Sie die Kerze und fotografieren Sie aus einem leicht erhöhten Winkel.

Professioneller Avatar

Erstellen Sie ein realistisches, hochauflösendes Porträtfoto eines Mannes Ende 40 mit grau meliertem Haar und kurzgeschnittenem Bart. Er trägt einen waldgrünen Pullover mit Rundhalsausschnitt und lächelt freundlich. Der Hintergrund sollte aus unscharfen Herbstblättern in Weichzeichneroptik bestehen, mit gleichmäßiger natürlicher Beleuchtung von vorne. Halten Sie die Komposition zentriert, ohne Text.

Falls Sie sich überfordert fühlen, denken Sie daran, dass Ihr erster Vorschlag nicht perfekt sein muss. Sie können jederzeit einen Vorschlag ausprobieren und sehen, was dabei herauskommt.

Wenn das erste Bild nicht Ihren Vorstellungen entspricht, geben Sie Ihrem KI-Tool konkretes Feedback dazu, was geändert werden soll. Wenn Sie sich hinsichtlich der Beleuchtung noch nicht sicher sind, lassen Sie diese zunächst weg und bitten Sie Ihr KI-Tool, das Bild mit unterschiedlicher Beleuchtung zu generieren, damit Sie sehen können, was Ihnen gefällt.

Sie werden mit jedem Versuch besser, und der Prozess wird sich einfacher und natürlicher anfühlen. Der einzige Weg, um herauszufinden, was funktioniert, besteht darin, es auszuprobieren und dann Ihre Prompts weiter anzupassen und zu verfeinern.

Wenn Ihnen das Erstellen von Bildern komplett von Grund auf derzeit zu aufwendig erscheint, können Sie auch mit Bildgenerierungsanweisungen experimentieren, indem Sie Ihre eigenen hochladen. Laden Sie eigene Fotos hoch, geben Sie an, wie diese verändert werden sollen, und bitten Sie um entsprechende Anpassungen. Ich habe bereits erwähnt, dass ich DALL-E verwendet habe, um ein Bild meines Hundes im Eckbüro zu erstellen. Ich habe es verfeinert, indem ich DALL-E gebeten habe, Berge im Hintergrund hinzuzufügen, die Farbe der Krawatte meines Hundes aktualisiert und den Winkel des Bildes geändert.

So bearbeiten Sie KI-generierte Bilder

Die erste Version eines KI-generierten Bildes entspricht nicht immer den Erwartungen. Es ist zu 97 % perfekt, jedoch können gelegentlich unnatürliche Hände, verzerrte Objekte oder ungewöhnliche Hintergründe auftreten. In solchen Fällen ist es nicht erforderlich, ein komplett neues Bild zu erstellen (dies würde wahrscheinlich ähnliche, aber andere Probleme mit sich bringen). Sie brauchen nur eine leichte Überarbeitung oder eine bessere Formatierung für Ihr Projekt.

Beginnen Sie mit dem Generierungstool und verwenden Sie anschließend Canva für schnelle, anfängerfreundliche Bearbeitungen. Mit Canva Magic Studio (im Pro-Plan enthalten) können Sie unerwünschte Elemente aus Ihren

Bildern entfernen, Hintergründe löschen und mithilfe von KI Bildmerkmale ändern. Sie können Bilder auch zuschneiden, Text oder Logos hinzufügen, das Layout anpassen und die Größe für Social-Media-Beiträge oder Präsentationen ändern.

Visuelle Inhalte konsistent gestalten

Viele Menschen landen bei uneinheitlichen visuellen Inhalten, weil sie ihren Stil von einem Tag auf den anderen ändern, Trends hinterherlaufen, die gar nicht zu ihrer Marke passen, oder wichtige Details wie Beleuchtung und Farbschema übersehen. Selbst kleine Unterschiede in Licht oder Farbe zwischen einzelnen Bildern können dafür sorgen, dass Ihr Inhalt zerstreut statt stimmig wirkt. Bleiben Sie bei jedem Prompt einem einheitlichen Stil, einer festen Farbpalette und einer konsistenten Stimmung treu. So wirken Ihre visuellen Inhalte immer wie aus einem Guss.

Kopieren Sie diese Vorlagen und ersetzen Sie sie durch Ihre eigenen Themen.

Einfache Prompt-Vorlagen für Bilder

Bildtyp	Prompt-Vorlage
Blog-/Newsletter-Header	„[Dein Thema] als Konzept, warm und einladend, im Querformat“
Zitat für soziale Medien	„Pastellfarbener Hintergrund, Platz für Text, quadratisches Format“
Veranstaltungshinweis	„Festliches Design für [Veranstaltungstyp], [Farbwelt], aufmerksamkeitsstark“
Rezeptfoto	„[Gericht], Draufsicht, rustikaler Tisch, natürliches Licht“
Buchcover-Mock-up	„Buch auf Tisch stehend, Stil: [Genre], professionelles Lichtsetup“
Kurs-Vorschaubild	„Bildungskonzept zu [Thema], modern und visuell ansprechend“

Profi-Tipp: Sie möchten, dass eine Reihe von Bildern wie eine zusammenhängende Serie wirkt? Wenn Sie Ihren visuellen Stil festgelegt haben, dokumentieren Sie ihn und erstellen Sie anschließend eine Vorlage, die Sie jedes Mal verwenden können. Darin sollten Ihr Stil, Ihre Farben, die Stimmung und die Beleuchtung festgehalten sein.

Probieren Sie es selbst aus: Erstellen und optimieren Sie ein Bild für Ihren Blogbeitrag

Jetzt sind Sie dran. In dieser Übung erstellen und verfeinern Sie ein Hero-Bild für den Blogbeitrag, den Sie im letzten Kapitel geschrieben haben. Sie werden sehen, wie sich durch kleine Änderungen im Prompt das Endergebnis innerhalb weniger Minuten verändert.

Diese Übung besteht aus mehreren Schritten, aber keine Sorge. Sie sollte etwa zehn bis fünfzehn Minuten dauern, je nachdem, wie vertraut Sie mit dem Tool sind und wie viele Anpassungen Sie vornehmen möchten. Greifen Sie auf den Blogentwurf zurück, den Sie im vorherigen Kapitel erstellt haben. Sie werden nun ein Hero-Bild gestalten, das den Blogbeitrag visuell ergänzt.

1. **Öffnen Sie ChatGPT** (die kostenlose Version ist ausreichend, allerdings gilt für Nutzer ein tägliches Bildlimit).
2. **Geben Sie ein:** *Ich möchte ein Bild mit DALL-E erstellen.*
3. Warten Sie auf die Bestätigung von ChatGPT. Bei einem kostenpflichtigen Tarif sollte dies nicht erforderlich sein.
4. **Kopieren Sie diesen Prompt und fügen Sie Ihr Thema ein:** *Erstellen Sie ein professionelles Titelbild für einen Blogbeitrag zu* ***[Ihrem Thema]****. Entwerfen Sie eine originelle, realistische Szene, die das Konzept visuell darstellt, ohne Text hinzuzufügen. Verwenden Sie einen Stil und eine Farbpalette, die zur Nische passen.*
5. **Führen Sie den Prompt aus und sehen Sie, was Sie erhalten.** Haben Sie etwas Geduld, da die Erstellung des Bildes einige Minuten dauern kann.
6. **Verfeinern Sie das Bild:** Ändern Sie ein Element. Probieren Sie eine neue Farbpalette aus, fügen Sie ein Objekt hinzu oder entfernen Sie es,

passen Sie die Beleuchtung an oder bitten Sie um eine andere Stimmung. Führen Sie Ihre Eingabe erneut aus und beobachten Sie, wie sich das Bild verändert.

7. **Wenn Sie ein Ergebnis erhalten, das Ihnen gefällt,** können Sie ChatGPT bitten, einen wiederverwendbaren Prompt zu erstellen, den Sie für Hero-Bilder in zukünftigen Blogbeiträgen im gleichen Stil verwenden können.

Beispiel: *Bitte erstellen Sie mir eine Vorlage, die ich jederzeit verwenden kann, wenn ich ein Bild für einen Blogbeitrag im gleichen Stil und Farbschema benötige.*

Sie haben nun gelernt, wie Sie Bilder erstellen, die Ihre Texte aufwerten und für ein einheitliches visuelles Erscheinungsbild Ihrer Marke sorgen. Doch Bilder sind nicht die einzige Art von visuellen Inhalten, die Sie mit generativen KI-Tools erstellen können. Sie können auch Videos produzieren.

Im nächsten Kapitel erfahren Sie, wie Sie Videos auf zwei Arten erstellen können:

- Mit **Content-to-Video-Tools**, die Ihre Texte oder Skripte in vollständige Videos verwandeln
- Mit **Prompt-to-Video-Tools**, die aus Ihrer Kreativität und einem gut formulierten Prompt völlig neue Szenen entstehen lassen

Wenn KI-generierte Bilder Ihre Ideen sichtbar machen, lassen KI-generierte Videos sie lebendig werden.

4

Mit KI Videos erstellen und bearbeiten

VIDEOS WERDEN RASCH zum wichtigsten Kommunikationsmittel der Geschäftswelt, des Lernens und der Einflussnahme, und KI-Videotools sind sowohl praktisch als auch leicht zugänglich. Richtig eingesetzt können Sie Ihre Inhalte oder Ideen in professionelle Videos umwandeln. Sie müssen keine Erfahrung in der Videoproduktion haben. Für Unternehmer, Kreative oder alle, die es leid sind, Stockfoto-Websites zu durchsuchen oder für Videodrehs zu bezahlen, eröffnen diese Tools neue Möglichkeiten.

Diese Tools eignen sich hervorragend für alle Arten von Videos, für deren Produktion Sie weder Zeit noch Geld investieren möchten. Denken Sie an kurze Erklärvideos, Avatar-geführte Updates, Schulungen, kurze Demos oder einfache Videoversionen Ihrer Blogbeiträge. Für die meisten Menschen geht es nicht darum, viral zu gehen oder den nächsten TED Talk zu produzieren. Es geht darum, Ihre Botschaft schnell und konsistent dort zu verbreiten, wo sie tatsächlich gesehen wird, ohne dass Sie dafür Ihre wertvolle Zeit aufwenden müssen.

Derzeit schreitet die KI-gestützte Videoerstellung mit einer Geschwindigkeit voran, die nur wenige nachvollziehen können. Ich gehe davon aus, dass die meisten Zuschauer in ein oder zwei Jahren nicht mehr erkennen können, ob ein Schulungsvideo in einem Studio aufgenommen oder vollständig von KI generiert wurde.

Es gibt zwei Hauptarten von KI-Videotools: **Content-to-Video-Tools**, die Ihre vorhandenen Inhalte in Videos umwandeln, und **Prompt-to-Video-Tools**, die aus einem Prompt kurze Clips oder animierte Szenen generieren (Sie sehen: Prompts zu beherrschen ist eine Schlüsselqualifikation.).

Content-to-Video-Tools

Wenn Sie einen fertigen Blogbeitrag oder auch nur einige Notizen haben, sind Sie bereits auf halbem Weg zu einem Video. Hier sind einige der etabliertesten Tools auf dem Markt, wie sie funktionieren und wann sie nützlich sind:

Pictory

Pictory nimmt Ihren Text, unterteilt ihn in Szenen und fügt Stock-Bilder, Musik und Begleitkommentare hinzu. Sie können Bilder austauschen, das Timing anpassen und Farben ändern, um sie an Ihre Marke anzupassen. Ich schätze es für Erklärvideos und kurze LinkedIn-Beiträge, da es schnell ist und die Qualität gut genug ist, sodass ich keinen Videoeditor benötige.

Lumen5

Lumen5 eignet sich hervorragend, um Listenbeiträge oder Schritt-für-Schritt-Anleitungen in kurze Videos umzuwandeln. Sie müssen lediglich Ihren Text einfügen, und das Programm ordnet jedem Punkt

Bildmaterial zu. Es ist nicht so anpassbar wie Pictory, aber es eignet sich hervorragend, um bereits verfasste Inhalte schnell wiederzuverwenden.

HeyGen und Synthesia

Diese Anwendungen sind ideal, wenn Sie eine „moderierende Person" möchten, ohne selbst vor der Kamera zu stehen. Sie können einen KI-Avatar auswählen, Ihr Skript einfügen und ein Talking-Head-Video erstellen. Sie bestimmen die Stimme, den Akzent, die Kleidung und den Hintergrund. Perfekt für Unternehmensmitteilungen, Einarbeitung neuer Mitarbeiter oder Erklärvideos, bei denen Sie eine menschliche Note wünschen, ohne den Aufwand einer Filmproduktion.

Diese Tools sind besonders nützlich, wenn Sie:

- Schriftliche Inhalte wiederverwenden möchten.
- Ein Markenvideo ohne manuelle Bearbeitung benötigen.
- Häufig Schulungs-, FAQ- oder Onboarding-Videos erstellen.
- Sie möchten lieber nicht vor der Kamera stehen, aber dennoch ein menschliches Gesicht präsentieren.

Tools zur Bearbeitung von KI-Videos

Wenn Sie sich den ersten Entwurf Ihres Videos ansehen, fällt Ihnen möglicherweise auf, dass das Timing nicht stimmt, die Übergänge abgehackt sind oder die Begleitkommentare nicht perfekt zum Bildmaterial passen.

Mit dem Video- und Audiobearbeitungstool **Descript** lassen sich diese Änderungen ganz einfach vornehmen. Sie können unpassende Abschnitte herausschneiden, Szenen neu anordnen oder Untertitel hinzufügen, indem Sie einfach das Videotranskript bearbeiten.

Descript verfügt über KI-Bearbeitungsfunktionen, die auch für Videos geeignet sind, die nicht mit KI erstellt wurden. Sie können diese Videos sogar selbst in der App aufnehmen und anschließend bearbeiten. Descript ist ein hervorragendes Tool für die umfassende Bearbeitung und Wiederverwendung von Audio- und Videodateien. Die Möglichkeit, alle Aufgaben mit einem einzigen Tool zu erledigen, vereinfacht Ihren Arbeitsablauf erheblich.

Wenn Sie kurze Videos für soziale Medien erstellen möchten, ist **CapCut** eine weitere einfache Option. Mit dieser Anwendung können Sie Clips zuschneiden, das Tempo anpassen und Musik oder Branding von Ihrem Smartphone aus hinzufügen.

Probieren Sie es selbst aus: Erstellen Sie ein Avatar-Video

Lassen Sie uns Ihren Blogbeitrag mit HeyGen (oder einem ähnlichen Tool) in ein einfaches Avatar-Video verwandeln.

1. **Registrieren Sie sich für ein kostenloses HeyGen-Konto.**
2. **Wählen Sie einen Avatar und einen Hintergrund,** die zu Ihrem Thema passen.
3. **Kopieren Sie die wichtigsten Punkte aus Ihrem Blogbeitrag** (100–200 Wörter für ein 1–2-minütiges Video).
4. **Wählen Sie Ihre bevorzugte Stimme und Sprache aus.** Passen Sie gegebenenfalls das Tempo an.
5. **Erstellen Sie Ihr Video und überprüfen Sie es.** Ändern Sie bei Bedarf den Avatar, den Hintergrund oder das Skript.
6. **Laden Sie** Ihr Video **herunter und teilen Sie es** in Ihrem Blog, in sozialen Netzwerken oder auf Ihrer Website.

Profi-Tipp: Sollte der Avatar ein Wort oder einen Namen falsch aussprechen, passen Sie Ihr Skript an oder schreiben Sie es phonetisch aus.

Ihr erster Versuch könnte sich etwas steif oder unangenehm anfühlen. Das ist normal. Diese Tools werden immer besser, aber der Schlüssel zum Erfolg liegt in der Wiederholung.

Prompt-to-Video-Tools

Möchten Sie eine kurze animierte Szene oder ein individuelles B-Roll-Video von Grund auf neu erstellen? Prompt-basierte Videos sind noch ein relativ neues Feld, doch die Möglichkeiten sind beeindruckend. Derzeit schränken diese Tools oft die Videolänge ein (in der Regel unter einer Minute, manchmal nur wenige Sekunden), aber das wird sich mit der Weiterentwicklung der Technologie zwangsläufig ändern. Wenn Sie sich jetzt mit diesen Tools vertraut machen, können Sie zu den Vorreitern gehören, wenn sie ausgereifter werden.

Anstatt ein Skript hochzuladen, beschreiben Sie einfach, was Sie in dem Video sehen möchten. Das Tool wandelt Ihre Worte in ein kurzes Video um – manchmal sind das animierte Szenen, surreale Hintergründe oder stilisierte B-Roll-Aufnahmen, die Sie in Ihre anderen Projekte einfügen können. Diese Tools eignen sich hervorragend, um einen Blogbeitrag oder eine Podcast-Episode zum Leben zu erwecken, animierte Hintergründe für Live-Streams oder Verkaufsseiten zu erstellen oder Lücken in Ihren YouTube-Videos zu füllen, für die es kein passendes Stock-Video gibt.

Wie wählen Sie ein Werkzeug für das aus, was Sie erstellen möchten?

Runway Gen-2

Mit Runway Gen-2 können Sie Filmclips in nahezu jedem Stil erstellen, von Retro-Filmkörnung bis hin zu elegantem, modernem Branding. Es kann Animationen in Endlosschleife abspielen, vorhandenes Filmmaterial bearbeiten, Hintergründe ersetzen oder Objekte mitten in einer Szene austauschen. Es eignet sich gut für YouTube-Intros, TikTok-Einstiege und Marken-Hintergründe. Es ist eines der am häufigsten verwendeten Text-zu-Video-Tools und verarbeitet Eingaben auf Absatzebene, sodass Sie äußerst detaillierte Anweisungen geben können. Dies ist von Bedeutung, da Sie eine gesamte Szene in einem Schritt beschreiben können, anstatt sie in kleinere Eingaben aufzuteilen und mehrere kurze Videos zusammenfügen zu müssen. Es ist ideal, wenn Sie genau wissen, was Sie erstellen möchten.

Kaiber

Kaiber verwandelt Standbilder oder Musik in Bewegung. Sie können ein einzelnes Bild animieren, Bilder mit einem Song synchronisieren oder subtile Bewegungsgrafiken für Social-Media-Beiträge erstellen. Ideal für Erklärvideos ohne Gesichter, Musikvideos oder animierte Markengrafiken.

Genmo

Wenn Sie ein Tool benötigen, das kurze Clips erstellen kann, die Sie in größere Projekte einfügen können, könnte Genmo die richtige Wahl sein. Stellen Sie sich das als eine Möglichkeit vor, schnell B-Roll-Material (Zusatzaufnahmen) oder stilisierte Ausschnitte zu generieren, die einer Präsentation, einem YouTube-Video oder einem Social-Media-Beitrag Abwechslung verleihen. Sie können mit Kamerawinkeln, Stimmungen und Stilen experimentieren, dann die Clips speichern, die Ihnen gefallen, und sie direkt in Ihre Inhalte einfügen. Genau wie Runway Gen-2 kann es gut mit ausführlichen Prompts umgehen.

Pika Labs

Kreative und Fachleute nutzen dieses Tool für klare Erklärvideos und Schritt-für-Schritt-Animationen. Sie können komplexe Arbeitsabläufe veranschaulichen oder statische Diagramme mit Bewegung versehen, um das Verständnis zu erleichtern. Kurze Eingaben führen zu besseren Ergebnissen mit diesem Tool, was es ideal für Anfänger macht, die experimentieren möchten.

Synthesia (Scenes Feature)

In Synthesia können Sie mit dieser Funktion einfache Folien in animierte Produktdemos, Onboarding-Abläufe oder Mikrokurse verwandeln. Benutzer fügen Skripte für Avatare oder Erzählungen ein, anstatt eine Szene frei in Textform zu beschreiben. In dieser Hinsicht handelt es sich technisch gesehen eher um ein „Skript-zu-Video“-Tool. Sie können Avatare, Bilder und Text zu einer zusammenhängenden Sequenz mit fließenden Übergängen kombinieren.

KI-Tools zur Videoproduktion

Tool	Am besten geeignet für	Erste Schritte
Runway Gen-2	Erstellung einzigartiger YouTube-Intros, Social-Clips und individueller Hintergründe	Kurze, auffällige Clips erstellen: Stil und Stimmung auswählen, Länge und Bildausschnitt anpassen.
Kaiber	Animieren von Standbildern; Musikvideos synchron zur Tonspur	Bild oder Song hochladen, Stil auswählen und Animationsoptionen in der Vorschau prüfen.
Genmo	Schnelle Videokonzepte für Storyboards und Präsentationen	Schnelle visuelle Ideen skizzieren und mit Stilen experimentieren, bevor die Produktion startet.
Pika Labs	Schnelle Erklärvideos und schrittweise Visualisierungen	Storyboard oder Skript wählen, Pika automatisch Szenen generieren lassen.
Synthesia (Scenes-Feature)	Animierte Produkt-Walkthroughs und Tutorials	Szenen erstellen, um Schritt-für-Schritt-Anleitungen ohne Filmaufnahmen zu animieren.

Verfassen wirkungsvoller Prompts für Videos

Um optimale Ergebnisse zu erzielen, sollten Sie Folgendes in Ihre Videoerstellungsanweisungen aufnehmen:

- **Szene:** *Ein leuchtendes Raumschiff landet in einem nebligen Wald*
- **Stil:** *Cartoon, 3D-Animation, filmisch, Aquarell*
- **Farben/Stimmung:** *warme Pastelltöne, Morgenlicht* oder *Neonfarben, Nachtszene*
- **Kameraführung:** *Überkopfaufnahme, langsamer Zoom, First-Person-Perspektive*
- **Timing:** *10-Sekunden-Clip, Zeitlupe, schnelle Action*
- **Einschränkungen:** *kein Text, keine Gesichter, nur Hintergrund*

Manchmal ist der einfachste Weg, um mit KI-Videotools hervorragende Ergebnisse zu erzielen, sich zunächst ein klares Bild davon zu machen, was Sie erreichen möchten, und dieses dann zu beschreiben, damit die KI es ebenfalls „sehen“ kann. Je sensorischer und spezifischer Sie dabei sind, desto einzigartiger wird das Ergebnis sein. Hier sind einige Ideen, um Ihre eigenen zu inspirieren:

Gesichtsloses YouTube-Intro

10-sekündiger Clip einer leuchtenden Qualle, die durch einen Unterwasser-Canyon aus biolumineszenten Korallen treibt. Tiefes Blau und Violett, langsame filmische Kameraführung, kein Text.

Hintergrund für soziale Medien

7-Sekunden-Animation von smaragdgrünem, goldenem und purpurrotem Pulver, das in Ultra-Zeitlupe vor schwarzem Hintergrund wirbelt. Sanfte Schleife, ohne Text.

Podcast-Loop

15-sekündiger nahtloser Loop einer Kerzenflamme, die sich in eine Aurora in Blaugrün und Magenta verwandelt. Sanfte Übergänge, dunkler Hintergrund.

Bildungsszene

> *12-sekündige Animation von tektonischen Platten, die sich verschieben und eine Gebirgskette bilden. Klarer Bildungsstil, mehrschichtiger Querschnitt, sanfter neutraler Hintergrund.*

Produkt-Teaser

> *8-sekündige Makroaufnahme von Honig, der aus einem Holzlöffel in ein durchsichtiges Glas tropft. Hintergrundbeleuchtung mit warmem goldenem Licht, geringe Schärfentiefe, kein Text.*

Auch hier nutzen wir weiterhin Anweisungen, Kontext, Format/Struktur, Einschränkungen und Parameter in unseren Vorgaben für Videos. Wenn Sie sich nicht sicher sind, wo Sie beginnen sollen, beschreiben Sie, was Sie sich als Eröffnungsszene eines YouTube-Videos oder als kurzen Instagram-Reel vorstellen. Sobald Sie das erste Ergebnis sehen, können Sie Ihren Prompt anpassen, um Beleuchtung, Kamerabewegung oder Stil zu optimieren, genau wie Sie es bei Bildern getan haben. Durch diese Vorgehensweise erhalten Sie schnell ein Gefühl dafür, was gut funktioniert.

Wie bereits erwähnt, handelt es sich hierbei noch um einen relativ neuen Bereich. Die Ergebnisse können überraschend sein, manchmal beeindruckend und manchmal ungewöhnlich. Seien Sie bereit, verschiedene Prompts auszuprobieren, um herauszufinden, was am besten funktioniert. Verwenden Sie diese Clips vorerst als „B-Roll“, als Eröffnungssequenzen oder als Blickfang, jedoch nicht für Ihren Hauptinhalt.

Profi-Tipp: Wenn Sie KI-generierte Videos erstellen (insbesondere solche mit Avataren oder Voiceovers), sollten Sie gegenüber Ihrem Publikum transparent sein, wie diese Videos entstanden sind.

In Kontexten wie Bildungsinhalten, Journalismus oder Kundenschulungen erwarten die Zuschauer möglicherweise, zu erfahren, ob die Person auf dem Bildschirm real oder ein KI-Avatar ist.

Es ist überraschend leicht, das Vertrauen Ihres Publikums oder Ihrer Kunden zu verlieren, wenn Sie diesen Schritt überspringen. Überprüfen Sie unbedingt auch Ihre lokalen Gesetze und Plattformregeln, da in einigen Regionen eine Offenlegungspflicht besteht, wenn KI-generierte Inhalte mit einer realen Person verwechselt werden könnten. Vermeiden Sie es, wie bei Texten oder Bildern, persönliche Informationen in hochgeladene Skripte, Fotos oder Referenzvideos einzufügen.

Sind Sie bereit, einen Schritt weiterzugehen? In den nächsten beiden Kapiteln erfahren Sie, wie Sie mithilfe von KI Audioinhalte wie kurze Voiceovers oder vollständige Podcasts erstellen können, um Ihr Toolkit zur Erstellung von Inhalten weiter auszubauen.

5

Sprachaufnahmen mit KI erstellen

DER PODCAST von Arnold Schwarzenegger ist ein hervorragendes Beispiel dafür, was mit Audio-KI möglich ist. Jede Folge klingt authentisch, von seiner Stimme über seinen Akzent bis hin zu seinem Timing, obwohl er kein einziges Wort selbst aufgenommen hat. Wenn man es nicht besser wüsste, würde man schwören, dass er selbst im Studio war. Einige haben geschworen, dass er selbst im Studio *war*, und waren verblüfft, als sie herausfanden, dass es tatsächlich „Arnold Intelligence" war, der ihnen monatelang inspirierende Gesundheits- und Wellness-Ratschläge ins Ohr gesprochen hatte. Aber in jeder einzelnen Folge sagt Arnolds Stimme: „Ich nutze die Kraft von Maschinen, um Ihnen Nachrichten, Informationen und Unterstützung zu liefern, die Ihre Gesundheit fördern. Ich bin kein kybernetischer Organismus, aber ich habe die wichtige Mission, einen positiven Bereich im Internet aufzubauen und die Welt zu verbessern." (*Arnold und sein Team verstehen die Bedeutung von Transparenz.*)

Die Erstellung von Audioinhalten mit KI unterscheidet sich erheblich von herkömmlichen Methoden. Hochwertige Sprachaufnahmen, Musik und Sounddesign sind nun mit nur einem Laptop zugänglich. In wenigen Minuten können Sie natürlich klingende Voiceovers generieren, individuelle Soundtracks oder Alben komponieren und originelle Soundeffekte oder Sonic Branding (akustische Markenführung) entwerfen.

Dieses Kapitel behandelt drei Kernbereiche, in denen generative KI die Audioproduktion revolutioniert: Sprachsynthese, Musikgenerierung und Sounddesign.

Sie werden erfahren, was diese Tools leisten können, wo sie in Ihren Arbeitsablauf passen und wie Sie sie einsetzen können.

Wenn Sie eine Zielgruppe aufbauen, Schulungen durchführen oder Ihren Inhalten einfach nur einen professionellen Klang verleihen möchten, stehen Ihnen kostengünstige und benutzerfreundliche Tools zur Verfügung. Und angesichts der Geschwindigkeit, mit der sich die generative KI-Technologie weiterentwickelt, werden diese Tools immer besser werden.

Wie KI-Sprachtools die Produktion vereinfachen

Tools zur Sprachgenerierung beseitigen viele der Einschränkungen, die die Audioproduktion verlangsamen. Wenn Sie sich keine Aufnahmegeräte oder Bearbeitungssoftware leisten können, sind diese nun nicht mehr erforderlich. Wenn Sie schnell hochwertige Inhalte veröffentlichen müssen, können Sie dies nun tun – für nur wenige Euro im Monat und mit etwas Experimentierfreude. Darüber hinaus können Sie mit diesen Tools Ihre Inhalte mit wenigen Klicks bearbeiten, aktualisieren und anpassen.

Angenommen, Sie erstellen ein Onboarding-Modul für Neukunden. Anstatt einen Sprecher zu engagieren oder die Aufnahme in einem Durchgang selbst zu erstellen, können Sie das Skript entwerfen, es mit verschiedenen Stimmen testen, die Wiedergabe anpassen, bis sie zu Ihrer Marke passt, und die Audiodatei jederzeit neu generieren, wenn Sie den Text überarbeiten.

Das Ergebnis sind schnellere Durchlaufzeiten, konsistente Ergebnisse und die Freiheit, zu experimentieren, ohne zusätzliche Kosten zu verursachen. Sobald Sie es ausprobiert haben, wird Ihnen die alte Methode langsam, kostspielig und umständlich erscheinen.

Die meisten Tools zur Sprachgenerierung lassen sich in drei Kategorien einteilen:

- **Voreingestellte Sprachbibliotheken** mit einer großen Auswahl an Stimmen, aus denen Sie auswählen und dann Tonhöhe, Geschwindigkeit und Stil anpassen können.
- **Individuelle oder geklonte Stimmen,** die aus von Ihnen bereitgestellten Aufnahmen erstellt werden. KI kann Ihre Stimme oder die Stimme einer anderen Person (mit deren Einwilligung) nachbilden.
- **Mehrsprachige Stimmen**, die dasselbe Skript in mehreren Sprachen wiedergeben können, sodass Sie ein breiteres Publikum erreichen können.

Jede Kategorie hat ihre Vor- und Nachteile. Voreingestellte Bibliotheken sind der schnellste Weg, um loszulegen, aber benutzerdefinierte oder geklonte Stimmen erfordern mehr Einrichtung und bieten Ihnen dennoch eine perfekte Lösung.

Da die Stimmen zu Ihrer Marke passen und mehrsprachig verfügbar sind, können Sie einmal aufnehmen und in mehreren Sprachen veröffentlichen.

Stellen Sie sich einmal vor, wie viel Arbeit es wäre, Ihre Inhalte auf herkömmliche Weise in drei neue Sprachen zu übersetzen. Sie müssten einen Sprecher engagieren, jede Version separat aufnehmen, das Audiomaterial bearbeiten und alles synchronisieren, damit es einheitlich klingt. Die Vorteile dieser Tools liegen auf der Hand.

Die besten Tools zur Sprachgenerierung auf dem Markt

Die folgenden Optionen haben sich in realen Workflows für Kreative, Lehrkräfte und Unternehmer bewährt. Ob Sie einen Podcast, ein Schulungsvideo oder ein Hörbuch produzieren, diese Tools decken nahezu alle Anwendungsfälle ab.

ElevenLabs

Wenn Sie schriftliche Inhalte wie Bücher oder Tutorials in Audioform umwandeln möchten, ist ElevenLabs der Marktführer für besonders natürlich klingende Sprachaufnahmen. Das Tool eignet sich hervorragend für lange Inhalte wie Hörbücher, Kurse oder Dokumentationen. Mit seinen Funktionen können Sie die Audioausgabe an Ihre Inhalte anpassen und einen warmen, gesprächigen Ton oder einen formelleren Tonfall erzeugen. Aufgrund seiner Qualität und Vielseitigkeit sind die Ergebnisse kaum zu übertreffen.

PlayHT

Dieses Tool eignet sich besser für kürzere Inhalte wie Werbespots, Produktdemos oder Social-Media-Videos. Sie haben Zugriff auf Hunderte von Stimmen in mehr als sechzig Sprachen, die Sie sich vor der Auswahl anhören können. Die Auswahl an Akzenten und Sprachen macht es ideal für Projekte, die auf verschiedene Regionen ausgerichtet sind. Für sehr emotionale oder nuancierte Darstellungen klingt ElevenLabs möglicherweise natürlicher.

Murf.ai

Murf.ai eignet sich besonders gut, wenn Sie Ihre Aufnahmen häufig aktualisieren müssen, beispielsweise bei E-Learning-Modulen, Onboarding-Skripten oder Erklärvideos. Mit dem integrierten Editor des Tools können Sie einen Satz austauschen, ein Wort korrigieren oder das Tempo anpassen, ohne die gesamte Aufnahme neu erstellen zu müssen. Die Sprachbibliothek ist kleiner als die von PlayHT und weniger emotional ausdrucksstark als die von ElevenLabs, aber sie ist klar, konsistent und leicht zu überarbeiten (ideal für Inhalte, die sich häufig ändern).

KI-Tools für Audioproduktion

Tool	Am besten geeignet für	Erste Schritte	Zugang
ElevenLabs	Lange Texte (Hörbücher, Kurse, Dokus)	Skript in 2–3 Stimmen testen, dann Stil und Stabilität feinjustieren	Kostenpflichtig; Gratisversion mit Limit
PlayHT	Kurze Inhalte (Werbung, Demos, Social-Media-Videos)	Stimmen in gewünschter Sprache testen, dann Script für Markennamen oder Fachbegriffe durchlaufen lassen	Kostenpflichtig; kostenlose Testphase
Murf.ai	Häufig wechselnde Inhalte (z. B. Schulung, Onboarding, Erklärvideos)	Script einfügen, Stimme wählen, und Beispielbearbeitung durchführen	Kostenpflichtig; kostenlose Testphase

Mit allen drei Tools können Sie Ihre eigene Stimme klonen, um neue Aufnahmen zu erstellen, die genau wie Sie klingen. Sie müssen lediglich eine klare Audioprobe hochladen, und die KI trainiert ein Modell, das Ihrem Tonfall, Ihrer Tonhöhe und Ihrem Sprachstil entspricht. Sie erhalten die beste Qualität für Ihren Stimmklon, wenn Sie eine Audio-Datei in höchstmöglicher Qualität bereitstellen. Einige Tools können Ihren Stimmklon sogar verwenden, um Inhalte in mehreren Sprachen zu produzieren. Es ist zweifellos faszinierend, Ihre Stimme in einer Sprache fließend sprechen zu hören, die Sie noch nie zuvor gesprochen haben.

Rechtlicher Hinweis: Verwenden Sie die Stimme einer anderen Person oder einen überzeugenden KI-Klon davon nicht ohne deren Zustimmung.

In vielen Fällen kann dies gegen Datenschutzgesetze, Persönlichkeitsrechte oder den Schutz geistigen Eigentums verstoßen. Wenn Sie eine von einer KI-Plattform bereitgestellte Stimme verwenden, können Sie davon ausgehen, dass Sie über eine Lizenz für deren Nutzung verfügen. Dies gilt jedoch nicht für das Klonen der Stimme einer realen Person ohne deren Zustimmung. Holen Sie stets eine schriftliche Genehmigung ein, wenn Sie Audioaufnahmen erstellen, die wie eine reale Person klingen, und überprüfen Sie vor der Veröffentlichung die geltenden Gesetze.

Ein praktischer Arbeitsablauf für die KI-Sprachgenerierung

Hier ist der genaue Prozess, den ich verwende, um KI-generierte Sprachaufnahmen in ElevenLabs natürlich und professionell klingen zu lassen. Sie können diese Schritte mit jedem Tool zur Sprachgenerierung befolgen:

1. Beginnen Sie mit einem ausgefeilten Skript.
Ihr Voiceover klingt nur so gut wie Ihr Skript. Lesen Sie es laut vor, um umständliche Formulierungen, fehlende Übergänge, falsche Grammatik oder Zeichensetzung oder Stellen, die sich steif anhören, zu erkennen. Ein Komma an der falschen oder ein fehlender Punkt an der richtigen Stelle kann das Tempo der Aufnahme beeinträchtigen und lässt sie unnatürlich klingen. Ein paar schnelle Änderungen im Vorfeld machen einen großen Unterschied, denn keine KI-Stimme kann einen Satz korrigieren, der nicht natürlich fließt.

2. Wählen Sie eine Stimme, die zu Ihrem Publikum passt.
Überlegen Sie, wer zuhört und auf welchen Ton Ihr Publikum am besten reagiert. Eine warme, gesprächige Stimme eignet sich hervorragend für Tutorials oder Podcasts, während eine klare, selbstbewusste Stimme eher für Schulungen oder geschäftliche Inhalte geeignet ist. Vermeiden Sie es, eine Stimme nur deshalb auszuwählen, weil sie „cool" klingt. Passen Sie sie an Ihre Botschaft und Ihre Marke an.

3. Legen Sie Ton und Tempo fest
Unterschiedliche Projekte erfordern unterschiedliche Tempi. Lehr- oder Bildungsinhalte profitieren von einem langsameren, bedächtigen Tempo, damit die Zuhörer folgen können. Bei lockeren Erzählungen, fröhlichen Werbespots oder YouTube-Intros sorgt eine etwas schnellere Sprechgeschwindigkeit für mehr Energie. Die meisten Tools

ermöglichen eine Feinabstimmung. Probieren Sie mehrere Geschwindigkeiten aus, bevor Sie sich entscheiden.
Viele Plattformen bieten Steuerelemente für „Stil" oder „Emotion" – nutzen Sie diese. Experimentieren Sie mit ruhigen, freundlichen oder energiegeladenen Tönen, bis die Wiedergabe sich richtig anfühlt. Wenn Ihr Thema ernst oder emotional ist, kann eine subtile Betonung wichtiger Ausdrücke dazu beitragen, dass es mehr Wirkung erzielt.

4. Testen Sie in kurzen Abschnitten.
Bevor Sie das gesamte Skript rendern, führen Sie einen kurzen Test mit Markennamen, Akronymen oder Fremdwörtern durch, die die Aussprache erschweren könnten. Passen Sie die Schreibweise an oder fügen Sie bei Bedarf phonetische Hinweise hinzu. Wenn Sie diese Probleme jetzt beheben, müssen Sie später nicht das gesamte Projekt neu erstellen.
Erstellen und überprüfen Sie jeweils nur einige Absätze, bevor Sie die vollständige Aufnahme produzieren. So lassen sich Probleme mit dem Tempo oder seltsame Betonungen leichter erkennen. Sobald ein Abschnitt richtig klingt, speichern Sie ihn und fahren Sie mit dem nächsten fort.

5. Erstellen Sie die vollständige Audioaufnahme.
Dieser Schritt ist einfach. Wenn Sie mit Ihren Testabschnitten zufrieden sind, erstellen Sie die gesamte Aufnahme.

Wenn Sie diesen Prozess einmal durchlaufen haben, verfügen Sie über eine wiederholbare Methode, die kostengünstig, schnell und konsistent ist. Hören Sie sich die vollständige Aufnahme von Anfang bis Ende sorgfältig an. Möglicherweise fallen Ihnen kleine Stellen auf, die angepasst werden könnten, z. B. eine zu lange Pause, ein falsch ausgesprochener Name oder eine Zeile, die etwas mehr Betonung benötigt. Keine Sorge – Sie müssen keine komplizierte Bearbeitungssoftware erlernen oder die gesamte Datei neu erstellen, um dies zu korrigieren. Die meisten Anpassungen können mit nur wenigen Klicks direkt in Ihrem KI-Tool vorgenommen werden.

So bearbeiten und exportieren Sie KI-generierte Audiodateien

Die Bearbeitung sollte erfolgen, nachdem Sie Ihr vollständiges Voiceover generiert und überprüft haben. Selbst bei einem Testlauf können Ihnen nach der Generierung des gesamten Inhalts Probleme mit dem Tempo, Tonfall oder unnatürlichen Formulierungen auffallen, insbesondere bei längeren Inhalten wie Podcasts oder Voiceovers.

Bearbeiten in ElevenLabs (oder einem ähnlichen Tool)

Mit ElevenLabs haben Sie direkte Kontrolle über Tempo, Tonfall und Aussprache. Sie können:

- Geschwindigkeit und Stabilität anpassen, um die Stimme flüssiger oder ausdrucksstärker klingen zu lassen.
- Die Klarheit für eine deutlichere Artikulation oder eine weichere Wiedergabe ändern.
- Pausen hinzufügen oder entfernen, indem Sie direkt in Ihrem Skript Satzzeichen oder Tags wie [Pause] einfügen.
- Fehlerhafte Aussprachen korrigieren, indem Sie den Text anpassen oder schwierige Begriffe phonetisch schreiben.
- Kurze Abschnitte anstelle der gesamten Datei neu generieren, wenn Sie nur eine Zeile oder einen Absatz verfeinern möchten.

Als allgemeine Regel gilt: Wenn das Timing, die Betonung oder die Aussprache eines Wortes *falsch klingt*, passen Sie es in ElevenLabs an. Dort wird die Performance selbst erstellt, und dort wirken sich Änderungen tatsächlich auf den Klang aus.

Wann sollte Descript verwendet werden?

Wenn Sie längere Projekte erstellen oder mehrere Elemente mischen, ist Descript nützlich. Es wurde entwickelt, um alles zusammenzufügen, sobald Ihre Erzählung fertig ist.

Sie können:

- Lange Pausen oder Stille zwischen Abschnitten kürzen.
- Intro- oder Hintergrundmusik hinzufügen, um dem Projekt den letzten Schliff zu geben.
- Die Lautstärke zwischen Erzählung, Musik und Effekten ausgleichen.
- Mehrere Sprachdateien zu einem nahtlosen Track kombinieren.
- Kürzere Clips für soziale Medien, Podcasts oder Unterrichtseinheiten erstellen.

In gewisser Weise ist ElevenLabs wie eine Aufnahmekabine und Descript der Schnittplatz. Sie benötigen nicht für jedes Projekt beide Tools, aber zusammen erleichtern sie den Weg vom ersten Entwurf zum veröffentlichungsfertigen Audio.

Exportieren Ihrer Audioinhalte

Für die meisten Projekte ist eine MP3-Datei perfekt. Sie ist leicht und kann überall hochgeladen werden. Wenn Sie vorhaben, Ihr Audio später mit Musik in einem Tool wie Descript oder mit Soundeffekten zu mischen, exportieren Sie es als WAV-Datei, um eine höhere Qualität und eine einfachere Bearbeitung zu erzielen.

Ihre Worte zum Leben erwecken

Sie haben nun gesehen, wie einfach KI-Tools Ihren schriftlichen Inhalten eine Stimme verleihen können. Sie benötigen nicht einmal ein Mikrofon. Je mehr Sie mit Tempo, Tonfall und Vortragsweise experimentieren, desto natürlicher klingen Ihre Ergebnisse.

Im nächsten Kapitel werden wir untersuchen, wie KI vollständige Musikkompositionen und Sounddesigns generieren kann. Die Kombination von Musik mit Audio-Erzählungen oder Videos kann Ihnen dabei helfen, Ihren Inhalten Rhythmus, Stimmung und Atmosphäre zu verleihen.

6

Musikgenerierung

IM JAHR 2019 veröffentlichte die Indie-Pop-Band *YACHT* ein Album mit dem Titel „Chain Tripping“, das mit Hilfe von KI erstellt wurde. Das Album wurde unter Verwendung mehrerer KI-Plattformen produziert, darunter Amper Music, IBM Watson Beat, Google Magenta und AIVA. Taryn Southern war für die kreative Leitung verantwortlich, verfasste die Texte und Melodien und lieferte die künstlerische Vision, während die KI die Instrumentalkompositionen und Arrangements generierte.

Im Jahr 2018 veröffentlichte die Künstlerin *Taryn Southern „I AM AI“*, das erste Album, das vollständig mit KI komponiert und produziert wurde. Tools wie Amper Music und AIVA generierten die Melodien, Harmonien und Arrangements, während Taryn Southern die Vision und die letzten Produktionsschritte beisteuerte.

Im Jahr 2018 erforderte KI-Musik noch umfangreiche manuelle Nachbearbeitung, um Veröffentlichungsqualität zu erreichen. Mit den heutigen Tools lassen sich Tracks erstellen, die bereits nach dem ersten Durchlauf nahezu fertig sind, *und* Sie haben weitaus mehr Kontrolle über Stil, Arrangement und emotionale Ausdruckskraft.

Sie müssen kein Musiker oder Produzent sein, um mit KI Musik zu erstellen. Wenn Sie Musiker oder Produzent sind, können Sie Klänge, Genres und

Arrangements erkunden, die Sie sonst vielleicht nie ausprobiert hätten. Sie können sofort Instrumente ausprobieren, die Sie nicht besitzen, Stile mischen, die in einem traditionellen Studio nur schwer umzusetzen wären, und mit kreativen Ideen experimentieren, ohne sich um die Kosten oder die Logistik von Aufnahmesessions kümmern zu müssen. KI kann Ihnen völlig neue klangliche Möglichkeiten eröffnen und Ihnen gleichzeitig die Gestaltung des Endergebnisses überlassen.

Ihr Anwendungsfall könnte jedoch wesentlich einfacher sein als ein Album in voller Länge. Möglicherweise benötigen Sie lediglich einige wenige benutzerdefinierte Titel zur Unterstützung Ihrer Inhalte oder möchten etwas, das Sie bereits produzieren, mit einem einzigartigen Sound ergänzen. Audio-KI-Tools können eine Reihe von Audioelementen generieren, die Sie in verschiedene Projekte einbinden können:

- Hintergrundmusik für Videos, Podcasts, Kurse und Live-Streams.
- Titelsongs, die Ihre Markenidentität plattformübergreifend stärken.
- Loops und Stems (einzelne Tonspuren bzw. wiederholbare Sequenzen) für Social-Media-Inhalte, Werbespots oder Produktdemos.
- Adaptive Soundtracks, die ihr Tempo oder ihren Stil entsprechend den Echtzeitereignissen in Spielen oder interaktiven Medien anpassen können.

Da die Musik anhand Ihrer Vorgaben generiert wird, sind Sie nicht auf vorgefertigte Titel beschränkt. Sie können das Tempo festlegen, Instrumente auswählen, die Stimmung definieren und sogar die Struktur der Musik an visuelle Hinweise oder gesprochene Inhalte anpassen. Und da die Lizenzierung in der Regel in die Plattform integriert ist, entfallen die Probleme der herkömmlichen Rechteverwaltung.

Die besten KI-Musiktools

Die Magie der KI-Musik liegt nicht im Drücken der Taste „Generieren", sondern in den Modellen, die dahinterstehen. Nicht jedes Modell ist gleich, daher ist es wichtig, das richtige Tool für den gewünschten Sound auszuwählen. Jede der unten aufgeführten Plattformen hat ihre eigene Persönlichkeit und ihre eigenen Stärken. Einige zeichnen sich durch cineastische Tiefe aus, andere durch schnelle, flexible Produktion. Der Trick besteht darin, das Tool an Ihre kreativen Absichten anzupassen.

Soundraw

Genauso wie Sie mit ElevenLabs eine Stimme erstellen können, die einzigartig für Sie klingt, können Sie mit Soundraw Musik gestalten, die sich anfühlt, als wäre sie speziell für Ihr Projekt gemacht worden. Sie können das gewünschte Genre, die Stimmung und die Länge auswählen und dann iterative Änderungen vornehmen, indem Sie die Struktur der Musik modifizieren, bestimmte Abschnitte austauschen und anpassen. Das ist ideal für Erklärvideos, Markeninhalte oder überall dort, wo Sie ein einheitliches Erscheinungsbild über mehrere Assets hinweg benötigen. Die Standardlizenz deckt die meisten Online-Anwendungsfälle ab (einschließlich YouTube, soziale Medien und Podcasts). Wenn Sie jedoch vorhaben, die Musik zu verkaufen, in herunterladbaren Produkten zu verwenden oder in kommerzielle Software oder Vorlagen einzubinden, benötigen Sie erweiterte Rechte.

Aiva

Für Projekte, die eine emotionale, filmische Atmosphäre erfordern (z. B. Trailer, dramatische Podcast-Segmente oder Kurzfilme), ist Aiva die beste Wahl. Sie können mit einem voreingestellten Stil beginnen oder eine Melodie oder Akkordfolge als Grundlage verwenden. Die Bearbeitung dauert länger als bei Tools mit schnellerer Durchlaufzeit, aber die Tiefe und Reichhaltigkeit der Arrangements können ein Stück weitaus ausgefeilter wirken lassen.

Boomy

Boomy ist besonders geeignet, wenn Geschwindigkeit wichtiger ist als Feinabstimmung. Wenn Sie Hintergrundmusik für Social-Media-Beiträge, schnelle Demos oder Marketing-Clips benötigen, können Sie innerhalb von Sekunden einen Song erstellen und geringfügige Anpassungen vornehmen. Es ist auch eine einfache Möglichkeit, mit der Veröffentlichung von KI-generierten Tracks auf Streaming-Plattformen zu experimentieren, obwohl die

Qualität eher gelegentlich als professionell ist. Es ist ein hervorragender Ausgangspunkt, wenn Sie gerade erst anfangen.

Epidemic Sound

Epidemic Sound ist zwar kein generatives KI-Tool, bereichert Ihr Toolkit jedoch, wenn KI-Tools nicht ganz den gewünschten Sound liefern. Die Bibliothek ist vollständig für die kommerzielle Nutzung lizenziert und enthält Stems, sodass Sie Gesang entfernen oder Instrumente isolieren können. Es ist besonders nützlich für hybride Workflows, z. B. wenn Sie mit einem einzigartigen KI-Track beginnen und dann Elemente aus einer Stock-Quelle einfügen oder ersetzen, um einen ausgefeilteren Endsound zu erzielen.

KI-Tools zur Musikproduktion

Tool	Am besten geeignet für	Erste Schritte	Zugang
Soundraw	Eigene Musik ohne Komposition von Grund auf	Genre, Stimmung & Länge wählen – Struktur & Instrumente nach Wunsch anpassen	Kostenpflichtig; Testversion verfügbar
Aiva	Emotionale, cineastische Musik (Trailer, Podcasts, Kurzfilme)	Stil wählen oder Akkordfolge hochladen, dann Tempo und Ausdruck anpassen	Kostenpflichtig; begrenzte Gratisversion
Boomy	Superschnelle Tracks für Social-Media oder Demos	Genre wählen, Song generieren, bei Bedarf leicht bearbeiten	Kostenlos und kostenpflichtig
Epidemic Sound	Lizenzierte Musik für KI-Workflows und Stock-Videos	Nach Stimmung oder Instrument suchen, Stems downloaden und mit KI-Tracks kombinieren	Kostenpflichtig

---

Profi-Tipp: Genau wie bei anderen Formen von KI-generierten Inhalten, die wir bisher besprochen haben, ist es am besten, offen zu sein, wenn Sie KI-generierte Audiodateien oder Musik in Ihren Inhalten verwenden.

Dies gilt insbesondere in Kontexten wie Schulungen, Kundenarbeit oder öffentlich zugänglichen Inhalten. Es ist ein einfacher Schritt, der wesentlich dazu beiträgt, das Vertrauen und die Glaubwürdigkeit Ihres Publikums zu erhalten.

So erzielen Sie mit KI-Musiktools großartige Ergebnisse

Nicht alle KI-Musikgeneratoren funktionieren auf die gleiche Weise. Bei einigen Tools wie **Suno**, **Udio** oder **Mubert** können Sie Eingaben wie bei ChatGPT oder Midjourney machen. Sie können Genre, Emotion, Instrumente, Struktur und Energiepegel in einfachem Englisch beschreiben.

Andere, wie Soundraw oder Aiva, verwenden Dropdown-Menüs, in denen Sie das Genre, die Stimmung und das Tempo auswählen können, anstatt eine vollständige Beschreibung zu verfassen. Und einige wenige, wie Mubert Studio, kombinieren beide Methoden: Sie wählen einen Basisstil und verfeinern ihn dann mit einer kurzen Textvorgabe.

Unabhängig von der Benutzeroberfläche ist das Ziel dasselbe: zu kommunizieren, wie sich die Musik *anfühlen* soll. Wenn Sie der KI vage Eingaben machen, erhalten Sie vage Ergebnisse. „Upbeat Pop" oder „Cinematic Orchestra" werden etwas Generisches hervorbringen, das in jede Stock-Musikbibliothek passen könnte. Die Tracks klingen wahrscheinlich ausgefeilt, aber emotional flach, mit den gleichen vorhersehbaren Akkordfolgen und Loops, die Sie schon in Dutzenden von YouTube-Werbespots gehört haben.

Das Ziel ist hier nicht nur, Musik zu bekommen. Es geht darum, **Ihre eigene** Musik zu bekommen – etwas, das so klingt, als gehöre es zu Ihren Inhalten und Ihrer Marke. Der Unterschied zwischen „brauchbar" und „authentisch" liegt fast immer darin, wie spezifisch Ihre Eingabe ist.

So erreichen Sie das:

1. Beginnen Sie mit der Stimmung.
Fragen Sie sich, was Ihr Publikum fühlen soll, wenn es diesen Track hört. Ruhe? Begeisterung? Konzentration? Inspiration? Diese Emotion ist der Anker für alles andere.

2. Fügen Sie eine Kulisse oder eine Geschichte hinzu.
Stellen Sie sich vor, Sie beschreiben einem Komponisten eine Filmszene. Sagen Sie statt „energetischer Rock“ lieber „hochenergetischer Rock mit einem gleichmäßigen Schlagzeugbeat und hellen Gitarrenriffs, als würde eine Menschenmenge bei einem Sommerfestival mitklatschen“.

3. Seien Sie konkret, was die Instrumente angeht.
Wenn Sie wissen, was Ihnen gefällt, nennen Sie es: Klavier, Akustikgitarre, Streicher, sanfte Synth-Pads. Je genauer Sie sind, desto weniger „vorlagenhaft“ wird Ihr Track klingen.

4. Denken Sie über die Struktur nach.
Möchten Sie eine gleichmäßige Hintergrundschleife, einen Aufbau, der in einen Refrain mündet, oder kurze Einblendungen für Werbespots? Die Struktur sagt der KI, wie die Musik fließen soll, nicht nur, wie sie klingen soll.

5. Passen Sie sie an Ihre Bilder oder Ihr Skript an.
Wenn Ihr Video nach 45 Sekunden eine große Enthüllung enthält, weisen Sie die KI an, langsam aufzubauen und genau dort einen Höhepunkt zu erreichen. Das ist der Unterschied zwischen „schöner Musik“ und „Musik, die sich wie maßgeschneidert anfühlt“.

6. Verfeinern Sie, geben Sie sich nicht zufrieden.
Der erste Track ist selten perfekt. Der gleiche Iterationsprozess, den Sie für die Erstellung von Text, Bildern und Videos verwenden, gilt auch für Musik. Optimieren Sie die Stimmung, tauschen Sie Instrumente aus, passen Sie das Tempo an und rendern Sie Abschnitte neu, bis Sie mit dem Endergebnis zufrieden sind. Auch Bands proben, oder?
Wenn Ihr erster Track zu langsam oder dramatisch klingt, bitten Sie die KI, „das Tempo leicht zu erhöhen“ oder „den Hall für einen klareren Klang zu reduzieren“. Kleine Änderungen können viel bewirken. Die meisten Tools verfügen auch über einfache Schieberegler oder Dropdown-Menüs, um Tempo, Energie und Instrumentierung

anzupassen. Probieren Sie jeweils nur eine Änderung aus, damit Sie hören können, wie sich das Gefühl verändert.

Profi-Tipp: Wenn Sie nicht weiterkommen, bitten Sie eine dialogorientierte KI wie ChatGPT, Ihnen beim Verfassen eines kurzen, strukturierten *Prompts* zu helfen, bevor Sie ihn in Ihr Musiktool einfügen.

Eine einfache Anfrage wie *„Schreibe einen prägnanten Prompt (unter 25 Wörtern) für einen fröhlichen 60-Sekunden-Akustik-Track für ein motivierendes YouTube-Video-Intro“* kann Ihnen eine Menge Versuch und Irrtum ersparen.

ChatGPT könnte Ihnen beispielsweise Folgendes vorschlagen:

Heller, beschwingter Akustikgitarrentrack mit leichter Percussion und sanften Klavierklängen. Dur-Tonart, gleichmäßiges Tempo um 100 BPM, warmer und motivierender Klang.

Das ist kurz genug, um es direkt in Tools wie Suno, Udio oder Mubert einzufügen, und dennoch klar in Bezug auf Stil, Stimmung und Tempo.

Wenn Sie ein Dropdown-basiertes Tool wie Soundraw oder Aiva verwenden, können Sie dieselbe Beschreibung als Leitfaden für Ihre Einstellungen verwenden. Wählen Sie als Genre „akustisch“ oder „Pop-Akustik“, stellen Sie das Tempo auf etwa 100 BPM ein und wählen Sie Stimmungen wie „beschwingt“ oder „motivierend“.

Wenn Sie sich nicht sicher sind, welche Art von Musik zu Ihren Inhalten passt, gehen Sie einen Schritt zurück und fragen Sie ChatGPT zuerst nach Ideen. Zum Beispiel:

Schlagen Sie drei Hintergrundmusikstile für ein anfängerfreundliches Programmier-Tutorial vor.

Diese Art des Hin und Her hilft Ihnen, Ihre kreative Absicht zu klären, bevor

Sie überhaupt eine Musik-App öffnen, was Ihnen Zeit und Frustration erspart, sobald Sie mit der Erstellung von Tracks beginnen.

Wie man Schritt für Schritt Musik erstellt

Wenn Sie zum ersten Mal damit arbeiten, sind Soundraw oder Boomy am einfachsten zu erlernen und liefern schnell brauchbare Ergebnisse.

1. Wählen Sie ein Einsteiger-Tool und öffnen Sie einen neuen Track.
Für die meisten Anfänger sind Suno oder Soundraw die besten Einstiegsmöglichkeiten. Wählen Sie ein Tool basierend auf dem gewünschten Eingabestil. Wenn Sie es vorziehen, vollständige Beschreibungen in natürlicher Sprache wie in ChatGPT einzugeben, beginnen Sie mit Suno. Wenn Sie lieber aus Dropdown-Menüs und Schiebereglern auswählen möchten, ist Soundraw eine der einfachsten visuellen Oberflächen für Anfänger.

2. Legen Sie den Stil und die Stimmung fest.
Vielleicht ist es ein sanfter Lo-Fi-Beat mit leisen Percussions oder ein heller Akustik-Track mit einem gleichmäßigen Rhythmus. Wählen Sie dies zuerst aus – es wird alle weiteren Entscheidungen beeinflussen.

3. Entscheiden Sie, wie Sie den Track verwenden möchten, und wählen Sie dann die Struktur aus.
Ein Loop-Hintergrund erfordert einen anderen Ansatz als ein 90-sekündiges Podcast-Intro. Einige Projekte erfordern ein klares Vers-Refrain-Arrangement, andere funktionieren besser als kontinuierlicher Aufbau. Die Beschränkung auf bestimmte Instrumente (z. B. nur Klavier und Streicher) trägt dazu bei, den Klang klar und konsistent zu halten.

4. Vorschau und Wiederholung.
Auf den meisten Plattformen können Sie vor der endgültigen Entscheidung einen kurzen Ausschnitt anhören. Dies ist der richtige

Zeitpunkt, um das Tempo zu optimieren, Instrumente auszutauschen oder nach einer Variation zu fragen, bis die Musik den gewünschten Klang hat.

5. Exportieren Sie im richtigen Format.
MP3 für die schnelle Veröffentlichung. WAV, wenn Sie mischen oder bearbeiten möchten, oder Stems, wenn Sie die volle Kontrolle über jede Instrumentenspur haben möchten.

Sie können zehn verschiedene Stimmungen ausprobieren in der Zeit, die Sie benötigen würden, um einen Titel aus einer herkömmlichen Musikbibliothek anzuhören. Je mehr Sie experimentieren, desto schneller finden Sie heraus, welche Klänge zu Ihrem Stil und Ihrem Publikum passen.

Probieren Sie es selbst aus: Verwandeln Sie Ihren Blogbeitrag in einen Podcast

Nachdem Sie nun gesehen haben, wie KI sowohl mit Erzählungen als auch mit Musik umgehen kann, ist es an der Zeit, diese beiden Elemente zusammenzuführen. Sie werden ElevenLabs verwenden, um einen von Ihnen geschriebenen Blogbeitrag zu erzählen, und dann einen Soundraw-Hintergrundtrack hinzufügen, der zum Ton passt.

Schritt 1: Vorbereitung des Skripts

Rufen Sie den Inhalt auf, den Sie im letzten Kapitel in ein Video umgewandelt haben (Ihr Text aus Kapitel 4). Lesen Sie ihn laut vor, um zu sehen, wie er klingt, und nehmen Sie gegebenenfalls Änderungen vor, um den Fluss zu verbessern.

Schritt 2: Sprachgenerierung

- Registrieren Sie sich für ein kostenloses ElevenLabs-Konto
- Fügen Sie Ihr Skript ein und wählen Sie eine Stimme, die Ihnen gefällt
- Stellen Sie die Stabilität auf 75 % und die Klarheit auf 60 % ein
- Generieren und laden Sie die Datei als MP3 herunter

Schritt 3: Musik auswählen

- Registrieren Sie sich für eine Soundraw-Testversion
- Wählen Sie eine 15-sekündige Intro-Musik mit passender Stimmung aus
- Als MP3 herunterladen
- Wenn Sie sich inspiriert fühlen, probieren Sie Aiva oder Boomy aus, um Ihren eigenen Track zu erstellen

Schritt 4: Zusammenstellen

Sie können Ihren Podcast in Descript zusammenstellen oder, wenn Sie möchten, Audacity (kostenlos) oder GarageBand (Mac) verwenden.

- Sprachdateien importieren
- Intro-Musik hinzufügen, nach 12 Sekunden ausblenden
- Musik unter der Sprache bei 15 % Lautstärke halten
- Als MP3 exportieren: 128 kbps

Schritt 5: Veröffentlichen

Laden Sie den Podcast auf Anchor.fm auf Spotify (kostenlos) oder Ihrem bevorzugten Host hoch.

Wenn Sie sich nur auf ein grobes erstes Produkt konzentrieren, sollten Sie all dies in maximal 30 Minuten erledigen können.

Sie haben nun einen einfachen multimodalen Workflow erstellt, der als Ihre Idee begann, sich in einen schriftlichen Inhalt verwandelte und nun als Audio mit Musik vorliegt. Der gleiche Prozess lässt sich leicht skalieren. Sie können Ihren Blogbeitrag wiederverwenden, um Kurse, Marketinginhalte oder vollständige Podcast-Episoden zu produzieren. Im nächsten Kapitel verbinden Sie mehrere Tools, um zusammenhängende, wirkungsvolle Projekte zu erstellen, die Text, Bildmaterial, Audio und Automatisierung miteinander verbinden.

7

KI-Tools kombinieren: Wiederholbare Workflows aufbauen

AN DIESER STELLE des Buches haben Sie bereits konversationelle KI zum Verfassen von Inhalten eingesetzt, ein passendes Bild erstellt, es in ein Video umgewandelt und sogar in Audio umgewandelt. Sie haben gesehen, wie jedes dieser Tools für sich allein etwas Wertvolles hervorbringen kann. Wenn Sie sie jedoch zu einem größeren Projekt zusammenführen, schaffen Sie einen *multimodalen Workflow.* Dieser Ansatz ermöglicht es Ihnen, eine einzige Idee in verschiedenen Formaten zu vermitteln und so ihre Reichweite und Wirkung zu vergrößern und gleichzeitig Zeit und Aufwand zu sparen.

Statt Aufgaben nacheinander abzuarbeiten, können Sie verschiedene Tools miteinander verknüpfen, sodass sie alle Teile eines größeren Projekts abdecken. Sobald Sie aufhören, über einzelne Tools nachzudenken, und anfangen, Systeme aufzubauen, arbeiten Sie auf einer ganz neuen Stufe. Es spielt keine Rolle, ob Sie eine Hochzeit planen, Haushaltsabläufe organisieren, ein Unternehmen aufbauen oder Familienerinnerungen bewahren möchten. Eine einzige Idee wird zum Ausgangspunkt für mehrere nützliche Ressourcen, die sich gegenseitig ergänzen.

Sie haben bereits Ihren ersten multimodalen Workflow erstellt, ohne es zu bemerken. In diesem Kapitel erfahren Sie mehr darüber, wie Sie multimodale

Workflows für Projekte jeder Größe und jedes Zwecks entwerfen können, zum Beispiel:

- Verpacken Sie Ihr Fachwissen in einen Mini-Onlinekurs mit Unterrichtsskripten, markenspezifischen Präsentationen und kommentierten Anleitungen.
- Erstellen Sie eine Zusammenfassung der Veranstaltung, die gemeinsame Geschichten, Gruppenfotos und kurze Videointerviews von Teilnehmern kombiniert.
- Erstellen Sie eine Musik-Playlist mit individuell gestalteten Covern, einer kurzen Hintergrundgeschichte zu jedem Song und einer begleitenden Videomontage.
- Erstellen Sie einen persönlichen „Jahresrückblick“, der schriftliche Reflexionen, Lieblingsfotos und Sprachaufnahmen von Freunden oder Familienmitgliedern vereint.

Dies sind nur einige Beispiele. Die Möglichkeiten erweitern sich enorm, sobald Sie erkennen, wie sich die einzelnen Teile zusammenfügen lassen.

Die Fähigkeit zu erkennen, welche Tools Sie kombinieren können, um etwas zu schaffen, ist der Punkt, an dem Ihre KI-Kenntnisse die nächste Stufe erreichen. Dann hören Sie auf, Tools isoliert zu verwenden, und beginnen darüber nachzudenken, wie sie zusammenwirken. Hier beginnen Sie, eine Denkweise zu entwickeln, mit der Sie KI nutzen, um Ihre Möglichkeiten zu erweitern.

Chancen für multimodale Workflows erkennen

Sie haben nun erkannt, wie wirkungsvoll es sein kann, eine Idee auf verschiedene Formate auszuweiten. Der nächste Schritt besteht darin, die Projekte, Probleme und wiederkehrenden Aufgaben in Ihrem eigenen Leben *zu identifizieren*, die sich ideal für einen multimodalen Arbeitsablauf eignen.

Um den größtmöglichen Nutzen aus einem multimodalen Workflow zu ziehen, sollte es sich idealerweise um eine wiederkehrende Aufgabe handeln, die viel Zeit in Anspruch nimmt.

Wo du anfangen solltest

Überlegen Sie sich eine wiederkehrende Aufgabe in Ihrem beruflichen oder privaten Umfeld, die mehrere Komponenten oder Schritte umfasst. Hier sind einige Ideen, die Ihnen beim Brainstorming helfen können:

- **Prozesse, bei denen Sie erklären, zeigen, erinnern und nachfassen**. Beispiele hierfür sind die Einarbeitung eines neuen Kunden, die Schulung eines Teammitglieds oder die Begleitung einer Person bei einem DIY-Projekt.
- **Projekte, die sowohl eine Planungs- als auch eine Ausführungsphase erfordern**, wie beispielsweise die Einführung eines Produkts, die Planung einer Veranstaltung oder die Produktion eines Podcasts.
- **Situationen, in denen verschiedene Personen unterschiedliche Arten von Informationen benötigen**, beispielsweise um Stakeholder über ein Projekt auf dem Laufenden zu halten, Patientenanweisungen für einen medizinischen Eingriff zu erstellen oder Richtlinien an Mitarbeiter und Kunden zu kommunizieren.
- **Aktivitäten, die Recherche, Erstellung und Weitergabe von Informationen umfassen**. Dies kann das Verfassen einer Marktanalyse, die Erstellung von Bildungsmaterialien oder die Erstellung eines persönlichen Portfolios sein.
- **Aufgaben, die sowohl Vorbereitung als auch Dokumentation erfordern**, wie beispielsweise die Planung eines Renovierungsprojekts, die Organisation einer Wohltätigkeitsveranstaltung oder die Dokumentation eines komplexen Rezepts für ein Kochbuch.

Im Gegensatz dazu sind Aufgaben wie das Verfassen einer einzelnen E-Mail, das Erstellen eines Social-Media-Beitrags oder die Beantwortung einer kurzen Frage zu einfach, um einen Workflow zu erfordern.

Wenn Sie als Designer oder Berater ständig neuen Kunden Ihren Prozess erläutern müssen, beachten Sie, wie viele Aufgaben dies tatsächlich umfasst und welche KI-Tools Sie nun kennen, die Ihnen bei jedem Schritt helfen könnten:

1. **Kundenfragen analysieren.**
Verwenden Sie ChatGPT, um frühere E-Mails zu prüfen und die häufigsten Fragen oder Anliegen Ihrer Kund:innen zu identifizieren, die Sie frühzeitig im Prozess ansprechen sollten.

2. **Willkommenspaket erstellen.**
Nutzen Sie Claude, um ein professionelles PDF zu entwerfen, das Erwartungen, Zeitpläne und Lieferumfänge für neue Kund:innen klar definiert.

3. **Visuelle Projektzeitleiste gestalten.**
Erstellen Sie in Canva eine gebrandete Roadmap, die wichtige Meilensteine hervorhebt und relevante Beispiele oder vergangene Arbeiten zeigt.

4. **Persönliches Einführungsvideo aufnehmen.**
Erstellen Sie mit Synthesia ein etwa zweiminütiges Begrüßungsvideo, in dem Sie sich vorstellen und den Ablauf der nächsten Schritte erklären.

5. **Audio-FAQ aufnehmen.**
Verwenden Sie ElevenLabs, um kurze Antworten auf Ihre fünf häufigsten Kundenfragen in Ihrer eigenen Stimme aufzunehmen.

6. **E-Mail-Automatisierung einrichten.**
Erstellen Sie eine Sequenz, die Onboarding-Materialien und Erinnerungen zum richtigen Zeitpunkt über Ihre bevorzugte E-Mail-Plattform versendet.

7. **Kundenportal einrichten.**
Gestalten Sie eine übersichtliche Seite oder einen Ordner, der alle Ressourcen, Links und Materialien an einem leicht zugänglichen Ort bündelt.

Oder wenn Sie Ihr Jahr in weniger als einer Stunde zu einem teilbaren Video zusammenfassen möchten, das sich perfekt für Silvester eignet:

1. **Alles an einem Ort sammeln.**
Synchronisieren Sie Ihr iPhone und alle anderen Geräte mit Google Fotos, damit Ihre Bilder und Videos automatisch nach Datum sortiert werden.
2. **Beste Momente automatisch kuratieren.**
Verwenden Sie Google Fotos Highlights oder Adobe Lightroom Auto Curate, um unscharfe Aufnahmen, Duplikate und Screenshots sofort herauszufiltern. So entsteht eine übersichtliche, chronologische Sammlung.
3. **Hintergrundmusik hinzufügen.**
Erstellen Sie mit Soundraw einen Instrumentaltitel, der zur gewünschten Stimmung passt (z. B. beschwingt, nostalgisch oder filmisch).
4. **Video zusammenstellen.**
Laden Sie Ihre ausgewählten Fotos und Videos in Pictory, Canva oder CapCut hoch, um automatisch eine chronologische Montage mit Ihrer Musik zu erstellen.
5. **Einfach teilen.**
Exportieren Sie das Video und teilen Sie es direkt über einen privaten YouTube-Link, eine WhatsApp-Familiengruppe oder einen gemeinsamen Google-Drive-Ordner, damit alle es an Silvester ansehen können.

Die Stärke eines multimodalen Workflows liegt darin, dass jeder Schritt auf dem vorherigen aufbaut. Die Recherche prägt Ihr Schreiben, das wiederum Ihre visuellen Elemente beeinflusst, die wiederum Ihre Auswahl der Audioelemente leiten, und all dies fließt schließlich in ein Video ein. Jedes Element stärkt die anderen, und am Ende haben Sie etwas Originelles geschaffen, das größer, besser und wirkungsvoller ist als die Summe seiner KI-generierten Teile.

Sobald man beginnt, multimodal zu denken, wird schnell klar, wie derselbe Ansatz bei völlig unterschiedlichen Projekten funktionieren kann.

Präsentationen

Wenn Sie beispielsweise eine Präsentation erstellen, könnten Sie zunächst mit Perplexity eine Recherchebasis aufbauen, um Fakten, Beispiele und Zitate zu finden. Anschließend würden Sie zu ChatGPT wechseln, um diese Ergebnisse in strukturierte Gesprächspunkte umzuwandeln, und mit Midjourney individuelle Grafiken erstellen. Schließlich kann Canva AI alles zu einer ansprechenden Folie zusammenfassen, die Sie präsentieren oder teilen können.

Lerninhalte

Wenn Sie Lehrinhalte zu einem Thema entwickeln möchten, mit dem Sie sich gut auskennen, können Sie ChatGPT verwenden, um eine prägnante Lektion oder Erklärung zu erstellen, die ein Thema in einfache, umsetzbare Schritte unterteilt. Erstellen Sie mit Canva AI unterstützende Grafiken (wie Diagramme, Vergleichstabellen oder Prozesskarten). Nehmen Sie mit ElevenLabs einen Kommentar auf und kombinieren Sie alles zu einem kurzen

Anleitungsvideo mit Pictory, um Materialien zu erhalten, die für visuelle, auditive und videobasierte Lernende geeignet sind.

Event- oder Projektplanung

Bei der Planung einer Veranstaltung oder eines Projekts können Sie Perplexity nutzen, um Veranstaltungsorte, Attraktionen, Materialien oder Projektanforderungen zu recherchieren. Anschließend geben Sie Ihre Recherchen in Claude ein, um einen Plan zu erstellen, der die Arbeit in Schritte, Zeitpläne und Verantwortlichkeiten unterteilt. Abschließend erstellen Sie in Canva AI eine visuelle Roadmap mit Bildern, Karten oder Prozessdiagrammen und speichern dann alle Dateien, Checklisten und Aktualisierungen in einem gemeinsamen Arbeitsbereich, wie beispielsweise Google Drive oder Notion.

Die Projekte mögen unterschiedlich sein, aber das Prinzip ist dasselbe. Sie müssen auch nicht bei jedem Projekt von Anfang an genau wissen, welche

Tools Sie verwenden werden. Sie können nur zwei Tools verwenden oder so viele, wie Sie benötigen. Sie können die Dinge sogar einfach halten, indem Sie für Text, Bilder und Videos vollständig bei ChatGPT bleiben.

—Forschung mit dem GPT-5-Denkmodell betreiben, Bilder mit DALL-E generieren oder Videos mit dem integrierten Videogenerator **Sora** erstellen (der nur mit einem kostenpflichtigen ChatGPT-Abonnement verfügbar ist).

Hier finden Sie eine Übersicht über eine Reihe von KI-Tools, sortiert nach Verwendungszweck. Wählen Sie bei der Gestaltung Ihres Workflows einfach ein oder zwei Tools aus jeder Kategorie aus. Das Ziel besteht nicht darin, möglichst viele Tools zu verwenden, sondern die richtigen für die jeweilige Aufgabe auszuwählen.

KI-Tool-Stack

Kategorie	Tool(s)	Einsatzbereich
Recherche	Perplexity	Liefert verlässliche Informationen (kostenlose Version verfügbar)
Texterstellung	Claude, ChatGPT	Standardtools für längere Texte (kostenlose Versionen verfügbar)
Visuelle Inhalte	Canva, DALL·E, Midjourney	Grafiken & Designs – Canva ist besonders einsteigerfreundlich durch Vorlagen
Video	Pictory, Synthesia, Canva	Erklärvideos oder Avatar-Videos – Canva am einfachsten für Einsteiger
Videoschnitt	Descript, OpenShot, DaVinci Resolve	Bearbeitung von Videos – OpenShot und DaVinci sind kostenlose Alternativen
Stimme	Murf AI, ElevenLabs, Text-to-Speech	Natürlich klingende KI-Stimmen erzeugen – integrierte TTS kostenlos verfügbar
Musik/SFX	Soundraw, Mubert, YouTube Audio Library	Musik & Soundeffekte für kommerzielle Nutzung (YouTube Library ist kostenlos)

Wenn Sie mehr Erfahrung sammeln und beginnen zu verstehen, was jedes KI-Tool für Konversationen am besten kann, können Sie verschiedene Tools kombinieren, indem Sie Recherchen aus Perplexity ziehen, Texte in Claude verfeinern und Assets in ChatGPT kombinieren. Zu Beginn ist ein solches Maß an Komplexität jedoch nicht erforderlich. Perplexity greift immer auf das Live-Internet zu, und die Pro-Tarife von ChatGPT umfassen das Browsen. In beiden

Fällen können Sie also einen gesamten Workflow abschließen, ohne ein einziges Tool verlassen zu müssen.

Galaxy.ai: Eine zentrale Plattform für die Inhaltserstellung

Von allen vorgestellten Tools könnte dieses das vielseitigste sein. Bisher haben wir uns Workflows angesehen, die mehrere spezialisierte Tools kombinieren. Dies ist häufig der flexibelste Ansatz, da Sie für jeden Schritt die beste App auswählen können. Das Wechseln zwischen Registerkarten, das Kopieren und Einfügen sowie das Verschieben von Dateien kann jedoch zu einer zeitaufwändigen Tätigkeit werden. Mit generativer KI versuchen wir, dies zu vermeiden.

Hier kann eine Komplettlösung wie Galaxy.ai Ihre Arbeitsabläufe noch weiter vereinfachen. Galaxy.ai bietet mehr als 3000 Tools, die alle in einer Benutzeroberfläche integriert sind, sodass Sie alles, was Sie bisher gelernt haben, in einer einzigen Anwendung ausführen können. Dazu gehören Generatoren für Text, Bilder und Videos sowie eine Prompt-Bibliothek, die Ihnen den Einstieg erleichtert. Sie haben Zugriff auf die neuesten Modelle, sei es GPT-5, Claude Opus 4.1 (die neuesten LLMs von ChatGPT und Claude) oder Pika Turbo V2, wenn Sie Videos erstellen. Sie können für jeden Schritt das gewünschte Modell auswählen und den gesamten Prozess ausführen, ohne die Plattform zu verlassen.

Galaxy.ai umfasst auch Extras wie einen Headshot-Generator, einen Stimmkloner, Illustrations- und Thumbnail-Ersteller, ein Innenarchitektur-Tool und sogar Musikgenerierung. Es ersetzt zwar nicht jedes Spezialtool, aber wenn Sie eine reibungslosere Erfahrung und weniger verschiedene Komponenten wünschen, kann ein integriertes System wie Galaxy.ai die Arbeit erheblich vereinfachen.

Probieren Sie es selbst aus: Entwerfen Sie einen multimodalen Workflow

In diesem Schritt verbinden Sie noch keine Tools und automatisieren auch noch nichts. Stattdessen gehen wir einen Schritt zurück und skizzieren den Entwurf für etwas, das Ihnen später viel Zeit sparen könnte. Das Ziel ist es, den Ablauf klar zu erkennen, bevor Sie überhaupt ein Tool öffnen. Es mag sich seltsam anfühlen, Zeit mit der Planung zu verbringen, ohne etwas zu erstellen, aber genau das stärkt Ihr Denken in Bezug auf „KI-Systeme" und macht den eigentlichen Erstellungsprozess später schneller, reibungsloser und damit effektiver.

1. **Wählen Sie ein konkretes Problem, das Sie lösen möchten.** Überlegen Sie sich etwas, das in Ihrem beruflichen oder privaten Leben häufig vorkommt und von einem wiederholbaren Prozess profitieren könnte (z. B. die Einführung eines Produkts, die Planung einer Veranstaltung, die Erstellung wöchentlicher Inhalte oder die Organisation von Informationen).
2. **Teilen Sie es in 4–5 einzelne Schritte auf.** Notieren Sie die wichtigsten Phasen des Prozesses (z. B.: Recherche → Entwurf → Visualisierung → Überprüfung). Überlegen Sie nicht zu lange. Sie benötigen lediglich die wichtigsten Bausteine.
3. **Identifizieren Sie den Ausgangspunkt.** Die meisten Arbeitsabläufe beginnen mit Recherchen oder einem zentralen Inhalt. Entscheiden Sie, was Ihre erste „Anker"-Aufgabe sein soll.
4. **Verbinden Sie die Schritte miteinander.** Beschreiben Sie für jeden Schritt, wie er in den nächsten übergeht. So können Sie erkennen, wie die einzelnen Teile aufeinander aufbauen, um ein zusammenhängendes Ganzes zu schaffen.
5. **Wählen Sie für jeden Schritt die entsprechenden Tools aus.** Entscheiden Sie sich für die Tools, die Sie *wahrscheinlich* verwenden werden (auch wenn Sie diese noch nie zuvor genutzt haben). Dies kann so einfach sein wie „ChatGPT für Recherchen" oder „Canva für Grafiken".
6. **Überlegen Sie sich,** wo **Sie Ihre Daten speichern und** wie Sie **sie teilen** möchten. Notieren Sie sich, wo die Assets gespeichert werden sollen und wie Sie das Endergebnis teilen möchten, auch wenn es nur „in Google Drive speichern" und „Link per E-Mail an Kunden senden" ist.

Wenn Sie fertig sind, sollten Sie einen Überblick über einen vollständigen multimodalen Workflow haben, den Sie verfeinern und schließlich ausbauen können, wenn Sie bereit sind.

Skalierung Ihrer Workflows

Nachdem Sie Ihre ersten multimodalen Workflows erstellt haben, besteht der nächste Schritt darin, KI und Automatisierung die Routineaufgaben automatisch erledigen zu lassen. Möglicherweise denken Sie: „Es gibt keine Routineaufgaben mehr! Ich spare bereits so viel Zeit mit KI." Aufgaben wie das Formulieren von Prompts, das Warten auf Antworten, das Kopieren und Einfügen sowie das Wechseln zwischen Tools erfordern jedoch nach wie vor Zeit und geistige Energie. Generative KI kann die Erstellung von Inhalten von Tagen oder Stunden auf weniger als eine Stunde verkürzen, aber durch Automatisierung lässt sich dieser Zeitaufwand noch weiter reduzieren, manchmal sogar auf einen *einzigen Klick.*

Ich nutze einen Make.com-Workflow, der automatisch ein bestimmtes YouTube-Thema recherchiert, indem er mithilfe eines Scrapers die Transkripte der drei besten Videos zu einem Stichwort extrahiert. Anschließend werden die Transkripte an ChatGPT gesendet, um einen groben Entwurf für ein neues Video zu erstellen, den ich dann mit meinem persönlichen Stil ergänze. Sobald ich den Entwurf fertiggestellt habe, wird er durch eine weitere Automatisierung in einen anderen dialogorientierten KI-Prompt eingespeist, um ein vollständiges Skript zu generieren.

Mit etwas technischem Know-how könnte ich noch einen Schritt weitergehen, indem ich das Skript an HeyGen zur Erstellung von KI-Videos weiterleite, das fertige Video auf YouTube hochlade und sogar die Veröffentlichung plane, ohne die Tools überhaupt zu öffnen.

Das ist ein Beispiel dafür, wie ich Automatisierung eingesetzt habe, um Zeit bei gewinnbringenden Aufgaben zu sparen. Lassen Sie uns jedoch einen Schritt zurücktreten. Ob YouTube, Social-Media-Beiträge oder Kundenmitteilungen – die Mechanismen sind dieselben: Sie richten eine

Reihe von Ursache-Wirkungs-Schritten ein, damit die Arbeit voranschreitet, ohne dass Sie jeden einzelnen Schritt selbst ausführen müssen.

Die einfachste Version funktioniert wie folgt:

1. **Trigger:** Etwas geschieht, beispielsweise das Fertigstellen eines Blogbeitrags in ChatGPT oder das Hinzufügen eines neuen Fotos zu Google Drive.
2. **Aktion:** Ein anderes Tool reagiert automatisch, beispielsweise formatiert es den Blogbeitrag in Google Docs oder wendet Ihre Markenvorlage auf das Foto in Canva an.
3. **Kette:** Der Prozess läuft weiter, wobei das Ergebnis an das nächste Tool in der Reihe weitergeleitet wird.

Einige typische Szenarien:

- Sie wählen ein Thema für einen Blogbeitrag aus → ChatGPT erstellt einen neuen Blogentwurf. Der Entwurf wird mit Claude formatiert → der formatierte Entwurf wird automatisch in Google Docs gespeichert → der Google Doc-Link wird per E-Mail an Ihr Team gesendet.
- Besprechungsnotizen von Otter.ai → Zapier oder Make.com sendet diese zur Zusammenfassung an ChatGPT → die Zusammenfassung wird Ihrem Projektmanager (Asana/Trello) hinzugefügt oder Ihnen per E-Mail zugesandt.
- Neue Instagram-Bildunterschriften und Mediendateien werden in einem Ordner „Veröffentlichte Inhalte“ in Google Drive gespeichert. Make.com übermittelt die Bildunterschriften automatisch an ChatGPT, um sie in einen LinkedIn-Beitrag, einen Tweet und ein kurzes TikTok-Skript umzuwandeln. Die umgeschriebenen Beiträge werden automatisch zu einem Planungstool wie Buffer oder Later hinzugefügt. Alle Varianten werden in einer gemeinsamen Inhaltsbibliothek gespeichert, um sie später wiederverwenden zu können.

Sie können auch zunächst nur einen Schritt in einem Arbeitsablauf automatisieren. Oft ist es sinnvoller, sich auf die mühsamsten, zeitaufwändigsten oder sich wiederholenden Aufgaben zu konzentrieren, die Sie mit Ihren Händen auf der Tastatur, aber ohne großen geistigen Aufwand ausführen, wie Formatierungen, Dateneingaben oder erste Recherchen.

Haben Sie Schwierigkeiten mit der Dateiorganisation, also damit, Ihre Dateien und Fotos zu ordnen? Ein einfacher Workflow in **Zapier** oder **Make.com** könnte dieses Problem lösen und verhindern, dass Sie jemals wieder 30 Minuten damit verbringen müssen, nach einer Datei zu suchen, von der Sie wissen, dass sie existiert, die Sie aber nicht finden können. Jedes Mal, wenn Sie eine Datei auf Google Drive hochladen,

überprüft Zapier den Dateinamen im Ordner „Neue Dateien“ auf Schlüsselwörter wie „Notizen“, „Belege“ oder den Namen eines Kunden und verschiebt die Datei dann automatisch in den entsprechenden Ordner.

Dies gehört zu den fortgeschrittenen KI-Anwendungen, daher ist es nicht erforderlich, dass Sie dies bereits jetzt beherrschen. Wenn Sie dies tun möchten, ist das hervorragend, jedoch ist es eher ein Ziel, auf das Sie hinarbeiten sollten, und nicht der Ausgangspunkt. Betrachten Sie es als eine Vorschau auf das, was möglich ist, wenn Ihre Fähigkeiten wachsen und Ihre Projekte größer werden. Das ist das Ziel, das Sie erreichen, wenn Sie weiter lernen, üben und sich verbessern.

Auch bei der Automatisierung ist es ratsam, einen Prozess zu entwickeln, der eine Qualitätskontrolle beinhaltet. Sie sollten Entwürfe überprüfen, Recherchen auf ihre Richtigkeit hin kontrollieren und die endgültigen kreativen Entscheidungen treffen. Eine Möglichkeit hierfür besteht darin, einen mehrstufigen Prozess in kleinere Automatisierungsschritte mit menschlichen Kontrollpunkten dazwischen aufzuteilen, wie ich es bei der Automatisierung beschrieben habe, die ich für die Erstellung von YouTube-Videoskripten entwickelt habe. Die erste Automatisierung läuft bis zu einem Überprüfungspunkt, an dem Sie eingreifen, Änderungen vornehmen und das verbesserte Ergebnis an die nächste Automatisierung weiterleiten. Auf diese Weise profitieren Sie von den zeitsparenden Vorteilen der KI, ohne Abstriche bei der Qualität der Inhalte machen zu müssen, und können im Zuge der Verfeinerung Ihrer Arbeitsabläufe weitere Automatisierungen hinzufügen.

Auch wenn Automatisierungen für Sie derzeit nicht in Frage kommen, können Sie dennoch von den Vorteilen multimodaler Arbeitsabläufe profitieren. Sobald Sie verstanden haben, wie diese Tools kombiniert werden können, sind ihre Anwendungsmöglichkeiten nahezu unbegrenzt. In den folgenden Kapiteln werde ich Ihnen zeigen, wo Sie diese KI-Systeme einsetzen können, um den größten Effekt zu haben, unabhängig davon, ob Sie Ihre

Produktivität steigern, Ihre Arbeitsabläufe vereinfachen oder sogar neue Einnahmequellen erschließen möchten.

8

All-in-One-KI-Generatoren: Ressourcen für Business und Lernen erstellen

SIE HABEN BEREITS ERFAHREN, wie wirkungsvoll es ist, eine Idee mit verschiedenen Tools umzusetzen und daraus Texte, Bilder und sogar Audio- oder Videodateien zu erstellen. In der Regel starten Sie mit ChatGPT für den Text, wechseln dann zu Canva oder Midjourney für Bilder und nutzen eventuell ein Videotool wie Synthesia für Werbe- oder Erklärvideos. Auch wenn der Prozess reibungslos läuft, müssen Sie weiterhin zwischen verschiedenen Anwendungen wechseln, Dateien exportieren und Inhalte an den passenden Stellen einfügen.

Stellen Sie sich vor, Sie geben nur eine Eingabe ein und erhalten innerhalb weniger Minuten eine umfassende Kampagne zurück, einschließlich E-Mails, Social-Media-Beiträgen, Werbetexten und Grafiken, die alle in einem einheitlichen Stil und Tonfall aufeinander abgestimmt sind. Sie erhalten nicht nur einzelne Teile, sondern ein komplettes, sofort einsatzbereites Paket. Sie müssen lediglich noch ein paar Änderungen vornehmen und können dann auf „Veröffentlichen“ klicken.

Darum sind All-in-One-Generatoren so mächtig: Sie liefern nicht nur einzelne Projektbausteine, sondern genau das, was Sie sonst von einem erfahrenen Vermarkter oder Designer erwarten würden, von SEO über Branding bis hin zum Layout. Einige All-in-One-Generatoren erstellen sogar Dinge, die Sie mit

ChatGPT, DALL·E, Midjourney oder Synthesia allein nicht produzieren können. Denken Sie an voll funktionsfähige Websites mit Layouts und Bildern oder sogar einfache Apps. Diese Tools fassen die aufwändigen Arbeitsschritte an einem Ort zusammen und verbinden Abläufe, die früher getrennt voneinander stattfanden, sodass Sie fast den gesamten Prozess von der ersten Idee bis zum ausgearbeiteten Entwurf abdecken können.

Die Leistungsfähigkeit der Erstellung mit einem Klick

All-in-One-Generatoren sind mehr als nur Abkürzungen. Sie ermöglichen es Ihnen, nicht nur die Ausführung, sondern auch das Fachwissen hinter einem gesamten Projekt zu nutzen. Wenn Sie jemals den Aufbau einer Website vermieden haben, weil Sie nicht programmieren können, oder eine Marketingkampagne aufgeschoben haben, weil Sie kein Designer oder Texter sind, schließen diese Tools diese Lücke. Sie vereinen die Arbeit mehrerer Spezialisten in einem einfachen Prozess, den Sie mit einer einzigen Eingabe steuern können. Diese Tools bieten einen kostenlosen Tarif, mit dem Sie sie unverbindlich testen können. Wenn Sie jedoch Zugriff auf weitere Funktionen wünschen, müssen Sie ein kostenpflichtiges Abonnement abschließen.

Websites mit Durable übersetzen

Mit einem guten Prompt bieten Ihnen Tools wie Durable mehr als nur eine Platzhalter-Homepage. Sie können eine übersichtliche, funktionale Verkaufsseite mit bereits vorhandenen Produktbeschreibungen und Handlungsaufforderungen, einen Blog mit mehreren Kategorieseiten und veröffentlichungsfertigen Artikeln oder sogar eine einfache serviceorientierte Website mit Preistabellen, Kontaktformularen und integrierten Kundenreferenzen erstellen. Die Struktur, die Texte und die Bilder sind bereits vorbereitet, sodass Sie nicht erst alles einrichten müssen, sondern direkt mit der individuellen Gestaltung starten können.

Präsentationen mit Gamma erstellen

Gamma kann eine einfache Anfrage wie *Erstellen Sie eine Präsentation zum aktuellen Stand des Immobilienmarktes* entgegennehmen und die Folien, Texte und Grafiken für Sie generieren. Sie müssen nicht den gesamten Text bereitstellen oder Bilder suchen, da diese automatisch eingefügt werden. Anschließend können Sie Designs austauschen, Abschnitte neu anordnen oder bestimmte Teile umschreiben. Sie müssen die Informationen zwar noch überprüfen und Änderungen vornehmen, aber der schwierige Teil der Erstellung einer vollständigen, zusammenhängenden Präsentation ist bereits erledigt. Tools wie Gamma konzentrieren sich ausschließlich auf Präsentationen, während Plattformen wie Canva oder PowerPoint mit Copilot inzwischen vergleichbare KI-Funktionen für Präsentationen anbieten.

Social-Media-Kampagnen mit Jasper entwickeln

Zu Beginn des Buches haben Sie gelernt, wie Sie Social-Media-Inhalte erstellen können, indem Sie mehrere Tools in einem mehrstufigen Workflow kombinieren. Sie könnten mit ChatGPT beginnen, um den Beitrag oder die Bildunterschriften zu verfassen, Canva AI oder Midjourney für Bilder und Grafiken verwenden und dann zu ChatGPT zurückkehren, um jeden Beitrag für verschiedene Plattformen anzupassen. Dies funktioniert, erfordert jedoch Zeit und viele Arbeitsschritte. Jasper vereinfacht diesen Prozess erheblich, indem es Texte für eine gesamte Kampagne an einem Ort generiert. Sie können ihm eine einzige Idee geben und erhalten E-Mails, Social

Beiträge und Werbetexte. Dazu gehören auch Grafikvorlagen, die im Ton und Stil bereits aufeinander abgestimmt sind. Diese integrierte Konsistenz ist etwas, das selbst erfahrene Marketingfachleute nur schwer erreichen können, wenn sie schrittweise arbeiten.

Ein Markenkit mit Looka erstellen

Auch das Branding, das normalerweise mehrere Tools und das geschulte Auge eines Designers erfordert, lässt sich mit einer Funktion wie dem Brand Kit von Looka in wenigen Minuten umsetzen. Sie geben einfach einige Informationen über Ihr Unternehmen ein und erhalten grundlegende Markenelemente, die Sie sofort herunterladen und verwenden können, vom Logo über die Farbpalette bis hin zu Schriftarten und Mustermaterialien. Sie können die Elemente sofort herunterladen und verwenden und sie dann im Laufe der Zeit aktualisieren, wenn sich Ihre Marke weiterentwickelt.

All-in-One-Generatoren

Tool	Was Sie damit tun können	Kostenloser Plan & Upgrade-Infos
Durable	Erstellt komplette Websites mit Texten, Bildern, Formularen und Blogposts auf Knopfdruck	Kostenlos nutzbar mit Subdomain. Upgrade für eigene Domain und erweiterte Funktionen.
Gamma	Erstellt komplette Präsentationen aus einem einzigen Prompt (Folien, Texte, Visuals)	Kostenlose Version zum Ausprobieren. Upgrade für mehr Folien, Designoptionen und Profi-Vorlagen.
Jasper	Erstellt Kampagneninhalte wie E-Mails, Social-Media-Posts und passende Grafiken	Kostenlose Testversion. Upgrade für vollständige Kampagnen, Markenstimmen und Templates.
Looka	Baut ein Marken-Kit mit Logo, Farben, Schriften und Vorlagen für Marketingmaterialien	Logos kostenlos ansehen. Upgrade für hochwertige Downloads und das komplette Marken-Kit.
Synthesia	Wandelt Skripte in KI-Videos mit Avataren, Stimmen und Sprachen um	Kostenloser Plan mit begrenzten Minuten. Upgrade für längere Videos, mehr Avatare und Bearbeitung.

Profi-Tipp: Wenn Sie nicht sicher sind, ob es einen All-in-One-Generator für Ihr Vorhaben gibt, fragen Sie ChatGPT. Versuchen Sie es mit: *„Gibt es KI-Tools, mit denen man [Art des Projekts] mit einem Klick erstellen kann? Listen Sie die besten Optionen mit ihren wichtigsten Funktionen auf.“* Diese eine Frage kann Ihnen stundenlange Recherchearbeit ersparen.

Wann sollten Sie sich für einen All-in-One-Generator entscheiden, anstatt Ihren eigenen Workflow zusammenzustellen? Berücksichtigen Sie die Komplexität des Projekts, Ihre Fähigkeiten und Ihre Prioritäten. Wenn Sie kein Experte auf einem bestimmten Gebiet sind, aber eine schnelle, kostengünstige und qualitativ hochwertige Lösung benötigen, können diese Tools entscheidend sein. Wenn Qualität und kreative Kontrolle oberste Priorität haben, kann es sinnvoller sein, weiterhin einzelne, spezialisierte Tools zu nutzen. Und manchmal ist die optimale Lösung eine Kombination aus beidem: Lassen Sie einen All-in-One-Generator einen ersten brauchbaren

Entwurf erstellen und verfeinern Sie diesen anschließend mit den Tools, die Sie bereits kennen und schätzen.

Auch bei Risiken und Sicherheit gelten hier die bereits erwähnten Vorsichtsmaßnahmen. Bitte fügen Sie keine sensiblen oder privaten Informationen in KI-Tools ein. Darüber hinaus sind die Risiken bei der Verwendung von Durable, Jasper oder ähnlichen Generatoren dieselben wie bei jedem anderen KI-Tool. Die meisten Probleme lassen sich mit gesundem Menschenverstand lösen. Vermeiden Sie es, Kundendaten, Passwörter und geschützte Inhalte in Ihre Eingaben aufzunehmen, und Sie sollten keine Probleme haben.

Wie man Prompts für All-in-One-Generatoren verfasst

Der schnellste Weg zu hervorragenden Ergebnissen mit einem All-in-One-Generator besteht darin, nicht sofort in das Tool einzusteigen. Starten Sie stattdessen mit ChatGPT und lassen Sie sich von diesem Tool dabei unterstützen, den perfekten Prompt zu erstellen, bevor Sie das Tool überhaupt öffnen. Dies ist besonders nützlich, wenn Sie sich nicht sicher sind, wie detailliert der Prompt sein muss, oder wenn Sie das Tool noch nie zuvor verwendet haben.

Der Trick besteht darin, ChatGPT nach einem Prompt zu fragen, die Sie direkt in das andere Tool einfügen können – also gewissermaßen nach einem ‚Prompt für den Prompt'. Und wenn Sie sich nicht sicher sind, was Sie fragen sollen, können Sie den Prozess umkehren: Lassen *Sie sich* zunächst *von* ChatGPT klärende Fragen stellen. Anstatt zu erraten, welche Details Sie angeben sollen, lassen Sie sich von ChatGPT durch die Informationen führen, die der All-in-One-Generator benötigt.

Hier ist ein wiederverwendbare Prompt, den Sie für jedes Tool anpassen können:

---

*Ich möchte **[KI-Tool]** verwenden, um **[Art des Projekts]** zu erstellen, bin mir jedoch nicht sicher, welche Informationen ich eingeben soll oder was das fertige Projekt enthalten soll. Bitte stellen Sie mir eine Reihe von klärenden Fragen zu meiner Zielgruppe, meinen Zielen, meinem Stil und allen* *spezifischen Abschnitten, Seiten oder Funktionen, die ich möglicherweise benötige. Verwenden Sie dann meine Antworten, um mir einen vollständigen, detaillierten Prompt zu erstellen, den ich in das Tool einfügen kann, damit es ein kohärentes, qualitativ hochwertiges Ergebnis liefert.*

Wenn Sie diesen Ansatz verwenden, ist der endgültige Prompt, den ChatGPT Ihnen gibt, in der Regel wesentlich länger, zusammenhängender und detaillierter als alles, was Sie selbst geschrieben hätten. Sie können diesen Prompt in der Übung im nächsten Abschnitt ausprobieren und sehen, was ich meine.

Es geht nicht nur darum, „gründlich“ zu sein. Bei Tools wie Durable kann eine einzeilige Eingabe wie „Ich benötige eine Website für mein Personal-Training-Unternehmen“ dazu führen, dass Sie eine Website erhalten, die zahlreiche Seiten enthält, die Sie nicht benötigen, sowie Pop-up-Fenster, die nicht zu Ihrem Angebot passen, sowie unpassende Texte und Bilder. Am Ende müssen Sie ohnehin herausfinden, wie die Website tatsächlich aussehen soll, und dann alle unerwünschten Elemente aussortieren, um die wenigen wertvollen Teile zu retten. Dies ist eine frustrierende, überwältigende Aufgabe, die viele dazu veranlasst, aufzugeben und zu dem Schluss zu kommen, dass KI-Generatoren „einfach nicht gut genug sind“. Ein reichhaltiger, spezifischer Prompt im Vorfeld verändert alles. Anstatt mit einem Durcheinander zu beginnen, starten Sie mit etwas, das bereits nahe an Ihrer Vorstellung liegt.

Profi-Tipp: Bevor Sie Ihren All-in-One-Generator öffnen, sollten Sie den Prompt, den er Ihnen gibt, mit ChatGPT einem Stresstest unterziehen. Fragen Sie: „Was fehlt in diesem Prompt, das dem Tool helfen würde, ein vollständigeres und genaueres Ergebnis zu erzielen?“ Wenn Sie diese fehlenden Teile jetzt hinzufügen, sparen Sie später Zeit bei der Bearbeitung.

Alles zusammenführen: Verwandeln Sie Ihre Arbeit in eine Website

Sie verfügen bereits über Inhalte, die Sie zuvor in diesem Buch erstellt haben. Nun ist es an der Zeit, diese zu etwas zusammenzufassen, das Sie tatsächlich veröffentlichen können. Der schnellste Weg ist, einen All-in-One-Generator wie Durable die Arbeit übernehmen zu lassen, indem Sie den soeben erlernten Prozess zur Erstellung von Prompts anwenden.

Beginnen Sie in ChatGPT, nicht in Durable. Verwenden Sie die Methode „Prompt für einen Prompt“ aus dem letzten Abschnitt, damit Sie Durable genau das geben, was es benötigt: Zielgruppe, Tonfall, Seiten, Funktionen und Stil. Je ausführlicher der Prompt ist, desto näher kommt Ihr erster Entwurf dem, was Sie tatsächlich wünschen.

> **Hinweis:** Durable bietet sowohl kostenlose als auch kostenpflichtige Tarife an. Mit dem kostenlosen Tarif können Sie eine Website erstellen und bearbeiten, jedoch ist für die Veröffentlichung unter einer benutzerdefinierten Domain oder die Freischaltung bestimmter Funktionen ein kostenpflichtiger Tarif erforderlich. Sie *können* Ihre Website sofort unter einer kostenlosen Durable-Subdomain veröffentlichen, sodass Sie ohne finanzielle Aufwendungen online gehen können.

Von dort aus:

- Bearbeiten. Durable enthält möglicherweise zusätzliche Abschnitte oder Seiten, die Sie nicht benötigen und die Sie einfach entfernen oder anpassen können.
- Ersetzen Sie den zuvor verfassten Blogbeitrag auf der Blog-Seite.
- Ersetzen Sie allgemeine Bilder durch solche, die Sie bereits erstellt haben.
- Passen Sie Ihre Über-uns-Seite so an, dass der Bereich klar auf die Besucher ausgerichtet ist.
- Fügen Sie Ihr Video an prominenter Stelle ein, um schnell Vertrauen aufzubauen.

Lassen Sie sich derzeit nicht von kleinen Designelementen oder Farben ablenken. Diese können Sie später verfeinern. Das Ziel besteht darin, heute etwas Funktionsfähiges online zu stellen, das Ihnen sofort Nutzen bringt. Unternehmen warten nicht, bis alles perfekt ist, bevor sie starten – und genau so sollten auch Sie es handhaben.

Technisch versierte Personen, die pragmatisch vorgehen, können die erste Version ihrer Website innerhalb von 20 Minuten veröffentlichen. Sie könnten einige Stunden investieren, um sie wirklich hervorragend zu gestalten. Dies ist jedoch etwas, woran Sie weiterarbeiten und das Sie verbessern können, wenn Sie mehr Inhalte veröffentlichen. Konzentrieren Sie sich zunächst auf etwas, das „gut genug" ist. Unternehmen warten nicht, bis alles perfekt ist, um ihr Produkt auf den Markt zu bringen.

Machen Sie einen Screenshot, wenn Sie fertig sind. Sie haben soeben eine Website erstellt, und das in weniger Zeit, als die meisten Menschen mit dem Scrollen in sozialen Medien verbringen. Die früheren Hindernisse, wie Programmierkenntnisse, Designfähigkeiten und technisches Fachwissen, sind nicht mehr vorhanden. Was bleibt, sind nur Sie und Ihre Ideen.

Dies ist erst der Anfang. Im nächsten Kapitel werde ich Ihnen zeigen, wie Sie Ihre bevorzugten KI-Tools verbinden, die Erstellung von Inhalten automatisieren und Systeme einrichten können, die Ihnen jede Woche mehrere Stunden Zeit sparen. Anschließend werden wir uns mit echten KI-Strategien befassen, mit denen Sie Einkommen erzielen, ein Unternehmen führen oder bei der Arbeit oder in der Schule erfolgreich sein können.

9

Projekte und Verwaltungsaufgaben mit KI organisieren

ALLEIN DIE KI-WORKFLOWS, die Sie bereits in den vorangegangenen Kapiteln kennengelernt haben, können Ihre Effizienz steigern und Ihre Arbeitsweise vereinfachen. Es gibt jedoch noch eine weitere Ebene. KI kann Ihnen dabei helfen, Systeme zu entwickeln, die Ihnen Klarheit über Ihre Prioritäten verschaffen und sicherstellen, dass wichtige Aufgaben tatsächlich erledigt werden. Diese Systeme können sich anpassen, wenn etwas nicht wie geplant verläuft. Sie sorgen dafür, dass Sie konzentriert und auf Kurs bleiben, und gehen weit über eine bloße Einfügung in Ihre bestehende Arbeitsweise hinaus. Sie greifen Ihre bestehenden Arbeitsabläufe auf und verbessern sie.

In diesem Kapitel erfahren Sie, wie Sie den Übergang von der Nutzung künstlicher Intelligenz für einzelne Aufgaben hin zu ihrer Integration in ein umfassendes *Produktivitätssystem* vollziehen können. Selbst wenn Sie nur dieses Kapitel lesen, das Gelernte anwenden und keine weiteren Inhalte dieses Buches umsetzen, werden Sie wahrscheinlich jede Woche mehrere Stunden Zeit sparen und mehr erledigen können, ohne sich überfordert zu fühlen. Sie werden erfahren, wie Sie KI in die Tools integrieren können, die Sie bereits verwenden, neue KI-gestützte Plattformen hinzufügen können, wo dies sinnvoll ist, und alles miteinander verbinden können, damit Ihre Arbeit reibungslos von der Idee bis zur Fertigstellung verläuft.

Sie müssen nicht jedes in diesem Kapitel vorgestellte Tool nutzen, um Vorteile zu erzielen. Tatsächlich kann eine zu große Anzahl von Tools Sie überfordern und Ihre Arbeit verlangsamen. Wählen Sie ein oder zwei Tools aus, von denen Sie denken, dass sie Ihnen wirklich helfen könnten, um den Einstieg zu erleichtern. Sie können später jederzeit weitere Tools hinzufügen.

Planung und Zielsetzung mit KI

Haben Sie schon einmal Stunden damit verbracht, den perfekten Plan zu erstellen, nur um am Ende zu erschöpft zu sein, um ihn umzusetzen? Eine der größten mentalen Hürden ist nicht die eigentliche Ausführung der Arbeit. Es ist die Entscheidung, welche Arbeit es wert ist, erledigt zu werden, in welcher Reihenfolge und wie man sie vorantreibt, ohne sich zu überlasten. Dieser Prozess ist ebenfalls zeitaufwändig.

Angenommen, Sie haben eine Geschäftsidee im Kopf. Es handelt sich jedoch lediglich um eine Idee. Sie wissen nicht, wo Sie beginnen sollen oder wie Sie diese Idee in die Tat umsetzen können. In weniger als einer Stunde können Sie mit ChatGPT oder Claude das gesamte Konzept ausarbeiten.

Sie könnten beispielsweise Folgendes in Claude eingeben:

> *Ich habe darüber nachgedacht, ein Unternehmen für Haushaltsorganisation zu gründen. Vorerst bin ich allein, möglicherweise biete ich auch virtuelle Sitzungen an. Allerdings bin ich mir unsicher, wie ich beginnen soll. Könnten Sie mir dabei behilflich sein, einen konkreten Plan mit einzelnen Schritten zu erstellen, der nach Wochen gegliedert ist?*

Fahren Sie dann fort mit:

> *Ich möchte dies neben meiner derzeitigen Tätigkeit auf Teilzeitbasis aufbauen, daher bitte ich um realistische Vorschläge. Ich benötige Unterstützung dabei, zu entscheiden, was als Erstes zu tun ist, wie ich Kunden gewinnen kann und wie ich den Betrieb am Laufen halte.*

In nur wenigen Nachrichten kann die KI Ihnen dabei helfen, zu definieren, wie „erledigt" aussieht, dies in vierteljährliche, monatliche und wöchentliche

Ziele aufzuteilen und alles in einer Reihenfolge anzuordnen, die Engpässe vermeidet. Der gleiche Ansatz funktioniert auch für kleinere Aufgaben, wie die Strukturierung Ihrer Woche oder die Planung Ihres Tages.

Sobald Sie Ihren Plan erstellt haben, müssen Sie ihn nicht in einem Textfeld speichern. Sie können ihn direkt in ein Projektmanagement-Tool einfügen, das ihn in Projekte und Aufgaben mit Prioritäten und Fristen umwandelt.

Projektmanagement trifft auf Automatisierung

Sobald Ihre Ideen klar sind, können spezialisierte Planungsplattformen sie in lebendige, adaptive Systeme umwandeln:

Motion AI

Motion AI ist ein Produktivitäts- und Planungstool, das Aufgabenverwaltung mit Kalenderautomatisierung verbindet. Sie geben Ihre Aufgaben, Termine und Besprechungspläne ein, und die KI erstellt (und aktualisiert kontinuierlich) Ihren Tagesplan in Echtzeit. Sollte eine Besprechung länger dauern, ein Kunde absagen oder Sie eine kurzfristige Priorität hinzufügen, plant Motion automatisch alles andere neu, sodass nichts übersehen wird. Es versteht Prioritäten, Abhängigkeiten und die Ausgewogenheit der Arbeitsbelastung, sodass Sie Ihren Plan nicht ständig manuell neu organisieren müssen. Motion verfolgt auch Ihre Gesamtkapazität, indem es Sie darauf hinweist, wenn Sie Ihren Zeitplan überlastet haben, und Ihnen zeigt, wo Termine gefährdet sind, bevor sie verpasst werden. Dies macht es besonders wertvoll für Menschen, die mit unvorhersehbaren Zeitplänen jonglieren, da die KI wie ein persönlicher Assistent im Hintergrund funktioniert, der sich nicht nur jede Frist merkt, sondern auch Ihre Arbeitsbelastung realistisch hält.

ClickUp AI

ClickUp ist eine umfassende Projektmanagement-Plattform für Einzelpersonen und Teams. An sich handelt es sich nicht um ein reines KI-Tool, sondern um eine Plattform zur Organisation von Projekten, zur Zuweisung von Aufgaben und zur Verfolgung von Fristen. Mit dem kostenpflichtigen KI-Add-on können Sie in nur wenigen Minuten aus losen Ideen oder Besprechungsnotizen einen klaren, umsetzbaren Plan erstellen.

In ClickUp kann die KI Folgendes übernehmen:

- **Erstellen Sie aus Brainstorming-Sitzungen**, Besprechungsnotizen oder Chat-Diskussionen strukturierte Aufgabenlisten.
- **Erstellen Sie detaillierte Aufgabenbeschreibungen**, damit die Beauftragten ohne langwierige Rückfragen genau wissen, was zu tun ist.
- **Priorisieren Sie Aufgaben automatisch** anhand von Dringlichkeit, Fristen und verfügbaren Ressourcen.
- **Planen Sie Aufgaben neu und passen Sie Zeitpläne an**, wenn sich Prioritäten oder Arbeitsbelastungen ändern.
- **Verfolgen Sie die Kapazitäten Ihres Teams**, damit Sie sehen können, wer überlastet ist und wer verfügbar ist.
- **Erkennen Sie Engpässe**, die Projekte verlangsamen, bevor sie zu Verzögerungen führen.

Die App zeigt Ihnen sogar potenzielle Aufgaben aus Unterhaltungen an und Sie werden gefragt, ob Sie diese zu Ihrem Projektboard hinzufügen möchten. ClickUp lässt sich auch mit einer Vielzahl anderer Tools integrieren, darunter Slack, Google Drive, Microsoft Teams, Zoom,

Dropbox und vielen anderen, sodass Ihre KI-generierten Pläne Dateien, Aktualisierungen und Kommunikation einbinden können, ohne dass Sie zwischen den Apps hin- und herspringen müssen.

Notion AI

Notion AI ist ein sehr flexibler Arbeitsbereich, der Notizen, Dokumente, Projektverfolgung und Datenbanken an einem Ort vereint. Auch ohne KI ist es bereits eine leistungsstarke Plattform zur Organisation von Informationen. Mit KI kann Notion lange Besprechungsnotizen zusammenfassen, Ihre Dokumente automatisch mit Tags versehen und kategorisieren, Entwürfe erstellen und verwandte Inhalte miteinander verknüpfen, sodass Sie komplexe Projekte bewältigen können, ohne nach Dateien suchen zu müssen. Für forschungsintensive oder inhaltsorientierte Arbeiten kann es wichtige Punkte aus Artikeln oder Berichten extrahieren und diese dann in umsetzbare Checklisten oder strukturierte Pläne umwandeln. Notion kann auch den Fortschritt Ihrer Projekte verfolgen und Ihnen helfen, Probleme zu beheben, bevor sie zu Verzögerungen führen, indem es Bereiche markiert, die in Verzug geraten sind, und Engpässe aufzeigt – zum Beispiel ein Dokument, das den nächsten Schritt in einem Arbeitsablauf blockiert. Seine größte Stärke ist seine Anpassungsfähigkeit. Sie können es an Ihren Arbeitsablauf anpassen, egal ob Sie ein kreatives Einzelprojekt durchführen oder ein mehrköpfiges Forschungsteam leiten, und die KI-Ebene trägt dazu bei, dass das System langfristig stabil und ausgewogen bleibt.

Diese Tools verfügen häufig über integrierte Analysefunktionen, die Ihnen zeigen, wofür Sie Ihre Zeit verwenden, Sie warnen, wenn Sie sich zu viel vorgenommen haben, und Engpässe aufzeigen, bevor diese Sie an Ihrer Arbeit hindern. Sie unterstützen Sie nicht nur dabei, schneller zu arbeiten, sondern auch *intelligenter*, da sie das System selbst überwachen und nicht nur Ihre To-do-Liste.

Projektmanagement- und Automatisierungstools

Tool	Wofür Sie es verwenden können	Kostenloser Plan & wann ein Upgrade sinnvoll ist
Motion AI	Kombiniert Aufgabenverwaltung mit Kalenderplanung.	Die kostenlose Testversion ermöglicht ein Ausprobieren. Für vollen Zugriff auf Kalenderplanung, Automatisierungen und erweiterte Funktionen ist ein Upgrade erforderlich.
ClickUp AI	Umfassende Projektmanagement-Plattform zur Organisation von Projekten, Aufgaben und Fristen.	ClickUp bietet einen kostenlosen Plan; die KI-Funktionen sind jedoch nur im kostenpflichtigen Abonnement verfügbar.
Notion AI	Flexibler Arbeitsbereich für Notizen, Dokumente und Projekte.	Notion bietet einen kostenlosen Plan; KI-Funktionen sind jedoch nur über ein kostenpflichtiges Zusatzmodul oder im bezahlten Abonnement freigeschaltet.

KI, die dort funktioniert, wo Sie arbeiten

Es ist nicht immer erforderlich, eine vollständig neue Plattform einzuführen, um die Vorteile der KI zu nutzen. Manchmal lässt sich die Produktivität am schnellsten steigern, indem man KI direkt in die Tools integriert, die man bereits täglich verwendet. Microsoft Copilot (für die 365-Suite), Google Gemini (für Workspace) und Apple Intelligence (für macOS, iOS und iPadOS) funktionieren alle nach diesem Prinzip.

Der größte Vorteil ist jedoch nicht nur die Geschwindigkeit. Entscheidend ist, wie diese KI-Ebenen Ihre bestehenden Arbeitsabläufe nahtlos verbessern, ohne dass Sie einen völlig neuen Prozess erlernen müssen. Diese Systeme integrieren KI in Ihre zentrale Arbeitsumgebung, sodass sie Ihre E-Mails, das Dokument, an dem Sie gerade arbeiten, das gerade beendete Meeting und die geöffnete Tabelle sehen können. Sie arbeiten weiterhin in Outlook, Google Docs oder Apple Mail, aber jetzt gibt es direkt im selben Fenster ein KI-Panel, das mit den anderen Anwendungen in Ihrem Ökosystem kommunizieren kann.

Sie könnten zunächst darum bitten, einen E-Mail-Verlauf mit 20 Nachrichten zusammenzufassen, und dann im selben Gespräch anweisen, die zu erledigenden Aufgaben herauszufiltern, sie Ihrem Kalender hinzuzufügen und einen Berichtsentwurf auf der Grundlage der angehängten Tabelle zu erstellen. Da es direkt mit Ihren Dokumenten, Ihrem Posteingang und Ihren Besprechungen verbunden ist, kann es genau den benötigten Kontext abrufen und die Ergebnisse direkt an die richtige Stelle zurücksenden. Das spart Ihnen leicht eine Stunde Arbeit.

Hier sind einige Beispiele, wie Sie das Tool in Ihren Arbeitsabläufen einsetzen können:

- **E-Mail und Kommunikation**: Erstellen Sie schnell Antworten, formulieren Sie diese für mehr Klarheit oder einen besseren Ton um und erstellen Sie Ihre eigenen Nachfassaktionen oder Erinnerungen. Einige Tools können sogar Nachrichten mit hoher Priorität basierend auf Ihrem Kalender oder Ihrem bisherigen Verhalten kennzeichnen.
- **Dokumente und Erstellung von Inhalten**: Wandeln Sie Notizen in Entwürfe um, fassen Sie umfangreiche Dokumente zusammen oder formatieren Sie Inhalte neu. Sie können auch KI einsetzen, um aus Ihrem Text Grafiken oder Folien zu erstellen oder Ihre persönlichen Dokumente wie Vorlagen oder SOPs zu aktualisieren.
- **Tabellenkalkulationen und Datenbearbeitung**: Stellen Sie Fragen zu Ihren eigenen Daten, generieren Sie Formeln, visualisieren Sie

Trends oder erstellen Sie automatisch Zusammenfassungen, ohne die genaue Funktion zu kennen.

- **Aufgabenplanung und tägliche Ausführung**: KI verwandelt Ihre groben Ideen und Ihre mentale To-do-Liste in einen schlüssigen Plan. Wenn etwas Unvorhergesehenes eintritt oder sich Ihr Zeitplan ändert, kann sie Ihren Tag für Sie neu organisieren, sodass Sie nicht an Schwung verlieren, wenn Sie versuchen, alles manuell neu zu ordnen.

Wie Teams KI nutzen, um aufeinander abgestimmt zu bleiben

Alles, was wir bisher besprochen haben, gilt für Teams ebenso wie für Einzelpersonen. Tatsächlich sind viele der bereits vorgestellten Tools (wie Microsoft Copilot, Google Gemini und Apple Intelligence) so konzipiert, dass sie nahtlos in gemeinsamen Umgebungen funktionieren.

Bei der Zusammenarbeit entstehen Reibungen häufig durch Missverständnisse, vergessene Aufgaben oder verstreute Updates in E-Mails, Slack, Projektboards und Besprechungen. KI kann hier automatisch die Lücken schließen, sodass Teams auf dem gleichen Stand bleiben, ohne sich ständig abstimmen zu müssen.

In der Praxis könnte dies wie folgt aussehen:

- **Transkription und Zusammenfassung von Besprechungen**: Tools wie Zoom AI Companion, Google Meet + Gemini oder Microsoft Teams + Copilot können Besprechungen in Echtzeit transkribieren, Entscheidungen hervorheben und innerhalb von Sekunden nach Beendigung des Gesprächs eine Zusammenfassung erstellen.
- **Aufgabenzuweisung und Briefings**: KI kann automatisch To-dos aus Besprechungsprotokollen oder Team-Chats extrahieren, sie der richtigen Person zuweisen und sogar Aufgabenbeschreibungen basierend auf dem Kontext erstellen.
- **Gemeinsame Dashboards und Standups**: Plattformen wie ClickUp und Notion können automatisierte Statusaktualisierungen generieren, den Aufgabenfortschritt mehrerer Mitwirkender abrufen und

zusammenfassen, was das Team behindert, ohne dass jemand ein Statusdokument ausfüllen muss.

- **Whiteboards und Brainstormings**: Wenn Sie Tools wie FigJam, Notion AI oder Miro verwenden, kann KI dabei helfen, Haftnotizen und Skizzen in übersichtliche Dokumente, Gliederungen oder Aktionspläne umzuwandeln.

Nach einem 30-minütigen Brainstorming-Gespräch kann die KI die Diskussion in einen ausgefeilten Kreativbrief umwandeln, jedem Teammitglied Aufgaben zuweisen und alles in das Projektboard einfügen. Niemand muss mehr durch Notizen blättern oder sich daran erinnern, wer was zugesagt hat. Es ist einfach alles vorhanden.

Unabhängig davon, ob Ihr Team ein Büro teilt oder über verschiedene Zeitzonen hinweg arbeitet, reduzieren diese Funktionen Statusbesprechungen, beschleunigen die Nachverfolgung und bieten allen einen Live-Überblick darüber, was vorangeht und was noch aussteht.

Vernachlässigen Sie die Sicherheit nicht

Wenn Sie KI mit einem gemeinsamen Arbeitsbereich verbinden, muss die Sicherheit an erster Stelle stehen. Diese Tools sind am nützlichsten, wenn sie auf Teamdokumente, Chats und Kalender zugreifen können, aber dieser Zugriff sollte immer eine bewusste Entscheidung sein. Legen Sie genau fest, welche Informationen die KI benötigt, um effektiv zu sein, und beschränken Sie alles andere. Die meisten Plattformen verfügen über Admin-Einstellungen, mit denen Sie Folgendes tun können:

- den KI-Zugriff auf bestimmte Ordner, Kanäle oder Kalender beschränken können.
- Legen Sie fest, ob die KI vorhandene Daten oder nur neue Aktivitäten lesen darf.
- Legen Sie fest, wo KI-generierte Inhalte gespeichert werden und wer sie einsehen darf.

Es ist auch sinnvoll, Ihrem Team genau mitzuteilen, worauf die KI zugreifen kann, worauf nicht und wie mit sensiblen Informationen in Prompts umzugehen ist. Auf diese Weise sind sich alle über die Grenzen im Klaren und Sie vermeiden versehentlich, zu viele Informationen preiszugeben.

Wenn alles zusammenpasst

Sie haben gelernt, wie Sie mit KI kreativ sein, mit KI planen und KI in Ihre täglichen Arbeitsabläufe integrieren können. Nun geht es darum, diese Fähigkeiten gemeinsam einzusetzen, denn sobald sie synchron zusammenarbeiten, wird sich Ihre Arbeitsweise grundlegend verändern.

Es ist Montagmorgen. Sie melden sich an, öffnen Ihr KI-Panel, und es hat bereits Ihren Posteingang zusammengefasst, die tatsächlichen Prioritäten markiert und die Hälfte der Antworten entworfen. Es hat die Aktionspunkte in Ihren Aufgabenmanager übernommen, Ihren Kalender mit realistischen Terminen gefüllt und die benötigten Ressourcen zusammengestellt. Im Laufe der Woche unterstützt Sie dieselbe KI beim Verfassen von Inhalten, bei der Analyse und Auswertung von Kennzahlen, bei der Erstellung von Berichten und bei der Vorbereitung von Präsentationen und liefert Ihnen anschließend die fertigen Ergebnisse.

Arbeiten Sie direkt in der passenden Umgebung für Ihr Team oder Ihren Kunden und markieren Sie die Aufgabe als „erledigt", ohne dass Sie eine Datei verschieben oder eine Übergabe-E-Mail verfassen müssen.

Das ist es, wozu Sie jetzt in der Lage sind. Sie verfügen über die Werkzeuge, um effektiv zu planen, Pläne in die Tat umzusetzen und alles nahezu reibungslos am Laufen zu halten. Sie können ein Projekt von der „bloßen Idee" bis zur „Fertigstellung" begleiten, ohne Chaos, Zeitverlust oder ständige Kontextwechsel, die Sie früher ausgebremst haben.

10

Generative KI für Geschäfts- und Kundenprozesse

ES IST EIN GROSSER UNTERSCHIED, ob Sie KI nur nutzen, um Ihren Arbeitsalltag zu erleichtern, oder ob Sie damit ganze Teile Ihres Unternehmens steuern.

Bei der persönlichen Produktivität geht es darum, mit Ihrer To-do-Liste ein paar Minuten Zeit zu sparen. Bei Geschäftssystemen hingegen geht es darum, eine Maschine zu schaffen, die sich um wiederkehrende, langweilige und fehleranfällige Aufgaben kümmert, ohne dass Sie ständig ein Auge darauf haben müssen.

Im vergangenen Jahr habe ich mehrere virtuelle Assistenten auf den Philippinen eingestellt: einen für Grafikdesign, einen für Verwaltungstätigkeiten und einen weiteren fürs Texten. Das hat funktioniert – wenn auch nicht perfekt. Danach habe ich einige KI-Workflows getestet. Innerhalb eines Monats konnte ich 80 % der Aufgaben dieser Assistenten zu einem Bruchteil der Kosten und mit besseren Ergebnissen ersetzen.

Keine zusätzliche Unterstützung nötig.

Kein „Können Sie das bitte noch einmal senden?"

Keine Wiederholungen von Aufgaben wegen Missverständnissen.

Keine langen Feedbackschleifen, in denen man auf Korrekturen oder Überarbeitungen wartet.

Sie müssen nicht ständig Mitarbeiter managen oder kontrollieren, ob sie ihre Aufgaben erledigen. Sie brauchen keine zusätzlichen Angestellten, sondern ein System, das im Autopilot-Modus läuft, egal ob Sie arbeiten, schlafen, Zeit mit Ihrer Familie verbringen oder unterwegs sind.

In diesem Kapitel geht es darum, Routineaufgaben zu reduzieren: endlose E-Mail-Verläufe, ständig verschobene Nachfassaktionen und Berichte, deren Erstellung Stunden kostet. Sie erfahren, wie KI Verwaltungsarbeit verringern, die Kundenzufriedenheit erhöhen und Ihnen mehr Zeit für die wirklich wichtigen Aufgaben verschaffen kann. Wir stellen Ihnen eine Reihe von Tools vor, die genau das ermöglichen. Und wenn Ihnen das alles zunächst überwältigend erscheint, keine Sorge. Am Ende gibt es eine Übersichtstabelle, in der alles zusammengefasst ist.

Sobald diese Systeme eingerichtet sind, verändert sich Ihr Alltag. Sie können mehr Zeit in die Entwicklung Ihres nächsten Produkts investieren, statt E-Mails abzuarbeiten. Sie können einen echten Urlaub machen, ohne dass Ihr Unternehmen stillsteht. Sie können Ihre Arbeitszeit reduzieren, ohne Ihren Umsatz zu schmälern. Und Sie können schneller wachsen, weil Sie nicht länger mit Kleinigkeiten überlastet sind.

Buchhaltung auf Autopilot

Wenn Sie jemals Ihre Buchhaltungssoftware geöffnet haben und sich überfordert fühlten, können Sie mich gut verstehen. Ich habe die Steuerzeit immer gehasst, weil ich versucht habe, die Buchhaltung eines ganzen Jahres an einem einzigen Wochenende zu erledigen. Das war alles andere als angenehm.

Die meisten Unternehmer wissen, dass sie sich regelmäßig mit ihren Zahlen beschäftigen sollten, tun es aber nicht, weil der Prozess umständlich, zeitaufwändig und leicht auf „später“ verschoben werden kann.

KI kann Ihnen einen Großteil dieser mentalen Last abnehmen. Sie müssen sich nicht mehr durch endlose Transaktionslisten kämpfen oder mühsam Konten abgleichen. KI verschafft Ihnen einen klaren Überblick über Ihre

Finanzen, sodass Sie genau wissen, wo Sie stehen und was als Nächstes zu tun ist.

Anstatt sich einmal im Monat bei BuchhaltungsButler einzuloggen und alle Transaktionen manuell durchzugehen, können Sie sämtliche Konten verbinden, Ihre Transaktionsdaten importieren und Ausgaben automatisch kategorisieren lassen. Die Software sortiert Belege im Hintergrund in die richtigen Kategorien wie Marketing, Reisen oder Abonnements. Alle paar Tage kann ein KI-Assistent Abweichungen vom üblichen Muster markieren, etwa eine doppelte Abbuchung oder ein längst vergessenes Abonnement. Anschließend erhalten Sie ein Dashboard mit Ihrem monatlichen Gewinn oder Verlust auf einen Blick. Gewinn- und Verlustrechnungen oder Bilanzen lassen sich exportieren, ohne dass Sie dafür einen halben Samstag mit Zahlenabgleichen verbringen müssen.

BuchhaltungsButler ist in Deutschland das bekannteste KI-zentrierte Tool für diese Aufgaben. Wenn Sie jedoch ein etabliertes und weit verbreitetes System bevorzugen, bieten auch Lexoffice und SevDesk solide Automatisierungen: Belegerkennung per OCR, automatische Kategorisierung und Bankabgleiche, die Ihnen viel Arbeit ersparen. Sie sind zwar nicht ganz so lernfähig wie BuchhaltungsButler, aber stark verbreitet und DATEV-kompatibel, ein großer Vorteil in der Zusammenarbeit mit Steuerberatern.

Die meisten gängigen Buchhaltungstools verfügen inzwischen über KI- oder Automatisierungsfunktionen und decken ähnliche Kernaufgaben ab. Letztlich kommt es auf Ihre persönlichen Vorlieben an. Wenn Sie bereits ein Tool nutzen, müssen Sie vermutlich nicht wechseln. Wenn Sie neu starten, ist BuchhaltungsButler die beste Wahl für KI-gestützte Automatisierung, während Lexoffice und SevDesk sich bewährt haben, wenn Sie ein etabliertes, einfaches System mit solider Automatisierung suchen.

Sobald die Bücher in Ordnung sind, stellt sich die nächste Frage: Was bedeuten die Zahlen eigentlich? Statt einen ganzen Nachmittag mit Formeln zu verbringen, können Sie einfach nachfragen. In Sheets kann Gemini Cashflow-Trends analysieren. In Excel zeigt Copilot, wo die Ausgaben im Vergleich zum Vormonat gestiegen sind. Es geht weniger darum, neue Tricks in Tabellenkalkulationen zu lernen, sondern darum, klare Antworten zu bekommen, die Sie direkt nutzen können.

Neben der Rückschau auf Finanzdaten können dieselben Tools auch für Prognosen eingesetzt werden. Zum Beispiel, indem Sie fragen: „Welche finanziellen Trends erkennen Sie in meinen Daten, die ich bei der Planung der nächsten drei Monate berücksichtigen sollte?" So müssen Sie nicht mehr hoffen, dass alles reibungslos läuft, oder sich auf ungenaue Schätzungen verlassen.

Da es beim Cashflow nicht nur um Ausgaben geht, können Sie die automatischen Erinnerungsfunktionen Ihrer Plattform oder eine ChatGPT-Integration nutzen, um überfällige Rechnungen nachzuverfolgen. Diese generieren freundliche Mahnungen für Kunden, die ein paar Tage im Rückstand sind, sowie bestimmte, aber höfliche Erinnerungen für diejenigen, die seit Wochen nicht bezahlt haben.

KI-gestütztes Marketing für Nicht-Marketingfachleute

Die Möglichkeit, mit generativer KI aus einem einzigen Inhalt Blogartikel, Videos, E-Mails und Social-Media-Posts zu erstellen, kann Ihren Marketingaufwand erheblich verringern.

Allerdings führen selbst die besten Workflows allein nicht automatisch zum Erfolg. „Strategie, Conversion-Optimierungen und Branchen-Know-how bleiben weiterhin entscheidend und beruhen meist auf jahrelanger Erfahrung im Marketing. Hier können die richtigen Tools helfen, Ihre Inhalte prägnanter, überzeugender und wirkungsvoller zu gestalten.

In Kapitel 8 haben wir Tools wie Jasper kennengelernt, die aus einer einzigen Eingabe eine komplette Marketingkampagne generieren können, inklusive E-Mails, Anzeigen, Blogartikeln, Landingpage-Texten und vielem mehr. Solcher „All-in-One"-Ansätze gibt es viele, aber Sie müssen sich nicht auf eine Plattform festlegen, um hervorragende Ergebnisse zu erzielen. Sie können auch einzelne KI-Tools für verschiedene Bereiche Ihres Marketingprozesses kombinieren und dennoch viel Zeit sparen.

So kann eine Blogging-Plattform wie **neuroflash** lange, SEO-freundliche Artikel auf Deutsch generieren, die sich leicht überarbeiten lassen. Social-Media-Planungstools wie **Publer** oder **Metricool** erstellen Entwürfe, verwerten Inhalte mehrfach und veröffentlichen kanalübergreifend, ohne dass Sie zwischen verschiedenen Dashboards wechseln müssen. Wenn Sie möchten, können Sie einige dieser Tools zu einer automatisierten End-to-End-Content-Plattform kombinieren. Heute gibt es für fast jeden Bereich des Marketings ein KI-Tool, sei es für Design, Texterstellung, E-Mail oder Analyse.

Sobald Ihre Hauptinhalte stehen, können Sie spezialisierte Tools einsetzen, um die Ergebnisse weiter zu optimieren. **Ocoya** generiert automatisch Dutzende Social-Media-Varianten und wählt die leistungsstärksten aus. **Anyword** bewertet Überschriften und Werbetexte nach voraussichtlichen Konversionsraten, bevor Sie Budget für Anzeigen ausgeben. **Unbounce Smart Copy** erstellt und optimiert Landingpages, die auf Ihre Zielgruppe und Ziele zugeschnitten sind. Diese Tools ersetzen zwar nicht Ihr Kernsystem, sorgen aber dafür, dass Ihre Veröffentlichungen die größtmögliche Wirkung entfalten.

Für kleine und lokale Unternehmen in Deutschland lohnt sich zusätzlich ein Blick auf **Localo**. Das Tool steigert Ihre Sichtbarkeit auf dem lokalen Markt, hilft beim Management von Rezensionen und optimiert standortbasierte Marketingkampagnen.

All das kann überwältigend wirken, wenn Sie bisher kaum mehr schaffen, als drei Posts pro Woche auf einer Plattform zu veröffentlichen. Es ist nicht nötig, alle diese Tools sofort einzuführen oder sich jedes einzelne zu merken. Wichtig ist nur, dass Sie wissen: Schon mit ein oder zwei kostengünstigen KI-Tools können Sie regelmäßig Inhalte veröffentlichen, die Follower und Verkäufe bringen, auch ohne ein vollwertiges Marketingteam.

Ein Beispiel für einen möglichen Tool-Stack: **neuroflash**, um Blogartikel zu erstellen, die Sie anschließend für Social Media und Ihren Newsletter wiederverwenden; **HeyGen**, um diese Blogs in YouTube-Videos umzuwandeln; und **Publer**, um alles zu planen und die erfolgreichsten Inhalte mehrfach zu nutzen. All das kostet Sie rund 300 Euro pro Monat für die KI-Tools und ein paar Stunden Ihrer Zeit. Eine Agentur kostet für kleine Unternehmen in der Regel ab etwa 1500 Euro pro Monat, bei größeren Unternehmen schnell 10.000 Euro oder mehr. Mit KI-Tools können also auch kleine Unternehmen deutlich größere Wettbewerber mit viel größeren Teams übertreffen.

Steigerung des Umsatzes

Einige der wertvollsten Anwendungen von KI im Vertrieb ergeben sich aus mühsamen, wenig glamourösen Aufgaben: E-Mails verfassen, Nachfassaktionen durchführen, Besprechungsnotizen in ein brauchbares Angebot umwandeln. Dinge, die nicht besonders spannend sind, aber notwendig, um Geschäfte voranzubringen.

Für diese Aufgaben reichen die grundlegenden KI-Tools, die Sie bereits früher im Buch kennengelernt haben, völlig aus:

- ChatGPT kann Kaltakquise-E-Mails optimieren, damit sie klar und selbstbewusst klingen.
- Notion AI kann Besprechungsnotizen in einen Entwurf für einen Vorschlag verwandeln.
- ChatGPT kann Sie bei der Erstellung von Vorlagen für den Umgang mit Einwänden unterstützen.
- Ihr CRM (Pipedrive, HoneyBook usw.) kann Erinnerungen und Nachverfolgungen übernehmen.
- Gemini in Google Docs kann Aktualisierungen in ein Format umwandeln, das Sie sofort teilen können.

Wenn Sie nach noch mehr Automatisierung suchen, die speziell für den Vertrieb entwickelt wurde, helfen KI-gestützte Vertriebsassistenten Teams dabei, schneller und effizienter zu arbeiten. Das sind längst nicht nur einfache Chatbots auf einer Website. **Regie.ai** konzentriert sich auf die Erstellung und Personalisierung von Vertriebsinhalten wie E-Mails und LinkedIn-Nachrichten. **Venta AI** vereinfacht die Ansprache, indem es Vertriebs-E-Mails in natürlichem Deutsch erstellt und personalisiert. Damit erhalten Vertriebsteams im DACH-Markt eine lokalisierte Option, die deutlich natürlicher wirkt.

Diese Tools übernehmen einen großen Teil der Fleißarbeit im Vertriebsprozess, aber sie schließen keine Deals. Vertrauen aufbauen und verhandeln müssen nach wie vor Menschen. Allerdings können diese Systeme einen Lead bereits weit vorqualifizieren, sodass der Kontakt bereits vorbereitet ist, wenn ein Vertriebsmitarbeiter hinzukommt. Reale Unternehmen berichten, dass diese Tools direkt zu messbaren Ergebnissen führen. Einige Teams berichten von 20 % mehr Conversions, andere von einer Steigerung um 47 %, und wieder andere schließen bis zu 40 % mehr Geschäfte ab.

Einige KI-Tools für den Vertrieb sind nicht darauf ausgelegt, nur langweilige Aufgaben zu erledigen, sondern Vertriebsmitarbeiter aktiv dabei zu unterstützen, bessere Verkäufer zu werden.

Bei der Analyse kann **Gong** vergangene Gespräche auswerten, um aufzuzeigen, was Top-Verkäufer anders machen, und um gefährdete Deals zu identifizieren. **Cresta** ist stärker auf Echtzeit-Coaching während laufender Gespräche spezialisiert, bietet aber ebenfalls Analysefunktionen. **Clari** wiederum nutzt KI, um Pipelines zu analysieren und die Wahrscheinlichkeit von Abschlüssen vorherzusagen. Mit **Clari Copilot**, dem KI-gestützten Conversation-Intelligence-Tool, lassen sich Gesprächsinhalte zudem auch auf Deutsch transkribieren.

Keines dieser Tools ersetzt einen großartigen Verkäufer, und das ist auch nicht ihr Ziel. Stattdessen verschaffen sie Vertriebsteams die Ressourcen, um Störfaktoren auszublenden und sich auf das zu konzentrieren, was sie am besten können: Abschlüsse erzielen. Anstatt Jobs überflüssig zu machen, zeigen Berichte zudem, dass Unternehmen, die KI im Vertrieb einsetzen, mehr Abschlüsse erzielen und häufig sogar zusätzliche Vertriebsmitarbeiter einstellen.

KI-gestützte Kundenerfahrung

Wenn aus Interessenten Kunden werden, ist der nächste Schritt, ihnen das Gefühl zu geben, die richtige Entscheidung getroffen zu haben. Genau hier kann KI überraschend viel bewirken. Nicht, weil sie den menschlichen Kontakt ersetzt, sondern weil sie Ihnen mehr Möglichkeiten eröffnet, jeden einzelnen Kunden wie einen VIP zu behandeln, mit hoher Aufmerksamkeit und Engagement, ohne dass dies viel zusätzlichen Aufwand erfordert.

Wenn Sie mit schlanken Ressourcen arbeiten, reichen die bereits vorgestellten universellen Tools (ChatGPT, Notion AI und Gemini) für die Grundlagen wie Onboarding-Checklisten, persönliche Follow-ups oder die Erstellung von Referenzen völlig aus. Die in diesem Abschnitt vorgestellten Lösungen sind zwar nicht ausschließlich „KI-Tools“, verfügen aber über KI-Funktionen, die Ihnen diese Arbeit abnehmen können.

Und wenn Sie in einer stark regulierten oder compliancegetriebenen Branche wie Versicherungen, Finanzdienstleistungen oder Gesundheitswesen tätig sind, zahlt sich der Einsatz von **Instabase** schnell aus. Es befreit Ihr Team von administrativen Aufgaben, indem es Dokumente automatisch einliest, verarbeitet und kategorisiert, Compliance-Risiken kennzeichnet und sogar Identitäten überprüft.

Da nicht alle Kunden gleich sind und unterschiedliche Anforderungen haben, nutzt **EverAfter** KI, um individuelle Kundenportale zu erstellen, die speziell auf den jeweiligen Bedarf zugeschnitten sind. Diese Portale unterstützen das Onboarding und den Customer-Success-Plan und liefern personalisierte Empfehlungen, die sich an den Zielen des Kunden orientieren.

ChurnZero bringt KI direkt in den Bereich Customer Success mit seiner Customer-Success-AI-Plattform. KI-gestützte Agenten agieren wie digitale Teamkollegen für Customer-Success-Manager: Sie analysieren Produktnutzung, Engagement, Umfragedaten und CRM-Integrationen und verschaffen so einen 360-Grad-Blick auf jeden Kunden. Mit seinen vielseitigen Funktionen hilft ChurnZero Teams, Abwanderungsrisiken frühzeitig zu erkennen, Kundeninteraktionen in großem Maßstab zu personalisieren und neue Wachstumschancen zu erschließen.

Sie lagern Ihre Kundenbeziehungen nicht an KI aus. Sie nutzen sie vielmehr, um Aufgaben zu übernehmen, die keinen direkten menschlichen Einsatz erfordern, damit Sie und Ihr Team den Kunden jederzeit in den Mittelpunkt stellen können. So wie KI Vertriebsteams dabei unterstützt, mehr Zeit für den Abschluss von Geschäften zu haben, ermöglicht sie Account-Managern und Customer-Success-Teams, ihre Energie auf die Erfüllung von Zusagen zu konzentrieren. Das Ergebnis: Zufriedene Kunden werden zu begeisterten Fans. Und begeisterte Fans bedeuten langfristige Kundenbindung.

KI für die Personalabteilung

Die Personalabteilung hat viele Aufgaben zu erledigen, die jedoch oft wenig wertschöpfend wirken: Stellenbeschreibungen verfassen, Lebensläufe sichten, Einstellungsunterlagen verwalten, Gehaltsabrechnungen bearbeiten und Compliance-Vorgaben einhalten. Keine dieser Aufgaben sollte vom eigentlichen Ziel der Personalabteilung ablenken, nämlich dem Aufbau starker Teams und einer starken Unternehmenskultur. KI wird die menschliche Seite der Personalbeschaffung und -entwicklung nicht ersetzen, aber sie kann den Zeitaufwand für Verwaltungsaufgaben drastisch reduzieren.

Die Einstellung des richtigen Kandidaten ist nach wie vor eine der schwierigsten Aufgaben in Unternehmen. Firmen investieren enorme Mengen an Zeit und Geld in die Personalbeschaffung. KI kann jedoch bei der Lösung beider Probleme helfen, und es gibt eine ganze Reihe von Tools, die speziell für die Talentakquise entwickelt wurden.

Zunächst benötigen Sie die richtige Stellenbeschreibung. **sixfiftyAI** beschleunigt den Prozess, indem es rechtskonforme, vorurteilsfreie Stellenbeschreibungen entwirft und die Sprache so verfeinert, dass sie sowohl zur Rolle als auch zur Unternehmenskultur passt. Wenn es darum geht, Bewerber zu prüfen und Vorstellungsgespräche zu führen, helfen Plattformen wie **HireVue** und **Interviewer.ai** mit KI-gestützten Video-Bewertungen, Verhaltensanalysen und Lebenslauf-Screenings dabei, schnellere und bessere Kandidaten zu finden. Ihre Modelle tragen auch dazu bei, Vorurteile im Bewerberauswahlprozess zu reduzieren.

Sobald Sie die richtige Person für die Stelle gefunden haben, können sich die HR-Teams, statt sich mit wiederholten Anfragen zu beschäftigen, darauf konzentrieren, eine angenehme erste Woche für neue Teammitglieder zu gestalten. **LeenaAI** kann neue Mitarbeiter durch die Onboarding-Schritte begleiten, häufig gestellte Fragen zu Themen wie Sozialleistungen und Unternehmensrichtlinien beantworten und sogar die Compliance-Unterlagen automatisieren. Die Einrichtung ist zwar aufwändig, da Sie Leena AI alle HR-Informationen Ihres Unternehmens zur Verfügung stellen müssen, aber die Zeitersparnis lohnt sich.

Bei der Personalarbeit geht es nicht nur darum, neue Mitarbeiter einzustellen, sondern auch darum, die richtigen Mitarbeiter zu halten. KI-Tools wie **eightfold.ai** und Plattformen zur Mitarbeiterbindung wie **Workday Peakon** können Umfrageantworten, Leistungsdaten und Fluktuationsmuster analysieren. So unterstützen sie Personalverantwortliche dabei, bessere Entscheidungen in Bezug auf Personalplanung, Karriereentwicklung und Unternehmenskultur zu treffen.

HR hat immer mit sensiblen Daten zu tun, daher sind Datenschutz, Zugriffskontrolle und Compliance-Prüfungen unverzichtbar. Richtig eingesetzt, entlasten diese KI-Tools die Personalabteilung von Routineaufgaben und geben den Fachleuten das, was sie am dringendsten brauchen: mehr Zeit für die Menschen.

Implementierung und Skalierung von KI in einer Teamumgebung

Hoffentlich erkennen Sie inzwischen das Muster. In Finanzen, Vertrieb, Marketing und Personalwesen übernimmt KI überall dieselbe Aufgabe: Sie kümmert sich um repetitive Tätigkeiten, damit Ihr Team mehr Zeit für Aktivitäten hat, die das Unternehmen tatsächlich voranbringen. KI funktioniert jedoch nur, wenn sie in tragfähige, bestehende Prozesse eingebunden wird. Wird sie in ein fehlerhaftes System integriert, verstärkt sie lediglich das Chaos.

Aus diesem Grund ist eine komplette Überarbeitung selten sinnvoll. Es empfiehlt sich, klein anzufangen. Überlegen Sie sich einen Arbeitsablauf, den Ihr Team ohnehin jede Woche durchführt und der mehr Zeit beansprucht, als er sollte. Für viele Unternehmen sind das die sozialen Medien. Ein Marketingassistent verbringt Stunden damit, einen Blogbeitrag in ein LinkedIn-Update, eine Instagram-Bildunterschrift, einen Thread auf X (Twitter) oder sogar eine E-Mail umzuwandeln. Mit einem KI-Tool zur Wiederverwendung wie **Copy.ai Workflows** oder **Taplio** lässt sich dieser gesamte Prozess von einer Stunde auf zehn Minuten verkürzen.

Oder betrachten wir die Personalbeschaffung. Anstatt zu versuchen, den gesamten Rekrutierungsprozess zu automatisieren, beginnen Sie mit dem Teil, den alle meiden: dem Stapel von Lebensläufen. Ein KI-Screening-Tool kann Bewerber mit den richtigen Schlüsselwörtern markieren und offensichtliche

Fehlbesetzungen innerhalb von Minuten herausfiltern. Der Personalverantwortliche entscheidet weiterhin, wen er zu einem Vorstellungsgespräch einlädt, muss dafür aber nicht mehr zwei Tage lang Lebensläufe sichten.

Das Muster ist unabhängig von der Abteilung dasselbe. Wählen Sie einen Arbeitsablauf aus. Fügen Sie ein Tool hinzu. Setzen Sie es 90 Tage lang konsequent ein. Behalten Sie es bei, wenn es tatsächlich Zeit und Aufwand spart. Fahren Sie dann mit dem nächsten Prozess fort.

In größeren oder komplexeren Unternehmen gilt für Pilotprojekte weiterhin ein Zeitraum von 90 Tagen. In der Regel lässt sich innerhalb von drei Monaten feststellen, ob ein Tool zum Arbeitsablauf passt. Die Einführung in mehreren Teams oder in Prozessen mit hohen Compliance-Anforderungen kann jedoch länger dauern. Rechnen Sie mit sechs bis zwölf Monaten für die vollständige Einführung, insbesondere wenn rechtliche, sicherheitsrelevante oder regionale Unterschiede berücksichtigt werden müssen.

Profi-Tipp: Geben Sie nicht zu früh auf. Zu Beginn kann die Nutzung von KI-Tools tatsächlich länger dauern als Ihr bisheriger Prozess, da Ihr Team erst lernen muss, wie man die Ergebnisse effektiv abfragt, optimiert und anwendet. Viele geben zu früh auf und behaupten, „KI funktioniert nicht“, obwohl sie sich in Wirklichkeit nicht genug Zeit genommen haben, um damit vertraut zu werden. Behandeln Sie KI wie eine neue Fertigkeit, denn genau das ist sie, und der ROI wird sich einstellen, sobald Ihr Team damit vertraut ist.

Erste Schritte

Wenn Sie bereit sind, KI in Ihrem Unternehmen einzuführen, beginnen Sie einfach und bleiben Sie fokussiert:

- Überprüfen Sie Ihren Zeitaufwand und identifizieren Sie wiederkehrende Aufgaben.

- Wählen Sie einen Prozess mit geringem Risiko, den Sie als Erstes optimieren möchten.
- Systematisieren Sie ihn mit einer Checkliste oder Vorlage.
- Setzen Sie Automatisierungen nur dann ein, wenn sie wirklich Zeit sparen.
- Nutzen Sie die KI-Tool-Übersichtstabelle am Ende dieses Kapitels, um das richtige Tool für die jeweilige Aufgabe auszuwählen.

Die meisten Unternehmen fühlen sich von KI überfordert, weil sie sie als Strategie und nicht als Werkzeug betrachten. Erfolgreiche Unternehmen versuchen nicht, „alles mit KI zu machen". Sie schaffen Dynamik, indem sie KI Schritt für Schritt in einzelne Aufgaben oder Prozesse integrieren. So verbessern sie bestehende Abläufe, ohne ihr gesamtes Geschäft umkrempeln zu müssen.

KI-Tools für Geschäftsabläufe

Tool	Beschreibung
Buchhaltung	
BuchhaltungsButler	KI-zentriertes Tool, das Belege automatisch kategorisiert, Transaktionen abgleicht und Abweichungen erkennt.
Lexoffice	Weit verbreitetes Buchhaltungstool mit Automatisierungen wie OCR-Belegerkennung, Bankabgleich und DATEV-Kompatibilität.
SevDesk	Cloud-Buchhaltung mit automatisierter Kategorisierung, Bankabgleich und DATEV-Schnittstelle.
Marketing	
Jasper	All-in-One-Marketingtool zur Erstellung kompletter Kampagnen (E-Mails, Anzeigen, Blogartikel, Landingpages).
neuroflash	KI für lange, SEO-freundliche Blogartikel und Texte auf Deutsch.
Publer	Social-Media-Planungstool, das Posts erstellt, wiederverwertet und kanalübergreifend veröffentlicht.
Metricool	Alternative zu Publer für Social-Media-Planung und Analyse.
Ocoya	Erstellt automatisch viele Social-Media-Varianten und wählt die leistungsstärksten aus.
Anyword	Bewertet Überschriften und Texte nach Konversionswahrscheinlichkeit.
Unbounce Smart Copy	Erstellt und optimiert Landingpages auf Basis von Zielgruppe und Kampagnenzielen.
Localo	Optimiert lokale Sichtbarkeit, Rezensionen und standortbasiertes Marketing.
HeyGen	Wandelt Texte oder Blogartikel in Videos mit Avataren und Voiceover um.
Copy.ai Workflows	Automatisiert die Wiederverwendung von Inhalten (z. B. Blogposts in Social-Media-Posts).
Vertrieb	
Regie.ai	Erstellt und personalisiert Vertriebsinhalte wie E-Mails und LinkedIn-Nachrichten.

KI-Tools für Geschäftsabläufe (Fortsetzung)

Venta AI	Erstellt und personalisiert Vertriebs-E-Mails direkt auf Deutsch (lokalisierte Lösung für DACH).
Gong	Analysiert vergangene Verkaufsgespräche, zeigt Muster auf und identifiziert gefährdete Deals.
Cresta	Echtzeit-Coaching während Gesprächen, kombiniert mit Analysefunktionen.
Clari	Analysiert Sales-Pipelines, prognostiziert Abschlüsse und transkribiert Gespräche (inkl. Deutsch).
Taplio	Spezialisiert auf LinkedIn, automatisiert Content-Wiederverwendung und Engagement.
Kundenerf	
Instabase	Liest, verarbeitet und kategorisiert Dokumente automatisch; erkennt Compliance-Risiken und prüft Identitäten.
EverAfter	Erstellt individuelle Kundenportale für Onboarding, Success-Pläne und Empfehlungen.
ChurnZero	Customer-Success-Plattform mit KI-Agenten zur Analyse von Nutzung, Engagement und Abwanderungsrisiken.
Personalwesen	
sixfiftyAI	Erstellt rechtskonforme, vorurteilsfreie Stellenbeschreibungen und optimiert Sprache für Rolle und Kultur.
HireVue	KI-gestützte Video-Bewertungen und Verhaltensanalysen für schnellere Kandidatenauswahl.
Interviewer.ai	Automatisiertes Screening und Video-Interviews mit KI-Auswertung.
LeenaAI	Digitaler HR-Assistent für Onboarding, FAQ-Antworten und Compliance-Automatisierung.
eightfold.ai	Analysiert Daten zu Skills, Leistung und Fluktuation für Personalentscheidungen.
Workday Peakon	Plattform zur Mitarbeiterbindung, analysiert Feedback und unterstützt Kulturentwicklung.

11

So gründen Sie ein Unternehmen mit generativer KI

ERINNERN SIE SICH AN ARNOLDS KI-PODCAST? Damit hat er nicht nur ein Publikum überzeugt, dass es sich um echte Inhalte handelt, sondern auch eine treue Hörerschaft gewonnen und eine Bewertung von 4,9 erzielt. Das ist der Beweis dafür, dass man mit Transparenz und Qualität KI-gestützte Produkte schaffen kann, die die Menschen wirklich schätzen. Auch wenn Sie nicht Arnold sind, gelten dieselben Prinzipien – unabhängig von der Größenordnung. KI wird Sie nicht über Nacht reich machen. Solo-Gründer mit den richtigen KI-Tools können heute jedoch das erreichen, wofür früher ganze Teams erforderlich waren. Menschliche Visionen und Urteilsvermögen treiben Unternehmen voran; KI übernimmt repetitive, alltägliche Aufgaben, die kein strategisches Denken erfordern.

Als ich mit dem Veröffentlichen auf Amazon begann, benötigte ich monatlich 2000 €, um meine Rechnungen zu bezahlen. Dieses einfache Ziel entwickelte sich zu einem Geschäft mit mehreren Einkommensströmen, das meine kühnsten Erwartungen übertraf, und generative KI bildete dessen Grundlage. Zunächst kam das Selbstveröffentlichen. KI half zunächst bei kleinen Aufgaben wie dem Entwerfen von Gliederungen und dem Verfassen von Beschreibungen. Durch Experimentieren stieß ich auf KI-Tools, mit denen ich einen Blog erstellen, eine Präsenz in den sozialen Medien aufbauen und schließlich „Content-Maschinen“ entwickeln konnte, die große Teile des Prozesses automatisieren.

Mehrere Einnahmequellen sind mittlerweile nahezu vollständig automatisiert. KI übernimmt die meisten Aufgaben. Dennoch kontrolliere ich die Qualität jedes einzelnen Produkts.

Meine ursprüngliche Motivation für den Aufbau passiver Einkommen war die Erschöpfung durch eine wenig erfüllende Arbeit. Ich strebte ein Leben an, das wirklich meinen Werten entsprach. Ironischerweise arbeite ich derzeit mehr Stunden als in meinem früheren Job. Etwas Sinnvolles aufzubauen, verwandelt endlose Hektik in die Chance, ein Leben nach eigenen Vorstellungen zu gestalten. Sobald man beginnt, sich für das zu interessieren, was man aufbaut, geht es weniger um passives Einkommen als vielmehr darum, Optionen zu haben. Ich bin zuversichtlich, dass Sie die gleiche Erfahrung machen werden.

Verkauf von KI-generierten digitalen Produkten

Wenn KI der Weg zur Umsetzung einer größeren Vision ist, die Sie verfolgen, ist die Entwicklung digitaler Produkte ein hervorragender Ansatzpunkt, der mit relativ geringen Investitionen verbunden ist.

Wenn Sie mit KI ein hervorragendes Produkt entwickeln und dieses mit Ihrer Zielgruppe oder einem geringen Marketingbudget kombinieren, können Sie ein potenziell bedeutendes Unternehmen aufbauen. Das Besondere an der Entwicklung digitaler Produkte mit KI ist, dass Sie sich eine Nische aussuchen können, für die Sie wirklich brennen. Dies können Hobbys wie Basteln, Sport, Katzen, Camping oder Ihre berufliche Expertise sein.

Digitale Produkte über soziale Medien

Für die meisten Personen, die ohne Publikum, ohne finanzielle Mittel und mit begrenzter Zeit beginnen, sind soziale Medien der schnellste Weg, um einfache digitale Produkte auf den Markt zu bringen und zu verkaufen. Dabei handelt es sich nicht um Unternehmen, die über Nacht groß werden, aber es sind echte Nebentätigkeiten, die Sie in Teilzeit ausüben und zu etwas Größerem ausbauen können.

Hier sind einige Beispiele für Produkte, die aktuell besonders gut laufen:

- Vielbeschäftigte Eltern, die auf TikTok kurze „Life-Hacks" teilen und dann auf Etsy oder Gumroad Links zu ausdruckbaren Tabellen für die morgendliche Familienroutine oder zur Erfassung von Hausarbeiten bereitstellen.
- Lehrer erstellen einfache Wochenplaner oder ChatGPT-Prompt-Sammlungen für die Unterrichtsplanung und verkaufen diese über einen Link in ihrer Biografie, nachdem sie hilfreiche Tipps für Lehrer gepostet haben.
- Fitnessbegeisterte veröffentlichen kurze Clips mit Heimtrainingsübungen und bieten Trainingspläne, Ernährungspläne sowie Meal-Prep-Anleitungen als digitale Downloads an.
- Studierende oder junge Berufstätige erstellen Vorlagen für Lebensläufe, Anschreiben und LinkedIn-Profile und bewerben sie mit kurzen Clips. Darin zeigen sie, wie man sich auf einem umkämpften Arbeitsmarkt von der Masse abhebt.
- Hobbyköche, die einfache Rezeptvideos teilen und wöchentliche Speisepläne mit Einkaufslisten im PDF-Format verkaufen.
- Nischen-Hobbyisten (wie Bastler, Gärtner oder Fotografen) bauen sich mit Tutorials ein Publikum auf und bieten Projektvorlagen, Checklisten für Materialien oder Bearbeitungsvoreinstellungen als kostenpflichtige Downloads an.
- Budget-Tracker in Notion oder Google Sheets, die als Vorlagen angeboten und gleichzeitig in TikTok-Beiträgen mit dem Titel „Wie ich diesen Monat 500 Dollar gespart habe" veröffentlichen.
- Mindset- oder Wellness-Creators, die kurze Journaling-Anregungen auf Reels aufzeichnen und ausdruckbare Affirmationskarten oder Vorlagen für geführte Reflexionen verkaufen.

Wichtig ist, dass für all dies weder ein Ladenlokal noch ein Lager oder gar ein großes Publikum erforderlich sind. Alles, was Sie benötigen, ist:

1. Eine Produktidee, die ein kleines, aber echtes Problem löst.
2. Einige Beiträge, die das Produkt in Gebrauch zeigen.
3. Ein Link in der Biografie (Stan Store, Gumroad, Etsy, Payhip), über den das Produkt sofort erworben werden kann.

Sie können ChatGPT bitten, Ideen für Inhalte für Instagram, TikTok oder YouTube Shorts für einen Monat zu generieren, die zu dem Problem passen, das Ihr Produkt löst. Es kann auch Skripte, Bildunterschriften, Hashtags und Handlungsaufforderungen entwerfen, sodass Sie sich auf die Aufnahme konzentrieren können. Sobald Sie einige Videos veröffentlicht haben, können Sie mit Canva ganz einfach Screenshots oder Clips in Beiträge für verschiedene Plattformen umwandeln. Sie werden nicht über Nacht viral gehen und Millionär werden, aber wenn Sie konsequent bleiben und mit verschiedenen Ansätzen experimentieren, um Ihre Zielgruppe anzusprechen, wird sich dies letztendlich in Form von Verkäufen auszahlen.

Kreative, die genau diesen Prozess anwenden, verdienen zwischen einigen hundert Euro pro Monat und mehreren zehntausend Euro. Ein TikTok-Creator erzielte in nur zwei Wochen 22.000 US-Dollar (ca. 20.500 €), indem er ChatGPT, Canva und einen Stan Store nutzte. Ein anderer Unternehmer steigerte seinen Umsatz auf 20.000 US-Dollar pro Monat, indem er KI-gestützte Tagebücher und Arbeitsbücher verkaufte, die alle über soziale Medien beworben wurden. Dies sind reale Zahlen, die belegen, dass etwas, das „einfach" erscheint, in Verbindung mit Engagement und dem intelligenten Einsatz von KI tatsächlich äußerst profitabel sein kann.

Selbstveröffentlichung

Bücher sind Vermögenswerte, was das Selbstveröffentlichen zu einer der effektivsten Methoden macht, um KI in Einkommen umzuwandeln. Sobald sie mit Rezensionen auf Amazon verfügbar sind, können sie über Jahre hinweg mit minimalem Mehraufwand verkauft werden. Ein erfolgreiches Verlagsunternehmen kann mit dem 28- bis 42-Fachen seines monatlichen

Einkommens bewertet werden. Wenn Ihr Verlagsunternehmen also nach Abzug der Betriebskosten 2900 € pro Monat erwirtschaftet, könnte es bis zu 120.000 € wert sein. Manche Verlage erzielen sogar monatlich 9500 bis 19.000 €. Das ist beeindruckend, wenn man sich die Zahlen vor Augen führt.

Ich kann hier nicht alle Schritte zum Aufbau eines erfolgreichen Verlagsunternehmens behandeln. Das würde ein ganzes Buch füllen. Und Sie wissen nun, wie Sie KI nutzen können, um neue Fähigkeiten zu erlernen.

Ich möchte jedoch anmerken, dass es eine richtige und eine falsche Art gibt, Bücher mit KI zu veröffentlichen. Sicherlich haben Sie schon selbstveröffentlichte Bücher auf Amazon gelesen, bei denen Sie sich gefragt haben: „Was habe ich da gerade gelesen?" Die meisten Erstautoren erkennen nicht, wie erfolgreich Selbstveröffentlichungen sein können, weil sie sich nicht die Zeit nehmen oder die Mühe machen, ein qualitativ hochwertiges Produkt zu schaffen. Sie verwenden ChatGPT, um innerhalb eines Tages ein Buch zusammenzustellen, ohne die Leserfahrung zu berücksichtigen oder irgendwelche Überarbeitungen vorzunehmen. Dieses Buch wird kurz nach der Veröffentlichung schlechte Rezensionen erhalten, was den Verkauf beeinträchtigen wird. Oder sie glauben, ein Buch müsse mindestens 80.000 Wörter haben, um den Lesern einen echten Mehrwert zu bieten, und geben daher auf, bevor sie es überhaupt veröffentlichen.

Die Personen, die mit KI im Selbstverlag Geld verdienen, veröffentlichen kürzere, zielgerichtete Bücher, die ein Problem lösen oder eine Neugierde befriedigen. Ein praxisnaher Leitfaden mit 20.000 bis 30.000 Wörtern kann profitabler sein als ein dicker Wälzer, da Leser wertvolle Informationen wünschen, die sie an einem Wochenende durcharbeiten können. Journals und Arbeitsbücher sind ein weiterer einfacher Einstieg, deren Erstellung nicht viel Zeit in Anspruch nimmt, die sich jedoch bei guter Positionierung und positiven Rezensionen stetig verkaufen. Mit diesen Produkten lässt sich zwar nicht so viel Geld verdienen, aber sie sind schneller zu erstellen. Malbücher und Aktivitätsbücher sind ebenfalls auf Amazon und Social-Media-Plattformen wie TikTok profitabel.

Zusätzlich zu einem hervorragenden Inhalt benötigen Sie jedoch ein ansprechendes Cover, einen guten Titel und Amazon-Werbung, um Ihre

Verkäufe anzukurbeln und im Amazon-Algorithmus einen höheren Rang einzunehmen, damit Sie organische Verkäufe erzielen. Wenn Sie nur über wenig Startkapital verfügen, ist das Selbstveröffentlichen möglicherweise nicht das beste Geschäftsmodell für den Anfang. Es kann 60 bis 90 Tage dauern, ein hervorragendes Buch zu produzieren, und weitere 60 bis 90 Tage, um Amazon-Anzeigen zu testen, bevor Sie mit diesem Buch Gewinne erzielen. Es ist nicht ungewöhnlich, 1500 bis 3000 € für Anzeigen auszugeben, bevor Ihr Buch in den Rankings aufsteigt.

Hier sind die Tools, die ich tatsächlich für mein Verlagsgeschäft verwende:

- Claude zum Entwerfen und Erweitern von Kapiteln, Brainstorming von Titeln und Untertiteln
- LanguageTool zum Bearbeiten und Verbessern von Texten
- Canva zum Entwerfen von Covern und internen Grafiken
- Atticus für die Formatierung
- Veröffentlichung und weltweiter Vertrieb mit Amazon KDP
- Helium10 zum Starten und Verwalten von Amazon-Anzeigen

Veröffentlichen Sie zunächst ein Buch, dann ein weiteres. Ein einzelnes Buch wird wahrscheinlich keine nennenswerten Einnahmen generieren, aber drei bis fünf Bücher in einer Nische können leicht 500 bis 3000 € pro Monat einbringen.

Haben Sie jemals von einem Unternehmen mit einer Marge von 100 % gehört? Eine engagierte, kreative Person könnte ein Buch für 0 € erstellen, es auf Lulu Direct veröffentlichen und es ausschließlich über organische Reichweite auf TikTok verkaufen. Das wird nicht schnell gehen, aber Sie werden überrascht sein, was Sie in einem Jahr aufbauen können. Sobald diese Einnahmequellen einmal laufen, sind sie größtenteils passiv.

Online-Kurse

Kurse sind der Bereich, in dem Sie Ihr Fachwissen wirklich ausbauen können, jedoch sind sie mit höheren Anfangsinvestitionen verbunden. Viele angehende Unternehmer und Kursentwickler sehen, dass teure Kurse für 1.999 €

angeboten werden und glauben, dass sie das von Anfang an nachmachen müssen. Doch kaum jemand schließt solche Kurse vollständig ab, und ihre Erstellung dauert sehr lange. Dieser Ansatz führt fast zwangsläufig zum Scheitern. Entweder geben Sie auf oder Sie verbringen mehrere Monate mit der Erstellung Ihres Kurses, nur um dann festzustellen, dass ganze Module für Ihre Zielgruppe nicht geeignet sind. Der schnellste Weg ist die Mikroausbildung: kurze, fokussierte Kurse, die ein Problem in einer einzigen Sitzung behandeln.

Genau wie bei Büchern wünschen sich Lernende Kurse, die sie an einem Wochenende absolvieren und das Gelernte sofort umsetzen können. Sie könnten eine Woche damit verbringen, einen 95-€-Mikro-Kurs zu erstellen, der 3-6 Stunden Lernzeit umfasst. Denken Sie an Themen wie „Wie man LinkedIn-Anzeigen in einer Stunde einrichtet" oder „Einsteigerleitfaden zum Backen mit Sauerteig" anstelle von „Das ultimative Komplettpaket zu Marketing, Brot und sämtlichen Lebensfragen." Kurze Kurse sind einfacher zu verkaufen, zu absolvieren und auf dem neuesten Stand zu halten. Sie sind auch eine relativ risikoarme Möglichkeit, Ihren Markt zu testen. Sie können etwas Kleines erstellen, mit dem Verkauf beginnen und dann anhand des Kundenfeedbacks Ihren Kurs verfeinern und Ihr Angebot erweitern. Ein solcher Mikro-Kurs kann sich im Laufe der Zeit schrittweise zu einem Kurs entwickeln, den Sie zunächst für 499 €, dann für 999 € und schließlich für 1.999 € verkaufen, je nachdem, wie viel Mehrwert Sie hinzufügen.

Was die Kurserstellung betrifft, kann KI Ihr Kursthema auswählen, Ihre Module skizzieren, Quizfragen erstellen, Arbeitsblätter entwerfen oder Präsentationen erstellen. Sie müssen jedoch weiterhin das Fachwissen und die Beispiele bereitstellen. Menschen zahlen nicht für allgemeine Informationen, die sie auch einfach googeln oder mit einem ChatGPT-Prompt erhalten könnten. Sie bezahlen für *Ihre* Erfahrung, die so organisiert ist, dass sie ihnen hilft, Ergebnisse zu erzielen. Denken Sie daran, dass KI lediglich Ihre Markteinführungszeit verkürzt.

Hier ist ein Beispiel für einen Tool-Stack, den Sie zur Erstellung Ihrer eigenen Kurse verwenden können:

- ChatGPT zum Entwerfen von Unterrichtseinheiten und Erstellen von Entwürfen für Materialien (Quiz, Arbeitsblätter, Skripte)
- Canva zum Entwerfen ansprechender Folien und unterstützender Grafiken
- Descript zum schnellen Aufzeichnen und Bearbeiten kurzer Lektionen ohne technische Kenntnisse
- Teachable zum Hosten und Verkaufen Ihres Kurses mit integrierter Kaufabwicklung und Teilnehmerverwaltung

Der Trick, um Aufmerksamkeit zu erlangen

Digitale Produkte verkaufen sich häufig nur dann, wenn es soziale Beweise dafür gibt, dass sie wirklich halten, was sie versprechen. Diese sozialen Beweise kommen in Form von Produktbewertungen, die von Kunden abgegeben werden, und die Anzahl der Bewertungen, die erforderlich sind, damit sich Ihr Produkt kontinuierlich verkauft, hängt stark von der jeweiligen Plattform ab.

Die ersten Bewertungen kommen selten von allein. Um sie zu bekommen, brauchen Sie eine klare Strategie. Der einfachste Weg ist, Ihre ersten Verkäufe an Personen zu tätigen, die Sie bereits kennen oder direkt erreichen können. Bieten Sie einen Frühbucherrabatt oder einen Bonus im Austausch für eine ehrliche Bewertung an. Treten Sie Communities auf Reddit, Facebook oder Discord bei, in denen sich Ihre Zielgruppe aufhält, und stellen Sie Ihr Produkt dort vor. Machen Sie deutlich, dass Sie Feedback suchen. Sie können Ihr neues Produkt auch im Rahmen eines preisgünstigen Angebots auf Plattformen wie Etsy oder Gumroad bündeln, um mehr Käufer und Bewertungen zu gewinnen. Das Ziel in dieser Phase ist es, Aufmerksamkeit zu erzeugen. Sobald Sie 5 bis 10 solide Bewertungen erhalten haben, steigen die Konversionsraten deutlich, und dann beginnt sich Ihre harte Arbeit in Form von Gewinnen auszuzahlen.

Die ersten Verkäufe und Bewertungen zu erzielen, ist häufig einfacher, wenn Sie bereits über ein Publikum verfügen (Newsletter, LinkedIn-Follower oder

YouTube-Kanal). Wenn Sie noch kein Publikum haben, an das Sie verkaufen können, ist dies häufig der beste Ausgangspunkt, bevor Sie Ihre eigenen Produkte auf den Markt bringen. Generative KI kann Ihnen jedoch auch dabei helfen, ein Publikum aufzubauen und es gleichzeitig zu monetarisieren.

Erstellen Sie Inhalte, die Follower in Einnahmen verwandeln

Ein engagiertes Publikum wird zu einem Kapital, das Sie mit Werbung, Affiliate-Partnerschaften, Sponsoring oder später durch die Einführung eigener Produkte monetarisieren können. Aus diesem Grund beginnen viele Kreative mit Content-First-Modellen wie Blogs, Podcasts oder anonymen YouTube-Kanälen.

Was diese Modelle verbindet, ist, dass sie zu den kostengünstigsten Möglichkeiten gehören, um zu beginnen. Sie benötigen weder ein Ladengeschäft noch Lagerbestände und müssen nicht einmal Ihr Gesicht zeigen. Ihre wichtigste Investition ist Konsequenz.

Die Monetarisierung erfolgt zu einem späteren Zeitpunkt. Sobald Sie ein Publikum aufgebaut und dessen Vertrauen gewonnen haben, können Sie:

- Werbeeinnahmen aktivieren (YouTube, Blogs).
- Affiliate-Produkte bewerben, die zu Ihrer Nische passen.
- Eigene digitale Produkte oder Dienstleistungen an Ihr bestehendes Publikum verkaufen.

Viele Menschen beginnen hier. Es ist kostengünstig, lehrt Sie, wie Sie Vertrauen zu Ihrem Publikum aufbauen, und bereitet Sie darauf vor, später höherpreisige Produkte anzubieten.

Podcasting

Sie haben bereits gelernt, wie Sie einen einzelnen Blog-Artikel in einen Podcast umwandeln können. Aber wussten Sie, dass Sie einen Podcast zu einer beeindruckenden Einnahmequelle machen können? Sie können den gleichen Prozess, den Sie gelernt haben, skalieren.

Beginnen Sie damit, mit ChatGPT Ideen für Episoden zu generieren, erstellen Sie einen Entwurf für Ihre Sendung und erweitern Sie diesen Entwurf zu einem Skript. Verwenden Sie anschließend ElevenLabs, um die Episode mit einer natürlichen KI-Stimme aufzunehmen. Descript übernimmt die Bearbeitung, sodass Sie Schnitte setzen und Übergänge sauber gestalten können. Castmagic kann Ihre Episode in Transkripte, Zitate und Clips umwandeln, die Sie für Werbezwecke verwenden können. Sobald alles fertig ist, laden Sie die Episode auf Spotify for Podcasters hoch, wo sie kostenlos überall verbreitet wird.

Wenn Ihre Episodenbibliothek wächst, können Sie Monetarisierungsstrategien hinzufügen. Affiliate-Links in Shownotes, mit ChatGPT entworfene Sponsoring-Angebote oder Premium-Bonusinhalte sind alles Optionen, sobald Sie Konsistenz und ein Publikum aufgebaut haben. Der Arbeitsablauf ändert sich nicht. Sie bauen einfach auf dem auf, was Sie bereits haben, und können zu älteren Episoden zurückkehren und diese Monate später monetarisieren.

Podcasting ist jedoch ein *langfristiges Projekt*. Wenn Sie auf schnelles Geld hoffen, ist dies wahrscheinlich nicht das richtige Modell für Sie. Oftmals dauert es Monate konsequenter Veröffentlichungen, bis ein Publikum groß genug ist, um Geld zu verdienen. Wenn Sie jedoch gerne Gespräche führen, Ideen austauschen oder sich in einer Nische etablieren möchten, kann ein Podcast eine unterhaltsame Möglichkeit sein, Geld zu verdienen.

Bloggen

Wenn Sie die vorherigen Kapitel verfolgt haben, wissen Sie bereits, wie einfach es ist, mit KI einen Blogbeitrag zu entwerfen, zu überarbeiten und zu veröffentlichen. Blogs sind jedoch nicht nur reine Marketing-Tools. Sie können sich zu Unternehmen entwickeln, die jedes Jahr Umsätze in Millionenhöhe erwirtschaften.

In der Vergangenheit konnte jemand, der 20 bis 30 Stunden pro Woche investierte, möglicherweise fünf Beiträge veröffentlichen. Mit den richtigen Tools und einem effizienten Prozess können Sie heute dieselbe Leistung in nur fünf bis zehn Stunden erbringen. Das bedeutet, dass Sie mehr Beiträge veröffentlichen und möglicherweise den Traffic Ihrer Website schneller steigern können als in der Vergangenheit.

Der Traffic ist die Grundlage jedes Blogs. Sobald ein Beitrag in Suchmaschinen rankt und Leser anzieht, können Sie mit Ihren Blogbeiträgen Geld verdienen. Einige Beiträge sind informativ und zielen darauf ab, Ihre Leser über ein bestimmtes Thema zu informieren. Andere sind transaktional, wobei die Leser in der Regel die Absicht haben, ein Produkt zu erwerben. Dies sind Ihre ‚Top-7-Tools-zum-Erreichen-von-Zielen'-Beiträge, in denen Personen vor einem Kauf Recherchen durchführen. Wenn sie Ihren Beitrag lesen, auf Ihren individuellen Link klicken und anschließend einen Kauf tätigen, erhalten Sie eine Provision. Diese Provisionen können wenige Euro betragen – oder auch Hunderte bis Tausende. Dies hängt vom Produkt und der Nische ab.

Alternativ können Sie, wenn Sie über ein eigenes Produkt oder einen eigenen Kurs verfügen, der Ihrer Zielgruppe dabei helfen könnte, ihre Ziele zu erreichen, diese ebenfalls in Ihren Beiträgen anbieten. Ein einzelner erfolgreicher Beitrag kann über Jahre hinweg stetige Einnahmen generieren, jedoch sind in der Regel Dutzende von Veröffentlichungen erforderlich, bevor Sie konsistente Ergebnisse erzielen.

Ähnlich wie beim Podcasting ist auch das Bloggen ein längerfristiges Unterfangen als einige andere KI-Geschäftsmodelle. Für die meisten Anfänger ist es strategisch am sinnvollsten, das Bloggen als *Grundlage* und nicht als Endziel zu betrachten. Ein Blog allein bringt in den ersten sechs Monaten selten viel ein, aber es ist eine der kostengünstigsten Möglichkeiten, um ein Publikum aufzubauen und sich in Ihrer Nische zu etablieren. Später können dieselben Leser zu Kunden für Ihre Kurse, Bücher oder Vorlagen werden.

Um einen Blog mit generativer KI zu starten, ist es wichtig, einen einfachen Prozess zu entwickeln, den Sie wiederholen können. Der erste Schritt ist die Keyword-Recherche. Mit LowFruits.io lassen sich Suchbegriffe mit hoher Nachfrage und geringem Wettbewerb leicht finden. Sie können mit einem breiten Thema beginnen, die Ergebnisse überprüfen und die Keywords auswählen, die zu Ihrer Zielgruppe passen.

Sobald Sie diese Keywords haben, nutzen Sie ChatGPT, um Artikelideen zu finden, die zu ihnen passen. Das Ziel ist es, die Suchabsicht zu erfüllen. Wenn das Keyword „beste Budgetierungs-Apps" lautet, ist ein Vergleichsbeitrag, der den Lesern bei der Auswahl hilft, der richtige Ansatz. Wenn das Keyword „Wie fängt man mit der Essensvorbereitung an" lautet, sollte der Ansatz eine klare, schrittweise Anleitung sein. Die Kombination von Keywords mit gut ausgearbeiteten Ideen liefert Ihnen den Rahmen für einen Content-Kalender.

ChatGPT kann anhand des Stichworts und der zugrunde liegenden Absicht eine Gliederung erstellen. Durch die Erweiterung jedes Abschnitts zu einem vollständigen Artikel bleibt der Text auf Kurs und stellt sicher, dass die Leser das erhalten, was sie suchen.

WordPress ist eine zuverlässige Plattform zum Formatieren und Planen von Beiträgen, jedoch müssen Sie Ihre Website selbst gestalten. Es gibt Tools, mit denen Sie Ihre Website ganz einfach anhand einer Vorlage erstellen können, aber auch Websites wie Durable, die wir zuvor für die Veröffentlichung unseres Blogbeitrags genutzt haben, sind sehr hilfreich.

Die Einbindung von Bildmaterial in Ihre Beiträge ist ebenfalls entscheidend, um das Interesse Ihrer Leser zu wecken und Ihre Inhalte übersichtlich zu gestalten. Sie können in Canva oder Midjourney Bilder, Diagramme, Infografiken oder Grafiken für soziale Medien entwerfen. Wenn Sie diese parallel zum Entwurf erstellen, stellen Sie sicher, dass jeder Artikel für sich allein steht und beim Teilen eine gute Wirkung erzielt.

Der Ablauf ist unkompliziert. Beginnen Sie mit Stichwörtern, kombinieren Sie diese mit Ideen, erstellen Sie einen Entwurf mit KI, fügen Sie Bildmaterial hinzu, veröffentlichen Sie den Beitrag und verfolgen Sie die Ergebnisse.

Anonyme YouTube-Kanäle

Denken Sie an die „Top 10"-Listenvideos, Geschichtsvideos, Technik-Tutorials oder storybasierten Kurzfilme, die Sie wahrscheinlich schon gesehen haben, ohne zu bemerken, dass kein Ersteller auf dem Bildschirm zu sehen war. Genau das ist ein anonymer YouTube-Kanal: ein Kanal, auf dem Sie nie vor der Kamera erscheinen. Stattdessen erstellen Sie Videos mit Skripten, Voiceovers, Archivmaterial oder sogar KI-Avataren. Neben den oben genannten Beispielen gibt es zahlreiche weitere Möglichkeiten, dies zu erreichen. Sie könnten sogar mit anderen generativen KI-Tools, die Sie in diesem Buch kennengelernt haben, kreativ werden, um KI-generierte Entspannungsmusik mit ruhigen KI-generierten Bildern zu produzieren und diese auf YouTube als Musik zum Lernen zu veröffentlichen.

Der Vorteil von YouTube gegenüber Blogs ist die Geschwindigkeit. Es kann mehrere Monate dauern, bis ein Blogbeitrag die erste Seite von Google erreicht, während ein einzelnes YouTube-Video, das im Algorithmus landet, innerhalb weniger Tage Tausende von Aufrufen erzielen kann.

Die Monetarisierungsmethoden ähneln denen des Bloggens. Sobald Ihre Videos Aufrufe erhalten, können Sie Affiliate-Links zu den Beschreibungen hinzufügen oder Ihre eigenen digitalen Produkte bewerben. Auch hier gilt, dass bestimmte Nischen einfacher zu monetarisieren sind als andere, insbesondere im Bereich der anonymen Kanäle. Wenn Ihr Kanal die Anforderungen des YouTube-Partnerprogramms erfüllt, können Sie mit den Aufrufen Ihrer Videos Werbeeinnahmen generieren.

Der Aufbau eines anonymen YouTube-Kanals mit KI erfordert die Entwicklung eines wiederholbaren Systems. Der erste Schritt besteht in der Recherche von Keywords und Themen. VidIQ zeigt Ihnen, wonach Zuschauer suchen und wie wettbewerbsfähig die einzelnen Themen sind. Sobald Sie die Keywords identifiziert haben, kann ChatGPT diese zu Skripten verarbeiten, die der Suchabsicht entsprechen und das Interesse der Zuschauer aufrechterhalten.

Nachdem die Skripte fertiggestellt sind, folgt die Produktion. Pictory kann Ihr Skript automatisch mit Stock-Videos, Bildern und Hintergrundmusik kombinieren, um einen ersten Entwurf zu erstellen. Allerdings ist der Ablauf nicht immer optimal, daher ist es empfehlenswert, das Skript in Abschnitte zu unterteilen und die ausgewählten Clips zu überprüfen. Durch das Einfügen von besserem Filmmaterial an den entsprechenden Stellen wird sichergestellt, dass die Geschichte stimmig ist. Der nächste Schritt ist Descript, wo Sie das Video zuschneiden, optimieren und mit Untertiteln versehen, damit es klar und professionell wirkt.

Thumbnails sind entscheidend, um Klicks zu gewinnen. Wenn Sie diese nicht manuell gestalten möchten, können einfache KI-Tools wie Fotor und Hotpot.ai in wenigen Minuten gebrauchsfertige Thumbnails erstellen. Sie bieten Ihnen auffällige Designs ohne großen Aufwand. Wenn Sie lieber ein einheitliches Branding beibehalten möchten, ist Canva nach wie vor eine gute Option für die Erstellung wiederverwendbarer Vorlagen. TubeBuddy geht noch einen Schritt weiter und ermöglicht Ihnen die

Durchführung von A/B-Tests, damit Sie sehen können, welches Thumbnail mehr Klicks erzielt, und datengestützte Entscheidungen treffen können.

Der letzte Schritt ist die Optimierung Ihrer Videos für Reichweite und Sichtbarkeit. TubeBuddy unterstützt auch bei der Verfeinerung von Titeln, Tags und Beschreibungen, wodurch Ihre Videos ein höheres Ranking erzielen und in den empfohlenen Feeds erscheinen können.

Der Arbeitsablauf ist unkompliziert: Recherchieren Sie mit VidIQ, erstellen Sie Skripte mit ChatGPT, stellen Sie Inhalte mit Pictory und Descript zusammen und verfeinern Sie sie, generieren Sie Thumbnails mit Fotor oder Hotpot.ai und testen und optimieren Sie mit TubeBuddy. Mit jedem Zyklus werden Sie schneller und die Qualität Ihres Kanals verbessert sich.

Allerdings sind anonyme Kanäle, Podcasts, Bücher und Planer kein ‚schnelles Geld'. Aus diesem Grund widmen sich nicht alle dieser Tätigkeit. Jeder kann ein digitales Produkt erstellen. Bücher und andere digitale Produkte benötigen Rezensionen. Die Herausforderung besteht nicht darin, Inhalte zu erstellen, sondern lange genug dranzubleiben, bis sie tatsächlich Einnahmen einbringen. Ich habe beobachtet, wie viele angehende Unternehmer Bücher auf Amazon veröffentlicht haben und dann erkannt haben, dass der Verkauf ihres Buches der schwierige Teil ist.

Die meisten Blogs und YouTube-Kanäle werden erst dann erfolgreich, wenn sie 30, 50 oder sogar 100 veröffentlichte Inhalte umfassen. Ihre Inhalte müssen sowohl für SEO als auch für die Plattform, auf der Sie sie veröffentlichen, optimiert sein. Diese Geschäftsmodelle können zu den lohnendsten gehören, wenn Sie bereit sind, dieses Maß an Konsistenz aufrechtzuerhalten. Sie können weitgehend passiv werden, sobald Sie die Maschine aufgebaut haben und sie reibungslos läuft.

Wenn Sie von Anfang an auf Skalierbarkeit setzen möchten, können Sie Blogbeiträge erstellen, die Sie in Podcasts und YouTube-Videos umwandeln.

Erstellung von Inhalten für Unternehmen

Inhalte sind eine der einfachsten Möglichkeiten, KI in Umsatz umzuwandeln. Jedes Unternehmen profitiert von Blogs, Newslettern, Social-Media-Beiträgen und Kurzvideos, aber die meisten Unternehmer haben weder die Zeit noch das Interesse, regelmäßig Inhalte zu veröffentlichen. Diese Lücke bietet eine Chance.

Der einfachste Weg, um zu beginnen, ist mit einer Dienstleistung, die Sie wiederholt anbieten können. Sie könnten beispielsweise einen Blogbeitrag zu LinkedIn-Updates, Instagram-Captions und einem Newsletter aufbereiten. Oder Sie könnten ein aufgezeichnetes Webinar in fünf kurze Videos mit Untertiteln aufteilen.

Zu Beginn benötigen Sie lediglich ein klares Angebot und eine Plattform, um es zu vermarkten. Plattformen wie Fiverr und Upwork eignen sich gut dafür, oder Sie können zunächst Personen aus Ihrem Netzwerk ansprechen. Unternehmen, die keine Zeit für die Erstellung von Inhalten haben, sind häufig bereit, jemanden dafür zu bezahlen.

Sobald Sie einige Kunden gewonnen haben, besteht der nächste Schritt darin, Ihre Dienstleistung in ein einheitlicheres Paket zu schnüren. Anstatt einen einzelnen Blogbeitrag in Rechnung zu stellen, bieten Sie ein monatliches Paket an: einen Blog, einen Newsletter und ein Dutzend Social-Media-Beiträge, die alle aus demselben Ausgangsmaterial stammen. Der Kunde erhält einen Mehrwert und Sie erzielen wiederkehrende Einnahmen.

Mit der Zeit entwickelt sich daraus etwas Größeres. Sie fügen weitere Inhaltstypen hinzu. Sie expandieren auf weitere Plattformen. Sie beginnen, Kunden zu gewinnen, die jemanden suchen, der ihre gesamte Marketingpräsenz übernimmt, nicht nur einzelne Inhalte. An diesem Punkt sind Sie nicht mehr freiberuflich tätig. Sie leiten eine kleine Agentur.

Einige Agenturen erzielen monatlich Zehntausende Euro, indem sie Inhalte für nur eine Handvoll Kunden verwalten. Der Unterschied zwischen ihren Anfängen und ihrer heutigen Position besteht lediglich darin, dass sie denselben Prozess in größerem Umfang anwenden. KI übernimmt nicht die Geschäftsführung für Sie, jedoch entlastet sie Sie von einem Großteil der sich wiederholenden Aufgaben, sodass eine Skalierung möglich wird, ohne dass Sie Ihre Arbeitszeit verdoppeln müssen.

Verwenden Sie Claude oder ChatGPT, um eine einfache Beschreibung Ihrer Dienstleistung zu erstellen, veröffentlichen Sie diese auf Fiverr oder Upwork, und schon können Sie loslegen. Danach geht es darum, Ihren Arbeitsablauf zu optimieren, Ergebnisse zu liefern und größere Pakete anzubieten.

Es ist von entscheidender Bedeutung, dass Sie ein Geschäftsmodell wählen, das Sie interessiert, damit Sie eine Tätigkeit ausüben können, die Ihnen Freude bereitet. Wenn Sie die detailorientierte Arbeit beim Bearbeiten langer Texte nicht mögen, ist Selbstveröffentlichung wahrscheinlich nicht das Richtige für Sie. Wenn Sie sich selbst nicht als jemanden mit einem Auge für Design sehen, wird die Erstellung von PDF-Dateien für kleine Unternehmen in Canva wahrscheinlich nicht zu langfristigem Erfolg führen. Die Wahl des richtigen Geschäftsmodells ist ebenso wichtig wie die Wahl einer Nische, die Sie interessiert.

Auf der nächsten Seite finden Sie eine Gegenüberstellung der wichtigsten KI-Geschäftsmodelle, die wir behandelt haben. Verwenden Sie diese Tabelle, um zu vergleichen, welche Tools Sie benötigen und wie lange es in der Regel dauert, bis Sie erste Ergebnisse sehen.

Zeitrahmen und Tools für KI-gestützte Unternehmen

Geschäftsmodell	Beispiel-Tool-Stack / Workflow	Zeitrahmen bis erstes 1.000 € und darüber hinaus
Digitale Produkte	ChatGPT + Canva + Gumroad / Digistore24 / Elopage	1–3 Monate → skalierbar auf **€3.000–€5.000+ pro Monat**
Self-Publishing	Claude/ChatGPT + Canva + Vellum + KDP / Lulu + Helium10	3–6 Monate → **€5.000–€10.000+** mit einem Katalog
Online-Kurse	ChatGPT + Canva + Descript + Teachable / Elopage	2–4 Monate → skaliert durch größere oder zusätzliche Kurse
Podcasting	ChatGPT + ElevenLabs + Descript + Castmagic + Spotify	6–12 Monate → wächst mit Publikum (Monetarisierung + Sponsoren)
Blogging	LowFruits.io + ChatGPT + Canva / Midjourney + WordPress	6–12 Monate → **€3.000+** möglich mit 50–100 Beiträgen
YouTube-Kanal ohne Gesicht	VidIQ + ChatGPT + Pictory + Descript + Fotor/Hotpot.ai + TubeBuddy	6–12 Monate → skalierbar durch Volumen + Affiliate-Einnahmen
Content-Services (Agentur / Freelance)	ChatGPT / Claude + Canva + Descript + Fiverr / Upwork	1–2 Monate → **€5.000–€10.000+** mit laufenden Kundenprojekten

So wählen Sie Ihre Nische aus und beginnen

In der heutigen digitalen Wirtschaft kann nahezu jede Nische monetarisiert werden, jedoch eignen sich bestimmte Nischen besser für bestimmte Geschäftsmodelle als andere. Self-Publishing funktioniert in der Regel am besten in zeitlosen Wissensbereichen wie persönlichen Finanzen, Gesundheit oder Produktivität. Digitale Produkte hingegen sind erfolgreich, wenn sie wiederkehrende Probleme lösen, wie beispielsweise die monatliche Budgetplanung.

Das könnte zum Beispiel eine Tabellenkalkulation für frischgebackene Eltern oder ein Social-Media-Kalender für Immobilienmakler sein. Anonyme YouTube-Kanäle sind in der Regel in Nischen erfolgreich, die von Neugierde geprägt sind und in denen Menschen beim Scrollen viel Zeit verbringen, wie z. B. Technik-Erklärvideos, kurze Geschichtsbeiträge oder kuriose Fakten. Wenn Sie einen Kurs entwickeln, eignen sich Nischen mit Schwerpunkt auf bestimmten Fähigkeiten am besten: Marketing, Programmieren, Design oder sogar etwas Hobbybezogenes wie Sauerteigbacken.

Viele Nischen lassen sich jedoch auch mit verschiedenen Geschäftsmodellen gut monetarisieren. Im Bereich Fitness könnten Sie beispielsweise mit einem Leitfaden für Anfänger zum Krafttraining beginnen, dann einen einfachen digitalen Workout-Tracker erstellen, einen YouTube-Kanal aufbauen, der über Affiliate-Links zu Ausrüstung Geld einbringt, und schließlich dieses Publikum in einen kostenpflichtigen Kurs einbinden. Bei persönlichen Finanzen funktioniert es genauso. Man könnte mit einer Budgetvorlage beginnen, dann ein kurzes Buch über Geldgewohnheiten veröffentlichen, einen Blog aufbauen, der Affiliate-Einnahmen generiert, und später einen kompletten Anfängerkurs zum Thema Geldanlage anbieten. Sie könnten E-Books mit Anfängermustern erstellen, digitale Strickanleitungen oder druckbare Vorlagen verkaufen, einen YouTube-Kanal mit Tutorials und Projektanleitungen aufbauen und schließlich eine Mitglieder-Community gründen, in der Enthusiasten Muster, Tipps und fertige Arbeiten austauschen.

Sie sollten in der Lage sein, leicht Ideen zur Monetarisierung Ihres Geschäftsmodells zu entwickeln. Wenn Ihnen dies nicht gelingt, sollten Sie möglicherweise ein anderes Geschäftsmodell oder eine andere Nische in Betracht ziehen.

Nische + Geschäftsmodell = Erstes Produkt

Die Auswahl einer Nische und eines Geschäftsmodells gehen Hand in Hand. Dieser Prozess hilft Ihnen dabei, Ihre Interessen mit einem Markt und einem Modell in Einklang zu bringen, für das die Menschen tatsächlich bereit sind zu zahlen.

Schritt 1: Beginnen Sie mit Themen, die Sie interessieren.

Jeder Bereich, in dem Sie Erfahrung haben und glauben, anderen helfen zu können, ist ein guter Ausgangspunkt. Denken Sie an Hobbys, Branchen, in denen Sie gearbeitet haben, oder Probleme, die Sie bereits für sich selbst oder andere gelöst haben. Sie müssen kein Experte sein. Sie müssen Ihrer Zielgruppe lediglich einen Schritt voraus sein. Diese Nische ist nichts, worauf Sie sich für immer festlegen müssen, aber Sie werden Inhalte oder Produkte zu diesem Thema erstellen. Es ist viel wahrscheinlicher, dass Sie dabei bleiben, wenn es sich um ein Thema handelt, das Ihnen Spaß macht.

Schritt 2: Finden Sie Produktideen, für die Ihre Zielgruppe bereit ist zu zahlen.

Mit Hilfe generativer KI ist dies heutzutage wesentlich einfacher. Versuchen Sie es mit einem Prompt wie:

> *Verhalten Sie sich wie Marktforschungsanalyst. Identifizieren Sie 10 Probleme, für deren Lösung* ***[Ihre Zielgruppe]*** *bereit wäre, Geld auszugeben, während sie versucht,* ***[Ziel]*** *zu erreichen. Ordnen Sie diese nach Dringlichkeit und Zahlungsbereitschaft.*

Oder, wenn Sie mehr Kontext zur Nachfrage wünschen:

> *Sie sind ein Nischenstratege. Für* ***[Zielgruppe]****, die* ***[Ziel]*** *erreichen möchte, listen Sie fünf Produkte oder Dienstleistungen auf, die sie bereits erwirbt. Erläutern Sie für jedes Produkt bzw. jede Dienstleistung, was ihnen daran gefällt, was fehlt und wie ein neues Angebot diese Lücke schließen könnte.*

Schritt 3: Suchen Sie nach unterversorgten Blickwinkeln.

Sie möchten nicht in einem umkämpften Markt tätig sein. Bitten Sie die KI, Mikronischen oder Lücken im Markt hervorzuheben:

> *Sie sind ein Nischenstratege. Nennen Sie fünf unterversorgte Mikronischen im Bereich* ***[Branche]****, die für* ***[Art des Produkts]*** *geeignet sind. Geben Sie dabei die Merkmale der Zielgruppe und die wichtigsten Produkttypen an.*
>
> Beispiel: *Nennen Sie fünf unterversorgte Mikronischen im Bereich der persönlichen Finanzen, die für digitale Produkte geeignet sind.*

Schritt 4: Validieren Sie, bevor Sie mit der Entwicklung beginnen.

KI kann Probleme aufzeigen, aber Käufer bestätigen diese. Veröffentlichen Sie eine Umfrage in einer Facebook-Gruppe, sprechen Sie mit einigen Personen in der Nische oder überprüfen Sie, was sich auf Amazon, Etsy oder YouTube verkauft. Wenn Sie feststellen, dass Menschen für ähnliche Lösungen bezahlen, sind Sie auf dem richtigen Weg.

Schritt 5: Wählen Sie eine Idee aus und setzen Sie sie um.

Verzögern Sie nicht, indem Sie versuchen, die perfekte Nische zu finden. Wählen Sie eine vielversprechende Nische aus, entwickeln Sie ein einfaches Produkt und starten Sie.

Sobald Sie sich für ein Geschäftsmodell und eine Nische entschieden haben, können Sie Ihr erstes Produkt entwickeln.

Wie die Skalierung eines KI-gesteuerten Unternehmens aussehen könnte

Nehmen wir an, Sie entscheiden sich dafür, mit einem anonymen YouTube-Kanal in einer Nische zu beginnen, die Ihnen gefällt. KI unterstützt Sie beim Verfassen von Skripten, beim Aufnehmen von Voiceovers und beim Bearbeiten kurzer Clips, die mehrmals pro Woche veröffentlicht werden können.

Die erste Ebene der Monetarisierung besteht in der Regel aus Anzeigen und Affiliate-Links. Sie können einige Tools, Apps, Bücher oder Dienstleistungen bewerben, die zu Ihrer Nische passen. Wenn Nutzer auf Ihren individuellen Affiliate-Link klicken und ein Produkt erwerben, erhalten Sie eine kleine Provision. Damit lassen sich jedoch nicht sofort alle Kosten decken. Anfangs werden Sie wahrscheinlich nur geringe Provisionen erhalten, die Ihnen sehr gering erscheinen und Sie daran zweifeln lassen, ob sich der Aufwand überhaupt lohnt. Wenn Ihre Zielgruppe jedoch wächst, kann sich dies schnell zu 100 €, dann zu 1000 € und schließlich zu deutlich mehr entwickeln.

Als Nächstes sollten Sie eine engere Beziehung zu Ihrer Zielgruppe aufbauen. Sie können einen kostenlosen Leitfaden oder eine Ressource als Lead-Magnet erstellen und diesen Ihren Followern im Austausch für ihre E-Mail-Adresse anbieten. Nun sind Sie nicht mehr von einer bestimmten Plattform oder einem

Algorithmus abhängig, um Ihr Unternehmen auszubauen. Sie können Ihre Zielgruppe direkt erreichen. Hier können Sie Vertrauen und eine gute Beziehung aufbauen, und hier entstehen auch zukünftige Umsätze.

Mit einer E-Mail-Liste und einem wachsenden Kanal sind Sie bereit, Ihr erstes Produkt auf den Markt zu bringen. Ein einfaches digitales Produkt, wie beispielsweise ein Vorlagenpaket, ein Arbeitsbuch oder ein Minikurs, bietet Ihrer Zielgruppe einen Mehrwert, den sie direkt bei Ihnen erwerben kann. Die Verkäufe werden zunächst langsam anlaufen, dann jedoch zunehmen, wenn Ihre Zielgruppe weiter wächst und Sie das Produkt verbessern.

Von dort aus wird die Skalierung zu einem mehrschichtigen Prozess. Sie erweitern Ihre Produktpalette, führen höherpreisige Artikel ein oder bündeln sogar Ihre Angebote. Sie erstellen eine Website, die als zentrale Anlaufstelle dient, auf der Menschen Ihre Arbeit auch außerhalb von YouTube entdecken können. Und da KI Ihnen dabei hilft, Inhalte zu generieren, Produkte zu verfeinern und Prozesse zu automatisieren, können Sie mehr Wachstum bewältigen, ohne dass der Arbeitsaufwand steigt.

Auf diese Weise können kleine Anfänge, wie das Posten von KI-gestützten YouTube-Videos, zu einem vollwertigen Unternehmen heranwachsen. Rechnen Sie damit, dass Sie 6 bis 12 Monate lang konsequent und zielgerichtet arbeiten müssen, bevor Sie Systeme etablieren können, die reibungslos funktionieren. Denken Sie daran, dass KI Ihnen dabei hilft, schneller aufzubauen, zu schaffen und zu wachsen, aber die Arbeit nicht abnimmt oder ersetzt. Wenn Sie jemand sind, der sofortige Befriedigung in Form von Geld sucht, dann ist vielleicht ein Lotterielos die bessere Wahl. Die Gründung eines Unternehmens ist möglicherweise nicht das Richtige für Sie.

Fazit

Erinnern Sie sich daran, wie wir dieses Buch begonnen haben.

Was wäre, wenn Sie den Inhalt einer ganzen Woche in weniger als 30 Minuten verfassen könnten – und dabei sogar Freude daran empfinden? Was wäre, wenn Aufgaben, für die Sie früher fast eine ganze Arbeitswoche gebraucht haben, nun an einem einzigen Tag erledigt wären?

Nun wissen Sie, wie das funktioniert. Sie sind einen großen Schritt weitergekommen. Wenn Sie die Übungen in diesem Buch befolgt haben, haben Sie einen Blog erstellt, der für Ihr Leben oder Ihr Unternehmen von großem Wert sein kann, wenn Sie sich dafür entscheiden, ihn weiter auszubauen.

Auch wenn Sie keinen Blog führen möchten, haben Sie eine Idee aufgegriffen, sie in verschiedenen Formaten weiterentwickelt und schließlich ein fertiges Produkt geschaffen. Auf genau diese Weise können Sie mit KI alles erstellen, was Sie möchten. Es beginnt mit Ihrer Idee, die Sie dann mit Ihren Fähigkeiten umsetzen, um sie zum Leben zu erwecken.

Einige unserer Schritte haben wir bewusst vereinfacht. Als wir den Blogbeitrag in ein Video und einen Podcast umgewandelt haben, haben wir die Skripte nicht von Grund auf neu geschrieben. Wir haben nicht von vorne begonnen, um jede Version vollständig für ihre jeweilige Plattform zu optimieren. Wenn es sich hierbei um eine echte Content-Strategie für Ihr Unternehmen oder Ihre persönliche Marke handeln würde, würden Sie wahrscheinlich mehr tun. Sie würden bestimmte Abschnitte kürzen, den Anfang ändern, den Ton überarbeiten oder Anpassungen vornehmen, um das Publikum und das Format besser anzusprechen.

Das war jedoch nicht der springende Punkt. Das Ziel dieser Übungen bestand nicht darin, jeden einzelnen Inhalt zu perfektionieren. Vielmehr ging es darum, Ihnen praktische Erfahrungen im Umgang mit KI-Tools zu vermitteln, damit Sie nachvollziehen können, wie sie funktionieren und wie Sie sie in Ihre eigenen Arbeitsabläufe integrieren.

Dieses Buch wurde nicht verfasst, um Ihnen Kopier- und Einfüge-Abkürzungen zu vermitteln. Es sollte Ihnen dabei helfen, wertvolle Fähigkeiten zu erwerben. Sie haben gelernt, in Zusammenhängen und Abläufen zu denken. Sie haben gelernt, KI mit klaren Anweisungen zu steuern. Und Sie haben gelernt, wie Sie die Ergebnisse bewerten und verbessern können.

Wenn Sie Unternehmer oder angehender Unternehmer sind, wissen Sie nun, wie Sie KI in Ihren bestehenden Arbeitsabläufen einsetzen oder etwas völlig Neues von Grund auf aufbauen können. Sie haben gesehen, wie Ideen in nutzbare Ergebnisse umgesetzt werden können. Und Sie haben gesehen, wie schnell sich Entwicklungen vollziehen, wenn die Tools richtig eingerichtet sind.

Wie Sie das Gelernte einsetzen, liegt nun ganz bei Ihnen. Aber Sie haben bereits mehr erreicht, als die meisten Menschen jemals erreichen werden.

Und wenn Sie das Buch nur gelesen haben, ohne eines der Werkzeuge auszuprobieren, sind Sie wahrscheinlich nicht viel näher an dem Ziel, das Sie dazu bewogen hat, dieses Buch in die Hand zu nehmen. Ich empfehle Ihnen dringend, zurückzugehen und die Arbeit zu erledigen.

Es ist nicht erforderlich, ein weiteres Buch zu erwerben, in der Hoffnung, darin eine magische Information zu finden, die die Integration von KI in Ihr Leben oder Ihr Unternehmen vereinfacht. Sie verfügen bereits über die grundlegenden Fähigkeiten. Der nächste Schritt besteht darin, die in diesem

Buch erworbenen Fähigkeiten anzuwenden und eine KI-Denkweise zu entwickeln. Das bedeutet, jede neue Aufgabe, jedes neue Problem und jedes neue Projekt mit folgenden Fragen anzugehen:

- *Wo passt KI hier hinein?*
- *Was kann es für mich entwerfen oder strukturieren?*
- *Welche Teile muss ich noch verfeinern?*
- *Wie nutze ich die Tools, um schneller zu werden, ohne dabei nachlässig zu werden?*

KI wird Ihr Leben nicht verändern, wenn Sie lediglich Anweisungen auswendig lernen oder Arbeitsabläufe kopieren. Es wird Sie zwar bis zu einem gewissen Punkt bringen, aber dann werden Sie frustriert sein, wenn Sie erneut ins Stocken geraten. KI selbst kann zwar einige zeitsparende Abkürzungen bieten, aber es gibt keine Abkürzungen, um diese Fähigkeiten zu erlernen. Der Aufbau, das Testen und die Verfeinerung automatisierter Systeme erfordern Zeit.

Machen Sie sich also jetzt an die Arbeit. Warten Sie nicht, bis KI zu etwas wird, das Sie lernen müssen. Wählen Sie etwas, das Sie erstellen möchten, und legen Sie los.

Finden Sie heraus, wie Sie es umsetzen können. Kehren Sie zu diesem Buch zurück, wenn Sie sich erneut mit Arbeitsabläufen oder Tools befassen müssen.

Derzeit besteht noch die Möglichkeit, einen Vorsprung zu erlangen. Die meisten Menschen haben entweder Bedenken hinsichtlich der Tools oder sind unsicher, wo sie beginnen sollen. Diejenigen, die sich aktiv mit dem Lernen, Ausprobieren und Weiterentwickeln von Tools sowie dem Aufbau von Systemen beschäftigen, werden einen erheblichen Vorteil haben. Sie werden später nicht in Panik geraten und sich fragen, was konversationelle KI bedeutet, wenn KI längst zum Alltag gehört.

Dieses Zeitfenster wird nicht mehr lange offen bleiben. Sobald der Einsatz von KI zur Norm wird, wird der Wettbewerb härter. Insbesondere im Online-Bereich. Die Eintrittsbarrieren werden weiter sinken, während die Anforderungen, um sich von der Masse abzuheben, weiter steigen werden.

Bis dahin geht es nicht mehr nur darum, zu wissen, wie man KI einsetzt. Es geht darum, bereits über funktionierende Systeme zu verfügen. Mit dem Kauf dieses Buches haben Sie sich einen Vorsprung verschafft.

Bitte geben Sie jetzt nicht auf. Sie haben bereits die mühsame Arbeit am Anfang hinter sich gebracht. Bauen Sie etwas auf. Setzen Sie es in die Tat um, verbessern Sie dann Ihre Prompts oder finden Sie bessere Tools, die es optimieren. Geben Sie sich selbst den Freiraum und die Geduld, noch nicht perfekt darin zu sein. Das gelingt nicht auf Anhieb, aber mit der Zeit wird es funktionieren. Und wenn es soweit ist, werden Sie ein Schwungrad aufbauen, das sich immer schneller dreht und mit weniger Aufwand bessere Ergebnisse liefert. Dann wird KI nicht nur nützlich, sondern auch spannend und motivierend.

Sie hinken nicht hinterher. Im Gegenteil, Sie gehören zu den Ersten. Ich habe dort angefangen, wo Sie jetzt sind. Durch alle Herausforderungen und Frustrationen hindurch daran festzuhalten, hat für mich alles verändert. Das kann es auch für Sie tun.

Eine letzte Bitte

Ich weiß, eine Seite am Ende eines Buches, die um Rezensionen bittet, wirkt schnell wie Bettelei. Ich melde mich selbst bei Unternehmen ab, die ständig etwas von mir wollen.

Aber als Kleinverleger hängen meine Verkäufe direkt von Rezensionen ab. Verkäufe halten sprichwörtlich das Licht an – und den Strom, mit dem ich meinen Laptop lade, um weitere praktische KI-Bücher zu schreiben, die Ihnen (hoffentlich) Zeit und Nerven sparen.

Wenn Ihnen dieses Buch etwas gebracht hat – oder wenn Sie Ideen haben, wie ich das nächste noch besser machen kann – freue ich mich riesig, wenn Sie sich kurz die Zeit für eine Rezension auf Amazon nehmen.

Und wenn nicht, kein Problem. Wichtig ist nur, dass Sie aus dem Buch etwas für sich mitnehmen konnten.

Scannen Sie einfach den QR-Code unten, um Ihre Rezension abzugeben.

Mit freundlichen Grüßen,

Lauren @ ModernMind Publications

Eine kurze Anmerkung

Wir legen Wert auf Transparenz. Ja, KI hat uns beim Verfassen dieses Buches unterstützt. Gleichzeitig haben wir über 100 Stunden in die sorgfältige Überprüfung der Fakten und die Durchsicht jeder einzelnen Seite investiert.

Das bedeutet keine Wiederholungen, keine vagen Floskeln und keine typischen, seelenlosen „KI-Sätze" wie „in der sich ständig weiterentwickelnden KI-Landschaft", die eher ermüden als helfen. Und Sie werden hier auch keinen „Max, den Marketingmanager" antreffen. Dieses ausgeleierte Standardbeispiel taucht in fast jedem KI-Artikel auf, aber wir wollten Ihnen genau solche Klischees ersparen.

Wir haben uns bewusst dagegen entschieden, trockene Kapitel über „Ethik" oder „häufige Fallstricke" an das Ende zu hängen. Diese Themen sind wichtig, aber sie gehören dorthin, wo sie im Alltag wirklich weiterhelfen. Nur so bleibt das Gelernte praktisch und nützlich.

Was Sie hier finden, sind Inhalte, die Sie sofort anwenden können. Dazu kommen unsere eigenen Erfahrungen aus der Praxis. Wir haben jahrelang ausprobiert, verworfen und optimiert, um herauszufinden, wie diese Tools wirklich sinnvoll einzusetzen sind. Genau das möchten wir mit Ihnen teilen. Jede Seite hat ihre Berechtigung. Wenn sie Ihnen keinen Nutzen bringt, hat sie in diesem Buch nichts verloren.

Uns ging es nicht darum, schnell ein halbfertiges KI-Buch auf den Markt zu werfen. Das wäre weder nachhaltig noch fair. Unser Ziel ist es, die neuen Tools verantwortungsvoll einzusetzen, unser Wissen weiterzugeben und Sie dabei zu unterstützen, Ihre eigenen Ziele zu erreichen.

Vielen Dank, dass Sie uns dafür Ihr Vertrauen und Ihre Zeit schenken.

Quellen

Burnout am Arbeitsplatz – *Harvard Business Review* untersucht die systemischen Ursachen von Burnout und wie Unternehmen darauf reagieren können.

https://hbr.org/2019/12/burnout-is-about-your-workplace-not-your-people

ChatGPT-Übersicht – Blogbeitrag von OpenAI, in dem ChatGPT vorgestellt wird und wie es für den Dialog optimiert wurde.

https://openai.com/blog/chatgpt

Benutzerdefinierte GPTs: So erstellen Sie Ihren eigenen KI-Assistenten – OpenAI-Anleitungen zum Erstellen, Benennen und Bereitstellen benutzerdefinierter GPTs.

https://chat.openai.com/gpts

https://help.openai.com/en/articles/8554397-creating-a-gpt

https://help.openai.com/en/articles/8843948-knowledge-in-gpts

https://help.openai.com/en/articles/9358033-key-guidelines-for-writing-instructions-for-custom-gpts

Unterschiede zwischen den GPT-Versionen – OpenAI erläutert den technischen Fortschritt von GPT-3 zu GPT-4 und GPT-4 Turbo.

https://openai.com/research/language-models-are-few-shot-learners

https://openai.com/research/gpt-4

https://openai.com/blog/introducing-gpts

https://help.openai.com/en/articles/7864572-what-is-the-chatgpt-model-selector

Datenschutz-Grundverordnung (DSGVO) – Die Europäische Kommission stellt offizielle Informationen zur DSGVO und Ihren Verpflichtungen zur Verfügung.

https://commission.europa.eu/law/law-topic/data-protection_en

Verwendung von ChatGPT mit Zapier – Leitfaden *von Zapier* zur Verbindung von ChatGPT mit Ihrem Workflow für die Automatisierung. https://zapier.com/blog/automate-chatgpt/

Richtlinien zur Missbrauchsbekämpfung von OpenAI – Überblick über die Tools und Vorgehensweisen von OpenAI zur Verhinderung missbräuchlicher Nutzung.

https://openai.com/safety

https://openai.com/safety/evaluations-hub/

OpenAI's GPT Roadmap – The Verge berichtet über die Pläne von OpenAI für GPT-4.5 und GPT-5, einschließlich Kommentaren von Sam Altman und internen Entwicklungen im Unternehmen.

https://www.theverge.com/news/611365/openai-gpt-4-5-roadmap-sam-altman-orion?utm_source=chatgpt.com

Verantwortungsstandards von OpenAI – Eine Zusammenfassung der Verpflichtungen von OpenAI zu Transparenz, Sicherheit und verantwortungsvoller Entwicklung.

https://openai.com/responsibility

Leitfaden zum Prompt Engineering – Die Best Practices von OpenAI zum Verfassen effektiver Prompts und zur Verfeinerung von Antworten.

https://platform.openai.com/docs/guides/prompt-engineering

https://help.openai.com/en/articles/6825453-how-to-write-effective-prompts

https://help.openai.com/en/articles/10032626-prompt-engineering-best-practices-for-chatgpt

https://help.openai.com/en/articles/9358033-key-guidelines-for-writing-instructions-for-custom-gpts

Reddit ChatGPT Community – Eine Community von Nutzern, die Tipps, Experimente und bewährte Verfahren austauschen.

https://www.reddit.com/r/ChatGPT/

Sam Altman über GPT-5 – Wccftech berichtet über Sam Altmans Ankündigung, dass GPT-5 diesen Sommer auf den Markt kommen wird, sowie über Details zum Wettbewerb von OpenAI mit Palantir und die Beziehung zu Microsoft.

https://wccftech.com/sam-altman-says-gpt-5-coming-this-summer-as-openai-starts-eating-palantirs-lunch-and-grows-increasingly-territorial-with-microsoft/?utm_source=chatgpt.com

Speichern und Löschen von ChatGPT-Daten – OpenAI erläutert, welche Daten gespeichert werden und wie Sie Ihren Chatverlauf verwalten können.

https://help.openai.com/en/articles/7730893-does-chatgpt-save-data-how-do-i-delete-my-history

Zusammenfassung der US-amerikanischen HIPAA-Datenschutzbestimmungen – *HHS.gov* beschreibt, wie Gesundheitsdaten nach US-amerikanischem Recht geschützt sind.

https://www.hhs.gov/hipaa/for-professionals/privacy/laws-regulations/index.html

Die Geburt der modernen KI: Wie acht Google-Ingenieure alles verändert haben – WIRED beschreibt detailliert die Entstehung des Artikels „Attention Is All You Need" und wie die Transformer-Architektur den Grundstein für die heutigen Sprachmodelle gelegt hat.

https://www.wired.com/story/eight-google-employees-invented-modern-ai-transformers-paper/?utm_source=chatgpt.com

Wurde die linguistische KI zufällig erfunden? – The New Yorker untersucht die Ursprünge transformatorbasierter Sprachmodelle und wie ein Paradigmenwechsel zu einer KI führte, die den Kontext wirklich verstehen kann.

https://www.newyorker.com/science/annals-of-artificial-intelligence/was-linguistic-ai-created-by-accident?utm_source=chatgpt.com

Künstliche Intelligenz Für Einsteiger Leicht Gemacht

- 10Web. „Bewertung und Alternativen zum Website-Baukasten Durable AI". 2024. https://10web.io/blog/durable-ai-website-builder/
- AIPRM. „Über 100 ChatGPT-Statistiken 2024." https://www.aiprm.com/chatgpt/statistics
- Ambassador. „Wie LLMs Eingaben verarbeiten: Eine eingehende Untersuchung." 2025. https://www.getambassador.io/blog/prompt-engineering-for-llms
- ARDEM. „KI-gesteuerte Geschäftsprozessautomatisierung senkt Betriebskosten um 20–30 %." 2025. https://ardem.com/bpo/ ai-driven-business-process-automation-path-to-cost-savings-2025
- Argoid. „Wie Netflix künstliche Intelligenz einsetzt." 2024. https://www.argoid.ai/blog/netflix-ai
- Arize AI. „Prompt-Optimierung mithilfe von Few-Shot-Prompting." 2025. https://arize.com/blog/prompt-optimization-few-shot-prompting
- arXiv (Hu et al.). „Der Einfluss von Textvariationen auf die Nutzerinteraktion beim plattformübergreifenden Teilen von Inhalten." 2025. https:// arxiv.org/abs/2505.03769

- arXiv (Rama et al.). „Eine groß angelegte Studie zur Interaktion von Lesern mit Bildern auf Wikipedia." 2021. https://arxiv.org/abs/2112.01868

- arXiv. „KI-Ketten: Transparente und kontrollierbare Mensch-KI-Interaktion durch Verkettung großer Sprachmodell-Prompts." 2021. https://arxiv.org/abs/2110.01691
- arXiv. „AI Royalties – ein IP-Rahmenwerk zur Vergütung von Künstlern." 2024. https://arxiv.org/abs/2406.11857
- arXiv. „E2E-Prozessautomatisierung mit generativer KI und intelligenter Dokumentenverarbeitung." 2025. https://arxiv.org/abs/2505.20733
- arXiv. „Generative KI und Urheberrecht: Eine dynamische Perspektive." 2024. https://arxiv.org/abs/2402.17801
- arXiv. „Generative KI-gesteuertes Storytelling: Eine neue Ära für das Marketing." 2023. https://arxiv.org/abs/2309.09048
- arXiv. „MM-REACT: ChatGPT für multimodales Denken und Handeln anregen." 2023. https://arxiv.org/abs/2303.11381
- arXiv. „Transformation von Unternehmen mit generativer KI: Forschung, Innovation." 2024. https://arxiv.org/abs/2411.14437
- Axios. „Die Vier-Tage-Woche erhält neuen Auftrieb: KI." 29. Juni 2025. https://www.axios.com/2025/06/29/ai-productivity-four-day-work-week
- Backlinko. „Wie man KI für das Verfassen herausragender Inhalte einsetzt (7 Best Practices)." 2024. https://backlinko.com/ai-for-writing
- Blood in the Machine. „Kein Dank an eine KI-Buchgenerierung." 2024. https://www.bloodinthemachine.com/p/no-thanks-to-generative-ai
- Brafton. „ElevenLabs Review: Was Content-Ersteller wissen sollten." 2024. https://www.brafton.com/blog/ai/elevenlabs-review/
- Business Insider. „Ich habe meinen Arbeitsplatz bei einem großen Technologieunternehmen aufgegeben, um mein eigenes Unternehmen zu gründen. Hier sind fünf KI-Tools, die mir bis zu 15 Stunden pro Woche einsparen." 2025. https://www.businessinsider.com/ai-tools-save-15-hours-week-big-tech- founder-2025-6

- Business Insider. „Mein Unternehmen hat die 4-Tage-Woche eingeführt, wodurch wir effizienter geworden sind. Hier sind drei Beispiele, wie KI dabei hilft." 2025. https://www.businessinsider.com/4-day-workweek-ai-tools-efficiency- 2025-4
- Das Geschäft mit Apps. „ChatGPT hat einen Rekord als schnellste App aufgestellt, die 100 Millionen aktive Nutzer erreicht hat, und diesen Meilenstein in nur zwei Monaten erreicht. Monaten erreicht." 2025. https://www.businessofapps.com/data/chatgpt-statistics/#:~:text=ChatGPT%20reached%20100%20million% 20users,by%20-the%20start%20of%202025

- Business Wire. „Pictory stellt einen der weltweit ersten KI-Video-MCP-Server vor." 24. Juni 2025. https://www.businesswire.com/news/home/20250624026119/en/Pictory-Introduces-One-of-the-Worlds-First-AI-Video-MCP-Servers
- CampaignHQ Blog. „10 unverzichtbare KI-Produktivitätswerkzeuge für 2025". 2025. https://blog.campaignhq.co/ai-productivity-tools/
- Canva. „Übersicht über den KI-Bildgenerator." 2024. https://www.canva.com/features/ai-image-generator
- ClickUp. „Motion vs. Reclaim & ClickUp: Vergleich von KI-Planern." https://clickup.com/blog/motion-vs-clickup
- Confluent Blog. „Chopped: KI-Edition – Erstellung eines Speiseplaners." 2025. https://www.confluent.io/blog/ai-meal-planner/
- Convin.ai. *„KI-Agent für den Vertrieb."* 2024. https://convin.ai/blog/ai-agent-for-sales
- CyberNews. „Durable AI Builder Review: Vorteile und Anwendungsfälle." 2024. https://cybernews.com/best-website-builders/durable-ai-website-builder-review/
- DDevi. „Automatisierung der Rechnungserstellung, des Versands und der Nachverfolgung mit KI." 2025. https://ddevi.com/blog/ai-invoice-processing-automating-creation-and-sending-in-2025
- Durable. „KI-Website-Builder". 2024. https://durable.co/ai-website-builder
- ElevenLabs. „Die Zukunft erkunden: Wird KI Synchronsprecher ersetzen?" 2023. https://elevenlabs.io/blog/will-ai-replace-voice-actors

- ElevenLabs. „Wie viel verdienen Synchronsprecher?“ 27. März 2024. https://elevenlabs.io/blog/how-much-do-voice-actors-make
- ElevenLabs. „Preise für Kreative und Unternehmen“. 2025. https://elevenlabs.io/pricing
- Elm Club (Creative Bloq). „Netflix wird (erneut) wegen fragwürdiger KI-Kunst kritisiert.“ 5. Januar 2025. https://www.-creativebloq.com/ai/ai-art/netflix-gets-roasted-over-dodgy-ai-art-again
- Email In Detail. „Die Entwicklung von Spam-Filtern und ihre Rolle für die E-Mail-Sicherheit.“ 2024. https://emailindetail.com/blog/the-evolution-of-spam-filters-and-their-role-in-email-security

- European Writers Council. „Auswirkungen von KI auf neue Wertversprechen in der Geschäftsmodellinnovation.“ 2025. https://www.sciencedirect. com/science/article/pii/S0166497225000239
- Exploding Topics. „50 NEUE Statistiken zur künstlichen Intelligenz (Juni 2025).“ 2025. https://explodingtopics.com/blog/ai-statistics
- Exploding Topics. „Anzahl der ChatGPT-Nutzer (Juni 2025)“. 2025. https://explodingtopics.com/blog/chatgpt-users
- FastPix. „Wie man Video-Miniaturansichten mit KI und APIs optimiert, um die Interaktion zu verbessern.“ 25. März 2025. https://www. fastpix.io/blog/how-to-optimize-video-thumbnails-with-ai-and-apis-for-better-engagement
- Fintech News. „Generative KI: Erschließen Sie neue Einnahmequellen für Ihr Unternehmen.“ 2024. https://www.fintechnews.org/generative-ai-unlocking-new-revenue-streams-for-your-business
- FlowHunt Blog. „Erstellen Sie Ihren eigenen KI-Speiseplaner.” 2025. https://www.flowhunt.io/blog/ai-meal-prep-planner/
- FT. „Übermäßiger Einsatz von KI-Tools am Arbeitsplatz kann die psychische Gesundheit beeinträchtigen.“ 2025. https://www.ft.com/content/af77d93b-facc-41e6-a4bf-36ddbc9ab557
- Gong, Junmin et al. „ACE-Step: Ein Schritt in Richtung eines Modells zur Musikgenerierung.“ *arXiv*, 28. Mai 2025. https://arxiv.org/abs/2506.00045
- Gravitate Design. „Optimierung der Lesbarkeit von KI: Der Schlüssel zum KI-Suchverkehr.“ 2024. https://www.gravitatedesign.com/blog/ai-readability-optimization

- Harvard Business Review. „Wie nutzt Ihr Team die durch Gen AI eingesparte Zeit?" März–April 2025. https://hbr.org/2025/03/ how-is-your-team-spending-the-time-saved-by-gen-ai
- HeyGen. „Erstellen Sie KI-Avatar-Videos aus Text." 2024. https://www.heygen.com/
- HIIG Digital Society Blog. „Die unbeabsichtigten Folgen des Verfassens von E-Mails mit KI." April 2025. https://www.hiig.de/en/unintended-consequences-of-ai-written-emails/
- HubSpot. „Wie man ChatGPT für Marketingtexte nutzt." 2023. https://www.hubspot.com/blog/marketing/how-to-use-chatgpt

- IntoTheMinds. „Auf LinkedIn erzielen kontroverse Beiträge zehnmal mehr Aufrufe und Likes." 10. Februar 2025. https://www.intotheminds. com/blog/en/linkedin-controversial-posts/
- ITIF (Federal Reserve Bank of St. Louis). „Fakt der Woche: 20,5 Prozent der regelmäßigen Nutzer generativer KI geben an, wöchentlich vier oder mehr Stunden bei der Arbeit einzusparen." Mai 2025. https://itif.org/publications/2025/05/09/frequent-generative-ai-users-report-saving-hours-weekly-at-work/
- Kane Simms (LinkedIn). „So nutzt Netflix KI zur Erstellung von Miniaturansichten ..." 2023. https://www.linkedin.com/posts/kanesimms_ai-netflix-designers-activity-7110155661602078720-HXIw
- LearnAI.IM. „3 Prompt Mastery – Experimentieren und iterieren." 2025. https://learnai.im/courses/prompt-mastery-understanding-ai-prompts-and-how-and-when-to-use-custom-instructions-getting-organised-in-chatgpt-and-claude-and-clever-hyperlinks/lessons/3-prompt-mastery-experiment-and-iterate-5-mins/
- Lifewire. „Was ist generative KI?" 2023. https://www.lifewire.com/what-is-generative-ai-7510795
- LinkedIn-Artikel. „Wie nutzt Ihr Team die durch Gen AI eingesparte Zeit?" 2025. https://www.linkedin.com/pulse/how-your-team-spending-time-saved-gen-ai-william-zhang-zzszc
- Lyria Team et al. „Live Music Models." *arXiv*, 6. August 2025. https://arxiv.org/abs/2508.04651

- Magai. „ChatGPT-Schreibprozessschritte für 10-mal bessere Ergebnisse.“ 2024. https://magai.co/chatgpt-writing-process-steps
- McKinsey & Company. „Superagency am Arbeitsplatz: Menschen befähigen, das volle Potenzial der KI auszuschöpfen.” Januar 2025. https://www.mckinsey.com/capabilities/mckinsey-digital/our-insights/superagency-in-the-workplace-empowering-people-to-unlock-ais-full-potential-at-work
- McKinsey & Company. „Was ist generative KI?“ 2024. https://www.mckinsey.com/featured-insights/mckinsey-explainers/what- is-generative-ai
- Medium (Arbaaz Kan). „Wichtige Techniken im Prompt Engineering: Iterative Verfeinerung.“ 2024. https://medium.com/@arbaazkan96/key-techniques-in-prompt-engineering-iterative-refinement-a835f305af57

- Medium. „KI in der Küche: Meine Reise zur Entwicklung eines intelligenten Essensassistenten, Teil II.“ 15. Mai 2025. https://medium.com/@ dgitalizeme/mealestroai-smart-meal-planner-7e4c8ff5a93c
- Medium. „Wie die New York Times KI integriert: Eine durchdachte Bewertung.“ 2024. https://medium.com/@ Ernest_Bowes/how-the-new-york-times-integrates-a-i-a-thoughtful-review-af5bac06afed
- Metricool. „Grok erklärt: Was kann der neue KI-Chatbot von X?“ 2025. https://metricool.com/grok-ai/
- Microsoft Work Trend Index. „KI am Arbeitsplatz ist bereits Realität. Nun beginnt die anspruchsvolle Phase.“ 2023. https://www.microsoft.com/en-us/ worklab/work-trend-index/ai-at-work-is-here-now-comes-the-hard-part
- MidJourney. „KI-gestützte, promptbasierte Bilderzeugung.“ 2024. https://www.midjourney.com/home/
- MIT News. „Erläutert: Generative KI.“ 2023. https://news.mit.edu/2023/explained-generative-ai-1109
- MIT Sloan. „Effektive Eingabeaufforderungen für KI: Das Wesentliche.” 2025. https://mitsloanedtech.mit.edu/ai/basics/effective-prompts

- Motion. „KI-gestützte Projektplanung: Abhängigkeiten, Fristen und automatische Neuplanung." https://www.usemotion.com/blog/ai-project-scheduling
- Motion. „Wir haben über 50 KI-Produktivitäts-Tools getestet. Hier sind die 16 besten Tools." 2025. https://www.usemotion.com/blog/ai-productivity-tools
- Nerdynav. „107+ ChatGPT-Statistiken und Nutzerzahlen (Juni 2025)." 2025. https://nerdynav.com/chatgpt-statistics
- NetSuite. „Einsatz von KI für die Rechnungsbearbeitung: End-to-End-Automatisierung." 2024. https://www.netsuite.com/portal/resource/articles/accounting/ai-invoice-processing.shtml
- Next Insurance. „KI-Tools für Buchhaltung und Gehaltsabrechnung sparen Zeit und reduzieren Fehler." https://www.n-extinsurance.com/blog/ai-for-small-business
- NextDC. „Navigieren durch die KI-Landschaft: Traditionelle KI vs. generative KI." 2023. https://www.nextdc.com/blog/how-to-navigate-generative-ai

- NNG (Nielsen Norman Group). „KI verbessert die Produktivität der Mitarbeiter um 66 %". 16. Juli 2023. https://www.nngroup.com/articles/ai-tools-productivity-gains/
- NPR. „Grok, Elon Musks KI-Bot, lobte Hitler und produzierte antisemitische Inhalte." 9. Juli 2025. https://www.npr.org/2025/07/09/nx-s1-5462609/grok-elon-musk-antisemitic-racist-content
- OpenAI Community. „ChatGPT4 jetzt mit 50 Nachrichten alle 3 Stunden." 2023. https://community.openai.com/t/chatgpt4-now-with-50-messages-every-3-hours/304697
- OpenAI-Community. „Interaktionsbeschränkungen für ChatGPT-4." 2024. https://community.openai.com/t/interaction-limits-for-chatgpt-4/1090938
- Originality.AI. „Acht Fälle, in denen KI-Halluzinationen oder sachliche Fehler zu schwerwiegenden Problemen führten." 2023. https://originality.ai/blog/ai-hallucination-factual-error-problems
- Parseur. „KI-Rechnungsbearbeitung: 30–50 % Kosteneinsparungen bei der Kreditorenbuchhaltung." https://parseur.com/use-case/ai-invoice-processing

- Patsnap Eureka. „Die besten KI-Produktivitätswerkzeuge für 2025.” 2025. https://eureka.patsnap.com/blog/ai-productivity-tools-2025/
- Perplexity AI. „Erste Schritte mit Perplexity“. 2024. https:// www.perplexity.ai/hub/blog/getting-started-with-perplexity
- Perplexity Reinvented. „Fortschrittliche KI-Zitate, die Vertrauen schaffen.“ 2024. https://snrspeaks.medium.com/perplexity-reinvented-advanced-ai-citations-that-build-trust-32c2e2dd9cc0
- Persana.ai. *„Fallstudien zu KI-Vertriebsmitarbeitern“*. 2024. https://persana.ai/blogs/ai-sales-agent-case-studies
- Pew Research Center. „Verbesserungen in Sicht: Wie sich Menschen und KI im nächsten Jahrzehnt gemeinsam weiterentwickeln könnten.“ 2018. https://www.pewresearch.org/internet/2018/12/10/improvements- ahead-how-humans-and-ai-might-evolve-together-in-the-next-decade/
- ProfileTree. „Prompt Engineering im Jahr 2025: Trends, Best Practices.“ 2025. https://profiletree.com/prompt-engineering-in-2025-trends-best-practices-profiletrees-expertise/

- PubSpot. „Generative KI und Verlagswesen.“ 2023. https://pubspot.ibpa-online.org/article/generative-ai-and-publishing
- Ramp. „KI-basierte Rechnungsbearbeitung für die Kreditorenbuchhaltung.“ 2025. https://ramp.com/blog/ai-invoice-processing
- ReadySpace Academy. „ChatGPT vs. Perplexity: Duell der KI-Sprachmodelle.“ 2025. https://readyspace.academy/chatgpt-vs-perplexity/
- RecoSense Labs. „Wie Netflix KI und ML einsetzt, um zu bestimmen, welche Miniaturansichten verwendet werden.“ 2021. https://www.recosenselabs. com/blog/how-netflix-uses-ai-and-ml-to-determine-which-thumbnails-they-use
- Reddit-Nutzer. „Die Begrenzung auf 40 Nachrichten in 3 Stunden bei ChatGPT verstehen.“ 2023. https://community.openai.com/t/understanding-the-40-messages-in-3-hours-limit-on-chatgpt/ 563128
- Reuters. „ChatGPT stellt Rekord für die am schnellsten wachsende Nutzerbasis auf.” 2023. https://www.reuters.com/technology/chatgpt-sets-record-fastest-growing-user-base-analyst-note-2023-02-01/

- Rippling. „Die besten KI-Tools für die Automatisierung von Arbeitsabläufen in kleinen Unternehmen." https://www.rippling.com/blog/ai-tools-for-small-businesses
- ScienceDirect. „Wenn generative künstliche Intelligenz auf multimodale Komposition trifft." 2024. https://www.sciencedirect.com/ science/article/pii/S8755461524000598
- Spines. „KI für das Schreiben und Bearbeiten: Die Transformation der Verlagswelt." 2024. https://spines.com/ai-for-writing-and-editing
- Spotify & The Verge. „Spotify vereinfacht die Veröffentlichung von Hörbüchern, die von KI gesprochen werden." 20. Februar 2025. https://www. theverge.com/news/616355/spotify-audiobooks-elevenlabs-ai-narration
- Sulbha Jain. „Vom Prompt Engineering zum Prompt Crafting mit 3Cs." 2025. https://medium.com/@sulbha.jindal/from-prompt-engineering-to-prompt-crafting-with-3cs-c425ac932204
- SuperAGI. *„Wie KI-Vertriebsmitarbeiter die Lead-Generierung und -Qualifizierung im Jahr 2025 revolutionieren: Ein Leitfaden für Einsteiger.*" 2025. https://superagi. com/how-ai-sales-agents-are-revolutionizing-lead-generation-and-qualification-in-2025-a-beginners-guide/

- Superhuman Blog. „Die 12 besten KI-Produktivitätssoftwaretools im Jahr 2025." 2025. https://blog.superhuman.com/ai-productivity-software/
- Superhuman Blog. „Die 17 besten KI-Produktivitäts-Tools im Jahr 2025: getestet und bewertet." 2025. https://blog.superhuman.com/best-ai-tools-for-productivity/
- Superhuman Blog. „Wie ein KI-E-Mail-Writer Ihnen ganz einfach 4 Stunden pro Woche einsparen kann." 2025. https://blog.superhuman.com/email-ai-writer-2/
- Tech.co. „Studie: KI schafft mehr Aufgaben für Arbeitnehmer." 2025. https://tech.co/news/study-workplace-ai-limited-benefits-workers
- TechCrunch. „ChatGPT: Alles, was Sie über den KI-gestützten Chatbot wissen müssen." 2025. https://techcrunch.com/2025/ 06/20/chatgpt-everything-to-know-about-the-ai-chatbot

- TechRadar. „Die Nutzung von KI durch Arbeitnehmer steigt rasant an – und sie hält tatsächlich alles, was sie verspricht.“ 2025. https://www.techradar.com/pro/ai-usage-for-workers-is-skyrocketing-and-its-actually-doing-everything-it-promised
- TechRadar. „Wie ich KI nutze, um mein ADHS zu bewältigen – 5 Tools, die Ihnen helfen, Ihr Leben im Griff zu behalten, und 1 Fehler, den Sie vermeiden sollten.“ 2025. https://www.techradar.com/computing/artificial-intelligence/ how-i-use-ai-to-help-my-adhd-5-tools-that-will-help-you-keep-on-top-of-life-and-1-mistake-to-watch-out-for
- Tekrevol. „Multimodale KI – Funktionsweise, Anwendungsfälle und Beispiele.“ 2024. https://www.tekrevol.com/blogs/multimodal-ai-how-it-works-use-cases-examples/
- The Australian. „Notion zur Bekämpfung von Tech-Bloat und zur Steigerung der Produktivität.“ 2025. https://www.theaustralian.com.au/ business/...notion-to-fight-tech-bloat
- The Business Dive. „Motion vs. Notion: Warum ich BEIDES verwende (2025).“ 2025. https://thebusinessdive.com/motion-vs-notion
- The Guardian. „KI-Prompt-Engineering: Erfahren Sie, wie Sie vermeiden können, einem Chatbot eine unangemessene Frage zu stellen.“ 2023. https://www.theguardian.com/technology/2023/jul/29/ai-prompt-engineering-chatbot-questions-art-writing-dalle-midjourney-chatgpt-bard
- The Guardian. „ChatGPT erreicht zwei Monate nach dem Start 100 Millionen Nutzer.“ 2023. https://www.theguardian.com/technology/2023/feb/02/chatgpt-100-million-users-open-ai-fastest-growing-app

- The Sun. *„Ich habe in den ersten 15 Tagen dieses Jahres mit meinem digitalen Nebenjob über 22.000 Dollar verdient – man benötigt lediglich drei Apps.“* 13. Oktober 2024. https://www.the-sun.com/money/12648231/side-hustle-canva-chatgpt- stan-store-digital-products
- The Sun. *„Ich habe meinen Vollzeitjob gekündigt und verdiene nun 5.000 Dollar pro Woche mit meinem Nebenjob für Anfänger – man kann sogar im Schlaf Geld verdienen.“* 24. September 2024. https://www.the-sun.com/money/12526297/side-hustle-digital-products-selling-easy

- Thomson Reuters. „KI soll Fachkräften bis 2029 12 Stunden pro Woche einsparen.“ 2024. https://www.newswire.ca/news-releases/ai-set-to-save-professionals-12-hours-per-week-by-2029-804917365.html
- Tom's Guide. „Ich schreibe beruflich über KI – hier sind meine 5 besten Tipps für ChatGPT-Eingaben.“ 2025. https://www.tomsguide.com/ai/ chatgpt/i-write-about-ai-for-a-living-heres-my-top-5-chatgpt-prompt-tips
- Tom's Guide. „Es ist nicht nur ChatGPT – dies sind die 5 KI-Tools, die ich täglich nutze.“ 17. Mai 2025. https://www.tomsguide.com/ai/its-not-all-chatgpt-these-are-the-five-ai-tools-i-use-the-most
- TypingMind. „Die neue Nachrichtenbegrenzung von GPT-4o.“ 2025. https://writingmate.ai/blog/gpt-limit-solutions
- Valantic. *„KI-Vertriebsmitarbeiter: Wie man anfängt.*“ 2024. https://www.valantic. com/en/blog/ai-sales-agent-how-to-start/
- Vox. „Argumente für die Nutzung Ihres Gehirns – auch wenn KI für Sie denken kann.” 2025. https://www.vox.com/future-perfect/403100/ai-brain-effects-technology-phones
- Wired. „Ich habe diese KI-basierten Produktivitäts-Tools ausprobiert. Hier sind die Ergebnisse.“ 2024. https://www.wired.com/story/6-ai-based-productivity-tools-tested
- YACHT. *Chain Tripping* (2019). Smithsonian Magazine, wie oben zitiert; Magenta (Google) Blog; Wikipedia.
- Zack Saadioui. „Iterating for Improvement: The Necessity of Prompt Engineering in AI.” 2025. https://www.arsturn.com/ blog/iterating-for-improvement-the-necessity-of-prompt-engineering-in-ai
- Zapier. „Wie man KI-Inhalte für Dienste, E-Mail-Sequenzen und mehr wiederverwenden kann.” 2024. https://zapier.com/blog/ai-content-repurposing
- Zapier. „Wir haben über 50 KI-Produktivitäts-Tools getestet. Hier sind die 16 besten KI-Produktivitäts-Tools.” 2025. https://zapier.com/blog/best-ai-productivity-tools/

ChatGPT für Einsteiger leicht gemacht

GRUNDLAGEN VERSTEHEN, PROMPTS MEISTERN, PRODUKTIVER WERDEN UND MIT KONVERSATIONS-KI GELD VERDIENEN

Printed in Germany
by Amazon Distribution
GmbH, Erfurt

11094829R00188